U0161191

国家出版基金项目
NATIONAL PUBLICATION FOUNDATION

涡轮机械与推进系统出版项目
"两机"专项：航空发动机技术出版工程

基于系统工程的航空发动机情报研究工作实践

梁春华　刘红霞　孙明霞　刘殿春　等 编著

科学出版社
北 京

内 容 提 要

本书首先采用建模和内容统计分析等方法,从人、机、料、法和流程等要素视角对情报和情报研究进行重新定义,更加明确情报研究工作的愿景、使命和任务;其次采用系统工程思想创新构建航空发动机情报研究 GIAOCE 工作体系,采用 V 模型创新构建情报研究 2R5I 工作体系和情报科研 5R2P 工作体系,借鉴冰山模型创新构建Π型情报研究人员能力素质模型,并结合工作实际,构建基于知识与技能的 5 维 5 级情报研究人员成长模型和基于流程的情报研究协同工作平台,较好地解决了情报研究人员"正确地做正确的事"的问题;最后对在大数据环境下如何开展航空发动机情报工作进行了探讨。

本书适合从事航空发动机和相关工程领域的情报研究工作的人员阅读,也可作为从事技术情报工作和情报理论研究专业的教师、研究生及其他情报专业人员的参考用书。

图书在版编目(CIP)数据

基于系统工程的航空发动机情报研究工作实践 / 梁春华等编著. —北京:科学出版社,2020.12
("两机"专项:航空发动机技术出版工程)
国家出版基金项目 涡轮机械与推进系统出版项目
ISBN 978 - 7 - 03 - 066285 - 9

Ⅰ. ①基… Ⅱ. ①梁… Ⅲ. ①航空发动机—情报分析 Ⅳ. ①V23

中国版本图书馆 CIP 数据核字(2020)第 190435 号

责任编辑:徐杨峰 / 责任校对:谭宏宇
责任印制:黄晓鸣 / 封面设计:殷 靓

科 学 出 版 社 出版
北京东黄城根北街 16 号
邮政编码:100717
http://www.sciencep.com

南京展望文化发展有限公司排版
苏州市越洋印刷有限公司印刷
科学出版社发行 各地新华书店经销

*

2020 年 12 月第 一 版　开本:B5(720×1000)
2020 年 12 月第一次印刷　印张:16 1/2
字数:300 000

定价:130 元
(如有印装质量问题,我社负责调换)

涡轮机械与推进系统出版项目
顾问委员会

"两机"专项：航空发动机技术出版工程

专家委员会

"两机"专项：航空发动机技术出版工程
基础与综合系列
编写委员会

主 编
曾海军

副主编
李兴无　胡晓煜　丁水汀

委 员
（以姓名笔画为序）

丁水汀	王 乐	王 鹏	王文耀	王春晓
王巍巍	方 隽	尹家录	白国娟	刘永泉
刘红霞	刘殿春	汤先萍	孙杨慧	孙明霞
孙振宇	李 龙	李 茜	李中祥	李兴无
李校培	杨 坤	杨博文	吴 帆	何宛文
张 娜	张玉金	张世福	张滟滋	陈 楠
陈小丽	陈玉洁	陈婧怡	欧永钢	周 军
郑天慧	郑冰雷	项 飞	赵诗棋	郝燕平
胡晓煜	钟 滔	侯乃先	泰樱芝	高海红
黄 飞	黄 博	黄干明	黄维娜	崔艳林
梁春华	蒋 平	鲁劲松	曾海军	曾海霞
蔚夺魁				

基于系统工程的航空发动机情报研究工作实践
编写委员会

主 编
梁春华

副主编
刘红霞　　孙明霞　　刘殿春

参编人员
（以姓名笔画为序）

兰海青	刘　静	刘红霞	刘晓瑜	刘殿春
孙明霞	李华文	李桂贤	李彩玲	杨东丹
吴　迪	邹志鹏	邹迎春	张之兰	张世福
陈　斌	孟令扬	赵明菁	赵宏璐	袁明慧
桓明姣	索德军	徐秋实	徐智珍	梁春华
薛碧莹				

涡轮机械与推进系统出版项目
序

涡轮机械与推进系统涉及航空发动机、航天推进系统、燃气轮机等高端装备。其中每一种装备技术的突破都令国人激动、振奋,但是由于技术上的鸿沟,使得国人一直为之魂牵梦绕。对于所有从事该领域的工作者,如何跨越技术鸿沟,这是历史赋予的使命和挑战。

动力系统作为航空、航天、舰船和能源工业的"心脏",是一个国家科技、工业和国防实力的重要标志。我国也从最初的跟随仿制,向着独立设计制造发展。其中有些技术已与国外先进水平相当,但由于受到基础研究和条件等种种限制,在某些领域与世界先进水平仍有一定的差距。为此,国家决策实施"航空发动机及燃气轮机"重大专项。在此背景下,出版一套反映国际先进水平、体现国内最新研究成果的丛书,既切合国家发展战略,又有益于我国涡轮机械与推进系统基础研究和学术水平的提升。"涡轮机械与推进系统出版项目"主要涉及航空发动机、航天推进系统、燃气轮机以及相应的基础研究。图书种类分为专著、译著、教材和工具书等,内容包括领域内专家目前所应用的理论方法和取得的技术成果,也包括来自一线设计人员的实践成果。

"涡轮机械与推进系统出版项目"分为四个方向:航空发动机技术、航天推进技术、燃气轮机技术和基础研究。出版项目分别由科学出版社和浙江大学出版社出版。

出版项目凝结了国内外该领域科研与教学人员的智慧和成果,具有较强的系统性、实用性、前沿性,既可作为实际工作的指导用书,也可作为相关专业人员的参考用书。希望出版项目能够促进该领域的人才培养和技术发展,特别是为航空发动机及燃气轮机的研究提供借鉴。

张彦仲

2019 年 3 月

"两机"专项：航空发动机技术出版工程

序

航空发动机誉称工业皇冠之明珠，实乃科技强国之重器。

几十年来，我国航空发动机技术、产品及产业经历了从无到有、从小到大的艰难发展历程，取得了显著成绩。在世界新一轮科技革命和产业变革同我国转变发展方式的历史交汇期，国家决策实施"航空发动机和燃气轮机"重大科技专项（即"两机"专项），产学研用各界无不为之振奋。

迄今，"两机"专项实施已逾三年。科学出版社申请国家出版基金，安排"'两机'专项：航空发动机技术出版工程"，确为明智之举。

本出版工程旨在总结"两机"专项以及之前工作中工程、科研、教学的优秀成果，侧重于满足航空发动机工程技术人员的需求，尤其是从学生到工程师过渡阶段的需求，借此为扩大我国航空发动机卓越工程师队伍略尽绵力。本出版工程包括设计、试验、基础与综合、材料、制造、运营共六个系列，前三个系列已从2018年起开始前期工作，后三个系列拟于2020年启动，希望与"两机"专项工作同步。

对于本出版工程，各级领导十分关注，专家委员会不时指导，编委会成员尽心尽力，出版社诸君敬业把关，各位作者更是日无暇暑、研教著述。同道中人共同努力，方使本出版工程得以顺利开展，有望如期完成。

希望本出版工程对我国航空发动机自主创新发展有所裨益。受能力及时间所限，当有疏误，恭请斧正。

2019 年 5 月

前　言

航空发动机情报研究工作是融合航空发动机、情报、信息等多个专业,以知识、技能为基础,以推理工具和科学方法为支撑,以情报研究人员思想为核心的创造性工作,肩负着"支撑管理决策,引领科研进步"的使命,已经成为航空发动机研发行业情报机构的核心业务,是衡量其能力、水平和作用的重要标志。

航空发动机研发行业情报机构,长期大多按照"打基础、建标准、研产品、出成果、谋未来"的朴素管理思想开展情报研究工作,其对情报研究工作缺乏全面、系统、长远的规划,没有系统深入地研究情报研究工作的本源(使命、愿景、任务等),没有构建以自主创新为目的的情报研究工作体系,也就没能很好地构建以满足使命为目标的情报研究操作、情报科研(情报学科/专业科学研究的简称)操作、情报研究综合保障等二层体系。其直接结果是,情报理论研究与实践应用的科研工作相对薄弱、与外部协作和内部合作的模式单一、支撑与保障环境不够有力、情报研究产品不能完全支撑高层次预测性/对策性研究等问题。其最终结果是,不能很好地满足航空发动机研发机构对情报研究工作的多样化、高效化、个性化、专深化的需求,进而不能很好地发挥情报研究工作"耳目、尖兵、参谋、智囊"的固有作用。

为了在航空发动机管理决策、技术预研、型号研制和条件建设等方面更好地发挥情报研究工作的固有作用,在学习和研究系统工程、情报研究理论、情报研究实践的基础上,创新构建引入系统工程思想的更高效的情报研究 GIAOCE 工作体系。该体系创新地提出和构建了基于用户需要的需求树、基于 V 模型的情报研究技术操作三层体系、5 类 5 级情报研究产品层级三层体系、基于 V 模型的情报科研技术操作三层体系、II 型情报研究人员能力素质模型、基于知识与技能的 5 维 5 级情报研究人员成长模型、基于流程的情报研究协同工作平台等,在中国航空发动机集团有限公司(简称中国航发)沈阳发动机研究所得到了较长时间的应用,较好地解决了情报研究人员"正确地做正确的事"的问题,达到了很好的预期效果。对这些理论研究和实践应用的成果进行总结与归纳,出版《基于系统工程的航空发动机情报研究工作实践》,旨在为航空发动机情报研究机构和人员、国防系统情报研究工作机构和人员、科研院校的情报科研人员和学生等提供实用与有效的借鉴及参考。

本书由梁春华策划和审定,由刘红霞、孙明霞、刘殿春审核。本书共5章。

第1章,概述。主要介绍系统工程和基于系统工程的航空发动机情报研究GIAOCE工作体系,由梁春华、刘红霞、索德军、孙明霞和刘殿春撰写。

第2章,航空发动机情报研究工作的本源研究。主要基于内容的统计分析描述情报定义模型,情报定义,情报研究定义模型,情报研究定义,情报研究的任务、作用和特点,由孙明霞、邹志鹏、李彩玲、陈斌、徐智珍、梁春华、刘晓瑜、袁明慧、桓明姣、吴迪、兰海青和李桂贤撰写。

第3章,基于系统工程的航空发动机情报研究操作二层体系。主要详细描述情报需求、技术操作和产品层次等三层体系。情报研究技术操作三层体系包括需求搜集与研究、课题(核心是需求)选择与确定、信息检索与搜集、信息鉴定与整理、情报翻译与编译/情报分析与集成、情报撰写与评审、情报评价与改进,这些内容构成情报研究2R5I工作模型,由梁春华、刘红霞、刘殿春、索德军、孙明霞、李彩玲、张世福、杨东丹、刘静、张之兰、邹迎春、李华文、孟令扬、徐秋实、赵明菁和薛碧莹撰写。

第4章,情报科研操作和综合保障二层体系。主要描述情报学科/专业科研二层体系和由情报研究人员与团队建设、情报研究协同工作平台建设等构成的综合保障二层体系,目的是解决"正确地做正确的事"的问题,由梁春华、陈斌、刘红霞、孙明霞、刘殿春、李彩玲、邹志鹏和赵宏璐撰写。

第5章,大数据环境下开展航空发动机情报研究工作的思考。主要介绍和总结大数据环境的定义、特点和关键技术,分析大数据环境为情报研究工作带来的"大采集、大存储、大分析、大利用"等大好机遇,并论述大数据环境下航空发动机情报研究工作,由梁春华、孙明霞、刘红霞和赵宏璐撰写。

在构想与谋划过程中,本书得到了中国航发沈阳发动机研究所刘廷毅、李宏新、吴文生、徐庆泽、李孝堂和蔚夺魁等研究所领导的大力指导与帮助;在撰写与完善过程中,本书得到了《情报理论与实践》期刊主编王忠军和副主编于伟等的极大支持和建议,使得内容更加科学和结构更加合理。在此,向他们表示衷心的感谢。同时,感谢胡纪军、孙国夫在制图和排版过程中所做的大量工作。

因作者水平有限,书中错误和不当之处在所难免,敬请批评指正。

作　者
2020年4月

目 录

第1章　概　述

第2章　航空发动机情报研究工作的本源研究

第3章 基于系统工程的航空发动机情报研究操作二层体系

第4章　情报科研操作和综合保障二层体系

第5章　大数据环境下开展航空发动机情报研究工作的思考

第1章
概　述

　　航空发动机情报研究工作是融合航空发动机、情报和信息等多个专业,以知识、技能为基础,以推理工具和科学方法为支撑,以情报研究人员的思想为核心,以激活和创造新情报为目标的一项科学研究工作,对航空发动机科研生产和经营管理的支撑与保障作用非常明显。

　　航空发动机研发行业情报研究机构,一直以来大多按照朴素管理思想开展情报研究工作,没有系统深入地研究情报研究工作的使命、愿景、任务等,没有构建自主创新的情报研究工作体系,也就没能很好地构建情报研究操作、情报科研操作和综合保障等二层体系,不能很好地满足航空发动机研发行业对情报研究工作的多样化、高效化、个性化、专深化的需求,不能很好地发挥情报研究工作的作用。

　　中国情报研究界从20世纪80年代开始探讨和研究如何将系统工程思想引入情报研究工作中。中国航发沈阳发动机研究所,在研究和总结系统工程、情报研究理论与实践等方面成果的基础上,创新构建了情报研究工作体系构架、基于用户需要的需求树、基于V模型的情报研究技术操作三层体系、5类5级情报研究产品层级三层体系、II型情报研究人员能力素质模型、5维5级情报研究人员成长模型、基于流程的情报研究协同工作平台等,探索并建立了引入系统工程思想的情报研究GIAOCE工作体系[1-12]。该体系在中国航发沈阳发动机研究所得到较长时间的应用,为解决情报研究人员"正确地做正确的事"的问题提供了指导,在包括管理决策、技术预研、型号研制和条件建设等方面的科研生产与经营管理中较好地发挥了情报研究工作的固有作用。

1.1　系　统　工　程

　　系统工程是系统和工程的组合,包括采用系统的观点和方法完成工程和采用工程的方法构建系统两个方面,也就可以理解为:采用系统思想作指导,以系统方法和工程方法为工具,构造人们需要的新系统或改造旧系统,使之更加科学、更加合理、更加完善。

1.1.1　系统工程的发展

从远古时代,在与大自然的长期斗争中,人类就已经开始利用系统的思想思考和处理各种复杂的问题,并积累了很多典型的成功案例和宝贵经验。作为一门综合性很强的实用技术和学科,系统工程于20世纪初被提出,40年代开始形成,50~60年代中期发展成熟,60年代后不断完善,目前已成为"制定最优规划、实现最优管理"的重要方法和工具,在科学研究和国民经济等各个领域都取得了显著效果,发挥了重要作用。

中华民族的祖先在认识自然和改造自然的实践中,早就利用朴素的系统概念和思想来思考和处理问题,并取得了突出的成果或成就。

在军事方面,田忌赛马是一个典型的应用实例。战国时期,齐王和田忌赛马,各从自己上等马、中等马、下等马中选一匹马进行比赛,每输一局,输白银一千两,齐王的同等马都比田忌的好,但田忌的策略是:用下等马对齐王的上等马;用上等马对齐王的中等马,用中等马对齐王的下等马。这样,田忌非但没有输,反而赢了一千两银子。这便是从系统整体出发,系统的要素不变,策略不同,总体效果不同。

在水利方面,举世闻名的都江堰水利工程是一个典型的应用实例。都江堰水利工程由秦国蜀郡太守李冰父子主持修建。他们将鱼嘴岷江分洪工程、飞沙堰分洪排沙工程、宝瓶口引水灌溉工程和120个附属渠堰工程之间的分洪、引水、排沙等多种需求系统思考,使多项子工程巧妙结合浑然一体,一举解决了防洪、灌溉与排沙等问题,实现了整体的最优。至今,这一伟大工程还在发挥着巨大作用,是中国古代水利建设的杰出成就。

在建筑方面,丁渭工程是一个典型的应用实例。北宋真宗年间,一场大火烧毁了汴都(今河南开封)的皇宫宫殿。在遭到火灾以后,大臣丁渭奉命修建皇宫宫殿。作为一项庞大的工程,修复皇宫至少有三个大问题亟待解决。一是需要大量的墙体材料,到哪儿去取土的问题;二是运输,大量的木竹砂石需要运进现场;三是皇宫修好以后,大量的建筑垃圾需要进行处理。丁渭经过反复考虑,提出了一套完整的施工方案:首先在皇宫前面挖开一条大沟,解决取土烧砖的问题;其次将附近的汴水河引入大沟,采用船只运来工程所需的木竹砂石,解决建筑材料的运输问题;最后皇宫修好以后,将弃土填回大沟,解决建筑垃圾的处置问题。也就是说,他将挖沟取土、就地烧砖、渠成引水、运送建材、渣土回填等工序在时间、空间上彼此协调、环环相扣,系统地完成了取土、运输、清除废料和修复街道等多项任务,最终大大节省了人力、物力和财力,而且缩短了建设周期。这充分且朴素地体现了古典的整体最优的系统思想。

20世纪10年代,泰勒(F. W. Taylor)研究了合理工序和工人操作动作的关系,探索了其管理规律,并于1911年发表了《科学管理的原理》一书。他以工人的劳动过程为研究对象,并将其解剖分析。一是分析工序组成的合理性;二是分析工人操作动作的合理性;三是分析工序时间,包括手动时间、机动时间等。通过对上述三个要素的定量分析和综合评价,使工人的劳动过程科学合理。按照系统工程的概念,泰勒当时的做法已经具备了系统工程的基本特点。20 世纪 20 年代,一般系统论的创始人贝塔朗菲(L. V. Bertalanffy)倡导的机体论是一般系统论的萌芽。20 世纪 30 年代,美国在发展与研究广播电视时,正式提出系统方法(systems approach)的概念,并应用在实施彩电开发计划中,取得了巨大成功。20 世纪 40 年代,美国贝尔电话公司试验室的莫利纳(E. C. Molina)和丹麦哥本哈根电话公司的厄朗(A. K. Erlang)使用了系统工程一词和系统工程方法。在研究电话交换机时,他们意识到不能只注意电话机和交换台设备技术的研究,还要对通信网络的总体进行研究。他们把研制工作分为规划、研究、开发、应用和通用工程五个阶段,然后又提出了排队论原理,并应用到电话通信网络系统中,推动了电话事业的飞速发展。1940~1945 年,美国实施研制原子弹的曼哈顿工程,是系统工程的一个成功实践。1945 年美国空军创建的兰德(RAND)公司提出了系统分析(systems analysis)概念。兰德公司的希奇(C. J. Hitch)在其研究报告中指出:系统分析包括确定系统目标、确定为达到目标可供选择的方案、确定所需的成本或资源、建立有关的数学模型、建立选择最佳方案的标准五个方面。兰德公司将系统分析方法成功地应用在美国发展战略、国防系统研发、空间技术研究和经济建设等重大决策中,发挥了重要作用,因此被誉为“思想库”和“智囊团”。

　　20 世纪 50~60 年代中期,运筹学的广泛运用与发展、控制论的创立与应用、电子计算机的出现,为系统工程奠定了重要的学科基础。1954 年,贝塔朗菲(L. V. Bertalanffy)与拉波尔特(A. Laporte)等一起创建了一般系统论研究会,出版《行为科学》杂志和《一般系统论年鉴》;1957 年,古德(H. H. Good)和麦克霍尔(R. Z. Machol)完成了第一本专门讨论系统工程的专著《系统工程:大规模系统设计导论》。1955 年,贝塔朗菲出版专著《一般系统论——基础、发展、应用》,成为该领域的奠基性著作。1960 年,弗拉热尔(C. D. Flagel)、哈金斯(W. H. Huggins)、罗伊(R. H. Roy)等发表《运筹学与系统工程》。1962 年,霍尔(A. D. Hall)发表《系统工程方法论》。1965 年,R. E. Machol 编著《系统工程手册》。1967 年,H. Chestnut 发表《系统工程方法》。这标志着系统工程的实用化和规范化。

　　20 世纪 50 年代后期到 60 年代中期,美国为改变空间技术落后于苏联的局面,先后制定和实施了北极星导弹核潜艇计划和阿波罗登月计划,这些都是系统工程在国防建设中取得重大成果的著名案例。阿波罗登月计划是一项巨大的工程,该工程包括三百多万个部件的研发,由两万多个企业和 120 个大学与研究机构参加,历时 11 年(始于 1961 年),耗资 244 亿美元。整个工程在计划进度、质量检验、可靠性评价和管理等方面都采用了系统工程方法,并创造了计划评审技术(program/

project evaluation and review technique，PERT）和图解评审技术（graphical evaluation and review technique，GERT），实现了进度、质量与经费三者的统一。

20 世纪 60 年代末期以来，系统工程的有关管理标准陆续发布，并得到不断完善，系统工程进入了规范性发展时期。1969 年 7 月，美国空军发布了第一个关于系统工程的管理标准 MIL - STD - 499《系统工程管理》，目的是为政府有关人员编写、评价和确认投标书及进行合同谈判提供工作指南，同时也为承包商制订系统工程管理计划等提供工作准则。1974 年修订的系统工程标准 MIL - STD - 499A《工程管理》对系统工程的描述是：一系列逻辑相关的活动和决策，把使用要求转换为一组系统性能参数和一个适当的系统配置。为了得到一个更确切的系统工程描述文件，美国国防部、各军兵种和工业界经过广泛的讨论和协商，在 1992 年完成了 MIL - STD - 499B《系统工程（草案）》。由于美国国防部的采办改革，MIL - STD - 499B 没有作为军用标准发布。1994 年，美国发布了 EIA/IS 632《系统工程过程（暂行版）》和 IEEE 1220 - 1994《IEEE 系统工程过程应用与管理标准（试用版）》。对 MIL - STD - 499B 修改后，EIA/IS 632《系统工程过程（完整版）》和 IEEE STD 1220《IEEE 系统工程过程应用与管理标准（完整版）》于 1998 年被作为商用标准发布。2002 年发布了 ISO/IEC 15288：2002/IEEE STD 15288 - 2002《系统和软件工程——系统生命周期过程》。2005 年，发布了 IEEE 1220 - 2005《IEEE 系统工程过程应用与管理标准》和 MIL - STD - 499C《系统工程（草案）》。2008 年，发布了商用标准 ISO/IEC 15288：2008/ IEEE STD 15288™ - 2008《系统和软件工程——系统生命周期过程》。总之，系统工程是一门统筹全局、综合研究和解决复杂系统问题的科学技术。其综合应用自然科学和社会科学中有关先进的思想、理论、方法和工具，在解决国内外重大政治、科技、经济和社会等领域的问题上取得了很大的成功，发挥了重大的作用，并在不断发展和完善中。

1.1.2　系统工程的定义

对系统工程的内涵和外延，很多机构和学者发表了自己的见解，到目前也没有达成统一，且其在不断地衍变和发展[13-19]。

H. Chestnut（1967 年）：系统工程学是为了研究由多个系统构成的整体系统所具有的多种不同目标的相互协调，以期系统功能达到最优，并最大限度发挥系统组成部分的能力而发展起来的一门科学。

日本工业标准 JIS8121（1967 年）：系统工程是为了更好地达到系统目的，对系统的构成要素、组织结构、信息流动和控制机构等进行分析与设计的技术。

美国质量管理学会系统委员会（1969 年）：系统工程是应用科学知识设计和制造系统的一门特殊工程学。

日本寺野寿郎(1971 年)：系统工程是为了合理开发、设计和运用系统而采用的思想、程序、组织和方法的总称。

美国军用标准 MIL‐STD‐499A(1974 年)：系统工程是一系列逻辑相关的活动和决策，目的是把使用要求转换为一组系统性能参数和一个适当的系统配置。

《大英百科全书》(1974 年)：系统工程是一门把已有学科分支中的知识有效地组合起来，用以解决多方面工程问题的技术。

《美国百科全书》(1975 年)：系统工程研究的是怎样选择工人和机器的最适宜的综合方式，以完成特定的目标。

《美国科学技术辞典》(1975 年)：系统工程是研究彼此密切联系的许多要素所构成的复杂系统的设计的科学。

《苏联大百科全书》(1976 年)：系统工程是一门研究复杂系统的设计、建立、试验和运行的科学技术。

日本三浦武雄(1977 年)：系统工程是研制系统所需的思想、技术、方法和理论等体系化的总称。

钱学森(1978 年)：系统工程是组织管理的技术。把极其复杂的研制对象称为系统，即由相互作用和相互依赖的若干组成部分结合成具有特定功能的有机整体，而且这个系统本身又是它所从属的一个更大系统的组成部分……系统工程则是组织管理这种系统的规划、研究、设计、制造、试验和使用的科学。

P. K. M. Pherson(1980 年)：系统工程的要点在于重视整个系统和它的全生命周期的概念。这两个概念相结合，为系统工程师提供为实现整个系统，处理其中的规划、设计和管理问题而建立一个体制的基础。

中国《系统科学大辞典》(1994 年)：系统工程是一门统筹全局综合协调研究系统的科学技术，是系统开发、设计、实施和运用的工程技术。

国际系统工程协会(International Council on Systems Engineering, INCOSE)的《系统工程手册》(2011 年)[14]：系统工程是一种使系统能成功实现的跨学科的方法和手段；系统工程注重定义用户需求，综合多个学科和专业，建立从方案、生产到使用的结构化流程，目的是提供满足用户需求的优质产品。其专注于：在研制周期的早期阶段，就定义客户需求和所需要的功能，将这些需求以文件形式表达；对在使用、成本、进度、性能、培训、保障、试验、制造和退出等所有阶段出现的所有问题进行设计综合和系统确认。

Eisner Howard：系统工程是成功交付系统(产品/服务)的一种跨学科的方法和工具，自上而下的综合、开发和运行真实系统的迭代过程，以接近于最有效的方式满足系统的全部需求。

美国军用标准 MIL‐STD‐499C[《系统工程(草案)》]：系统工程是一种多学科的方法，包括提供全生命周期平衡的、满足用户需求的系统方案所需的一系列科学、技术、管理的活动。

美国国家航空航天局（National Aeronautics and Space Administration，NASA）《系统工程手册》（2007 年）：系统工程是一种方法论的纪律性的方法，用于一个系统的设计、实现、技术管理、使用和退役；是一种具有逻辑性的思考方法。

美国联邦航空管理局《系统工程手册》（Simon Ramo，2015 年）：系统工程是一门专注于整体而绝不是各个部分的设计和应用的学科，将问题的所有方面和所有变量都考虑在内，并将社会与技术方面相关联。

综上所述，系统工程具有以下特点。

（1）系统工程强调采用整体视角思考问题。从事物的整体出发，既要考虑系统之系统的构成和朴素关系、系统内部各部分的关联变化，也要考虑系统的全生命周期各个阶段、系统运行背景和环境所涉及的方方面面的要素。

（2）系统工程是一系列系统工程流程。其是用来论证、研制、使用、保障和改进一个大规模复杂系统所需的全生命周期的流程与子流程。

（3）系统工程是一种系统的思维。其要综合应用系统的思维去认识、分析、处理和解决实际问题。

（4）系统工程是一门综合性的学科。其要综合应用自然科学和社会科学中有关先进的思想、理论、方法和工具。

（5）系统工程是一项追求最优的工程。其追求得到最优规划、最优设计、最优管理和最优控制，用最少的人力、物力、财力和时间，达到系统的目标，完成系统的任务。

1.1.3　系统工程的方法论

系统工程最具代表且影响大的思想和方法就是美国系统工程专家霍尔提出的霍尔三维结构模型[14]。

霍尔三维结构模型是由霍尔等在大量工程实践基础上，于 1969 年提出的一种系统工程方法论。其将系统的整个管理过程分为前后紧密相连的 7 个阶段和 7 个步骤，并同时考虑到为完成这些阶段和步骤的工作所需的各种专业管理知识，并直观展示在时间维、逻辑维和知识维的三维空间结构图上，如图 1-1 所示。其是研究和探索大型复杂系统的规划、论证、研制、使用、保障、改进和管理问题的一般方法和总体框架，是思考和处理（复杂）系统问题的一般规律和途径，具有系统化、综合化、最优化、程序化和标准化等特点，是系统工程方法论的重要基础内容。

时间维，是系统工程活动从开始到结束按时间顺序排列的紧密衔接的 7 个阶段，分别为方案规划、方案制定、产品研制、产品生产、产品安装、产品运行和产品更新。方案规划包括调查研究，明确目标，提出设计思想，拟定初步方案，制定系统工程活动的方针、政策、规划等；方案制定包括提出设计思想或初步方案，综合分析政

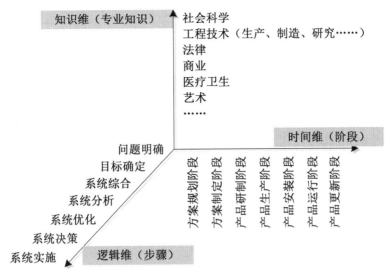

图 1-1　霍尔三维结构模型

治、经济、社会、技术、环境和法律等,完成详细方案,选出最优方案;产品研制包括优化方案、综合考虑人财物等形成研制方案,并拟定生产计划;产品生产是按生产计划完成各部件的生产,并组装成整个产品;产品安装,安装产品并制定运行计划;产品运行是产品按照预期的用途开始运行;产品更新包括产品评价、改进、更新,以使产品更有效地工作、进入下一个研制周期。在时间维,主要考虑每一阶段的管理内容和管理目标,旨在解决工作内容全面性和工作流程规范性的问题。

逻辑维是系统工程活动中在时间维的各个阶段中要尽可能地应用逻辑思维程序,这是系统工程过程,是系统工程的核心。霍尔三维结构模型的逻辑思维程序最初包括问题明确、目标确定、系统综合、系统分析、系统优化、系统决策、系统实施7个步骤。问题明确包括尽可能全面地收集资料,了解问题的环境、各组成部分及联系,包括实地考察、测量、调研、需求分析、市场预测;目标确定包括在拟订方案之前对所解决的问题,提出应达到的目标,制定衡量是否达到目标的准则;系统综合包括集思广益地提出达到预期目标的几套方案,并对每一种方案进行必要说明;系统分析包括应用系统工程方法和技术,将各种方案系统地进行比较、分析,建立数学模型、仿真、优化;系统优化是对各种结果进行评价,找出最佳方案;系统决策是确定最佳方案;系统实施是把方案的详细内容变成切实可行的计划去执行,完成各阶段管理工作。在逻辑维,主要考虑全生命周期的思维模式,旨在解决系统性、综合性和科学性思维问题。

知识维是为完成这些阶段和步骤的活动所需要运用的各种知识和技能,这是系统工程能够实施的保障。这些知识和技能包括社会科学、工程技术、经济学、法律、数学、管理学、环境科学、计算机技术等,在知识维,提供各种方法和技术,分析、发现系统每一阶段、每一步骤中可能出现的关键问题,把问题和可用的技术联系起来,求得问题的解决方案,从而高效、有序地完成工作中每一阶段、每一步骤的任务。在知识维,主要考虑专业知识和技能的积累与利用,旨在解决基础理论正确性和实践经验传承性问题。

在霍尔三维结构模型诞生和得到应用后,系统工程方法论基本上在该三维框架下不断发展和完善。

1. 时间维——系统工程全生命周期模型的发展

时间维的核心是系统的全生命周期模型。针对所要研究的不同系统,系统的全生命周期模型及其包括的内容和目标等可能不同。针对不同时期,所要研究的同一系统的全生命周期模型及其包括的内容和目标等也可能不同。因而,其是不断优化和完善的。如 INCOSE 出版的《系统工程手册》给出的全生命周期模型的比较可以体现该特点,如图 1-2 所示。

2. 逻辑维——系统工程过程的发展

逻辑维是系统工程思想的核心体现,其核心是不断优化和完善系统工程过程。系统工程过程的可视化表达有多种模型,包括椭圆模型、瀑布模型、V 模型和螺旋模型等。

1) 椭圆模型

系统工程椭圆模型包括需求分析、功能分析和分配、设计综合这三步构成的串行技术过程,以及系统分析与控制构成的技术管理过程,用来支持技术过程,如图 1-3 所示。基于技术过程的需求回路、设计回路和验证回路,以及技术过程与技术管理过程的接口,形成自上而下、全面综合、反复迭代、循环递进的问题求解过程,来保证全部系统需求被完整定义、追踪和验证。由需求分析、功能分析和分配、设计综合、系统验证四大部分构成的经典系统工程过程被迭代应用于系统全生命周期各阶段。

(1) 需求分析,是要澄清和确认用户需求和工作目标,明确限制条件,然后依此提出对系统的功能和性能要求。通过任务分析得到的共识是后续成功的基础和物理设计的基础。

(2) 功能分析和分配,经过任务分析得到的系统级功能和性能,进一步分解成为低层次功能,得到对一个系统功能的全面描述,即系统的功能结构。这个功能结构不仅描述了必须具有的全部功能,还反映了各种功能和性能要求之间的逻辑关系。

(3) 设计综合,或称系统设计,是按照从功能分析和分配过程中得到的系统功能和性能描述,在综合考虑各种相关工程技术的基础上发挥工程创造力,研制出一个能够满足要求的、优化的系统物理结构。

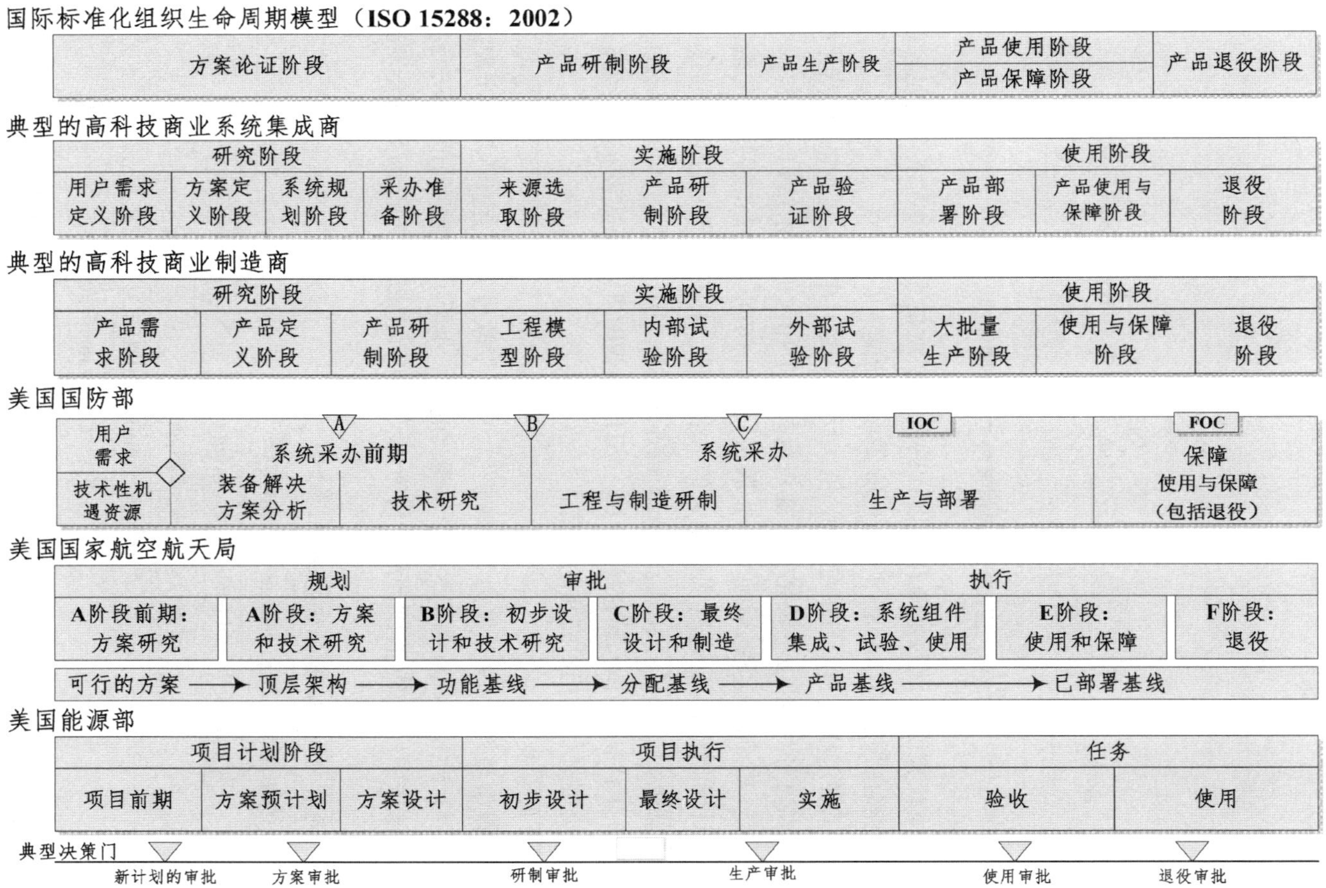

国际标准化组织生命周期模型（ISO 15288: 2002）

方案论证阶段	产品研制阶段	产品生产阶段	产品使用阶段		产品退役阶段
			产品使用阶段	产品保障阶段	

典型的高科技商业系统集成商

研究阶段			实施阶段		使用阶段		退役阶段
用户需求定义阶段	方案系统规划阶段	采办准备阶段	来源选取阶段	产品研制阶段	产品验证阶段	产品部署阶段	产品使用与保障阶段

典型的高科技商业制造商

研究阶段		实施阶段			使用阶段	退役阶段
产品需求定义阶段	产品研制阶段	工程模型阶段	内部试验阶段	外部试验阶段	大批量生产阶段	使用与保障阶段

美国国防部

用户需求
技术性能资源

技术研究　　工程与制造研制　　生产与部署　　使用与保障（包括退役）

系统采办前期　　系统采办

装备解决方案分析　技术研究

△A　△B　△C　IOC　FOC

美国国家航空航天局

规划			审批		执行		
A阶段前期：方案研究	A阶段：方案和技术研究	B阶段：初步设计和技术研究	C阶段：最终设计和制造	D阶段：系统组件集成、试验、使用	E阶段：使用和保障	F阶段：退役

可行的方案　→　顶层架构　→　功能基线　→　分配基线　→　产品基线　→　已部署基线

美国能源部

项目计划阶段			项目执行		任务	
项目前期	方案预计划	方案设计	初步设计	最终设计	实施	验收	使用

典型决策门

△　新计划的审批　△　方案审批　△　研制审批　△　生产审批　△　使用审批　△　退役审批

图 1-2　全生命周期模型的比较

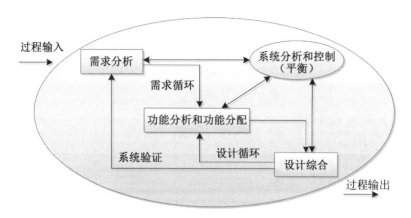

图 1-3　经典系统工程椭圆模型

（4）系统验证的目的是确认所设计的各个层次的系统物理结构满足系统要求，保证能够在预定的性能指标下实现所要求的功能。

系统工程过程是一个自顶层开始，依次反复应用于开发全过程的、规范化的问题解决过程，它把要求逐步转化为系统规范和一个相应的体系结构。其每一个步骤都可以是一个循环过程，对前一个步骤进行重新访问。系统工程过程的输出是对系统设计、研制和验证进行明确定义的一套文件。在系统研制过程中始终要保持对要求的跟踪。1974 年正式发布的美国军用标准 MIL-STD-499A 和之后直到 20 世纪 90 年代初仍在不断更新的 MIL-STD-499B（但未正式发布）为经典系统工程椭圆模型进行了相对完整的总结。

2）瀑布模型

瀑布模型最初于 1970 年由 Royce 提出，应用于软件开发，由 5~7 个步骤或阶段构成，1981 年由 Boehm 拓展为 8 个步骤，如图 1-4 所示。理想的情况下，每一个阶段都应该按顺序完成，直到产品交付为止。但实际上极少如此，因为总会发现缺

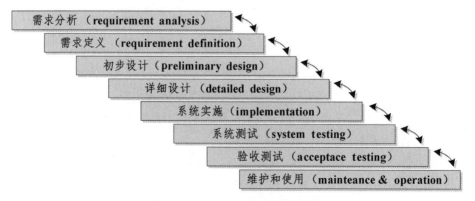

图 1-4　NASA/SEL 的瀑布模型

陷,进而重复步骤直到更正。瀑布模型存在两方面的不足:未关注架构开发的复杂性和风险管理;未展示系统的迭代扩展和需求的逐步细化。

3) V 模型

V 模型于 1978 年由 Kevin Forsberg 和 Harold Mooz 提出。其将系统分解和系统集成的过程通过验证彼此关联,强调验证在系统工程各个阶段中的作用,而不是简单地将瀑布模型折弯。V 模型非常准确地表示了从系统分解到集成活动的系统演进过程,使系统工程过程变得可视化且易于管理。

V 模型的核心描述了从用户需求到系统概念识别,再到系统架构元素定义(包括最终系统)的基线演化过程,如图 1-5 所示。V 模型左侧,从左上角系统需求分解与定义出发,分解和定义系统、子系统到部件级的活动;右侧,紧跟着进行从部件、子系统到系统的综合与验证,直到右上角的系统验证与确认结束。在每一级的验证中,都要参考原始的规范体系和需求文档,以保证部件/子系统/系统能够满足所有的体系规范。

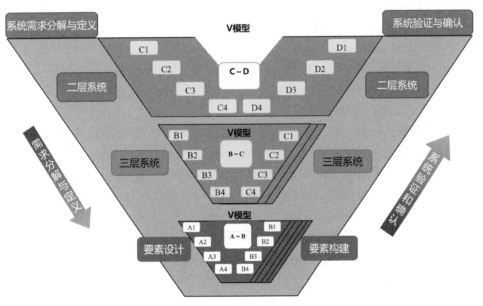

图 1-5　系统工程的 V 模型

V 模型提出后,不断地在工程实践中应用、演化与改进,考虑系统架构和系统元素实体的并行开发。1991 年,Kevin Forsberg 和 Harold Mooz 在 NCOSE 第一届年会上发表了名为"The Relationship of System Engineering to the Project Cycle"的论文,在论文中提出了系统工程双 V 模型。双 V 模型增加了一个维度,以一种立体的视角来看待和审视系统开发过程,从而使得系统工程过程的可视化表达更加完善。双 V 模型包括架构 V 和实体 V,架构 V 模型关注系统架构的开发成熟,实体 V

模型关注组成架构的实体元素的开发实现。由于系统的复杂性,架构 V 模型的厚度向下逐渐增加,即每一分解级别(系统层次)上的实体数量不断增加。架构 V 模型的每个实体都有一个相应的实体 V 模型,负责该实体的开发和实现。双 V 模型强调并发机会与风险管理;重视用户在开发过程中的持续验证;强调集成、验证与确认规划,通过验证解决问题。系统工程双 V 模型提出后,系统工程过程的可视化模型已相当成熟和完善。

4)螺旋模型

螺旋模型在 1986 年由 Boehm 提出,参考了霍尔在系统工程方面的研究成果,目的是引进一种风险驱动的产品研制方法。螺旋模型是对瀑布模型的修改,不再要求使用原型;还综合了其他模型的特点,如反馈等。螺旋模型的应用是反复进行的,每次都要经历一些阶段,研制出一个原型,在进入下一阶段前进行风险评估。

螺旋模型将反馈的思想融入系统工程的每一个阶段,并认为原型系统的开发是降低系统风险的重要手段。螺旋模型由 18 个不断旋进的步骤组成。其包括:① 系统需求确定;② 可行性研究;③ 系统分析;④ 系统详细说明;⑤ 系统原型;⑥ 概念评估;⑦ 功能定义;⑧ 需求分配;⑨ 平衡分析;⑩ 选择设计;⑪ 集成;⑫ 测试评估;⑬ 详细需求;⑭ 元件设计;⑮ 优化;⑯ 设备定义;⑰ 实用原型;⑱ 正式设计评估。

5)基于模型的系统工程

传统系统工程由于缺乏有效的技术手段支持复杂产品和系统,在以下几方面面临着严重挑战:由需求到功能的转换和分解;需求及设计变更的追踪管理;涉及多学科领域团队和系统元素间交互指数级增长的设计方案表达;权衡优化和沟通决策;设计方案对涉及需求的验证与确认(V&V)。为了解决这种复杂性,基于模型的系统工程(model-based systems engineering, MBSE)应运而生。

2007 年,INCOSE 在《系统工程 2020 年愿景》中,给出了基于模型的系统工程的定义:基于模型的系统工程是对系统工程活动中建模方法应用的正式认同,以使建模方法支持系统要求、设计、分析、验证和确认等活动,这些活动从概念性设计阶段开始,持续贯穿到设计开发以及后来的全生命周期的所有阶段。基于模型的系统工程将系统的表达由"以文档报告为中心"转变为"以模型为中心",基于统一建模语言的一系列系统模型成为全生命周期各阶段产品表达的"集线器",可以被各学科、各角色研发人员和计算机所识别,为研发组织内的高效沟通和协同奠定基础,并将传统系统工程的手工实施过渡到通过软件工具和平台来实施,通过软件工具和平台物化了相应的方法,使得系统工程过程可管理、可复现、可重用。

3. 知识维——知识和技能显性化发展

知识维的核心是将完成这些阶段和步骤的活动所需要运用的各种知识和技能

不断地具体化和显性化。例如,更加明确或强调了项目管理、使能管理和协议管理等方面知识和技能的重要性。

　　总之,系统工程的方法论还在不断地发展和完善。根据对所研发系统认识和理解的不断加深,在时间维,随着系统全生命周期理论的不断进步,系统全生命周期模型不断完善;在逻辑维,系统工程过程也在不断地完善和创新发展;在知识维,系统研发所需的知识和技能也越来越具体化和显性化,并且融入了逻辑维和时间维,因而越来越科学且越来越实用。目前的系统工程思想模型构架如图 1 - 6 所示。

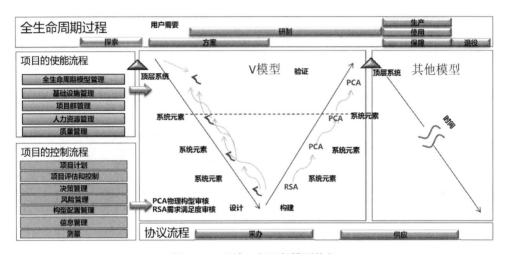

图 1 - 6　系统工程思想模型构架

1.2　基于系统工程的航空发动机情报研究工作体系

　　基于系统工程的航空发动机情报研究工作体系,顾名思义,是采用系统工程思想构建的航空发动机情报研究工作体系。

　　体系,是指由若干有关事物或某些意识相互联系的系统构成的一个具有特定功能的有机整体,是由不同系统组成的复杂系统。

　　情报研究工作体系,是为了实现情报研究工作目标(满足特定的用户需求),基于先进管理思想和工具,把人力、设备、材料、能源、资金、信息等有限资源和情报研究工作的目标、需求、任务、活动、产品及其使能系统和控制系统等若干个不同的子系统按作用和层次合理且有效地整合在一个架构下运行的一个复杂的多学科管理体系。因而,其适合引入系统工程的思想和方法论。

　　基于系统工程的情报研究工作体系,就是将系统工程的思想和理念应用到情报研究工作体系中,使整个情报研究工作运行得更加优质高效的体系。

基于霍尔三维结构模型的情报研究工作体系的时间维是情报研究工作的全生命周期的工作流程及其相关内容;逻辑维是系统工程过程;知识维是开展情报研究工作所需要的知识和技能,包括技术支撑和综合支撑两大方面的知识和技能,如图1-7所示。

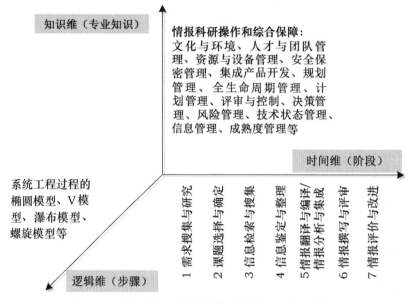

图1-7　基于霍尔三维结构模型的情报研究工作体系

基于INCOSE系统工程的情报研究工作体系的时间维是情报研究工作的全生命周期的工作流程及其相关内容;逻辑维是系统工程过程,如椭圆模型、瀑布模型、螺旋模型、V模型等;知识维是开展情报研究工作所需要的知识和技能,包括情报研究项目管理、情报研究使能管理、情报研究工作协议管理等知识和技能,如图1-8所示。

1.3　基于系统工程思想的情报研究工作体系的构建

20世纪80年代以来,王鹤祥[15]、徐刚[16]、都小健[17]、周化南[18]、刘诗章[19]、钱学森、宫宏光等[20]、贺德方[21]、唐晓波等[22,23]、史竹青等[24]、杨兴兵等[25]、李辉等[26,27]和乔晓东等[28]从不同角度对系统工程在情报工作和情报研究工作中的应用进行了探索与研究。

都小健[17]提出了情报系统工程的时间维、逻辑维和知识维的三维结构,以及认为情报研究工作包括明确系统目标、初步调查与可行性分析、详细调查、概略设计(逻辑设计)、模型研制与评价、根据评价的结果修改或完成设计、系统的全面实

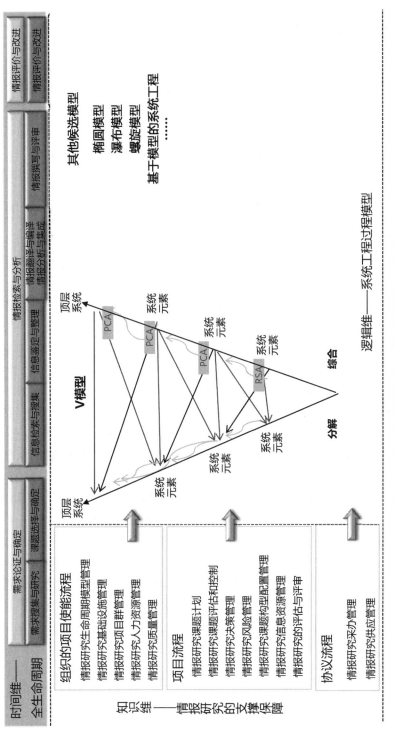

图 1 - 8　基于 INCOSE 系统工程的情报研究工作体系

施、系统维护 8 个工作阶段。

武凤德[29]在《采用系统工程方法提高情报研究效果》一文中,提出了情报研究的霍尔三维结构模型。

钱学森同志在 20 世纪 90 年代谈科技情报工作中指出,高级一点的情报研究工作要采用系统与系统工程的方法,这为我们指明了情报研究的科学方法。

郭路生等[30]在《工程化思维下情报需求开发范式——情报工程学探析》一文中,研究了将工程化思维引入情报需求开发中。

唐晓波等[22,23]以霍尔模型为基础理论构建了工程化思维下情报工作的霍尔三维模型。

史竹青和倪金刚[24]对从系统要素、运行的背景环境、V 模型等角度将系统工程引入航空发动机情报研究工作中进行了探索与研究。

中国科学技术信息研究所于 2009 年提出了以事实型数据为基础,综合集成"事实数据+工具方法+专家智慧"的科技情报研究方法论,已经得到了国内其他情报研究机构的普遍认可。

贺德方[31]认为:情报工程是将情报学以及相关学科的原理创造性地应用到情报研究工作所涉及的构成要素(如数据、分析方法、情报技术)、工作流程以及组织管理的设计与开发中,以实现情报工作的自动化、规范化、系统化,并在此基础上完成情报系统功能。情报工程的业务流程可以概括为:以丰富的信息资源为基础,以大数据环境与新型科研范式下的情报学理论方法为指导,以先进的技术手段与分析工具为支撑,对海量的源数据进行采集和加工,根据用户的个性化需求,构建信息技术和分析算法与情报学理论方法深度融合的专业化分析模型和平台,用工程化的研究模式组织完成情报分析的全过程,从而为用户提供决策支持、情报研究、科技评价等方面的深层次解决方案。

以中国航发沈阳发动机研究所为例,借鉴中国情报研究界在尝试将系统工程思想引入情报研究工作中形成的宝贵经验和成果,借鉴如图 1 - 9 和图 1 - 10 所示的情报研究工作体系,构建创新的基于系统工程思想的情报研究工作体系。该体系的时间维为情报研究工作的全生命周期,逻辑维采用系统工程过程的 V 模型,知识维为技术支撑和综合支撑的知识和技能,为情报研究实践提供了考虑全部利益相关者、全过程、全要素的集成工作模式。具体地说,基于系统工程思想的情报研究工作体系,按照研究所的发展战略和统一部署,以使命和愿景为目标(goal),以情报研究需求为输入(input),以情报需求三层体系、技术操作三层体系、产品层次三层体系为核心(action),以情报科研操作二层体系为使能(enabling),以综合保障二层体系为支撑和控制(control),以情报研究产品为输出(output),简称 GIAOCE 工作体系,如图 1 - 9 所示。

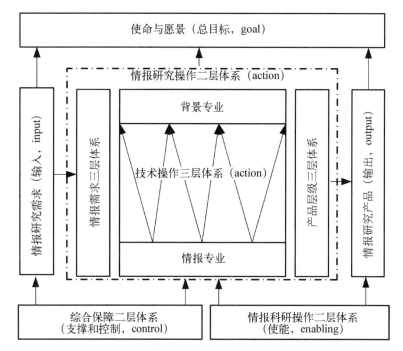

图 1-9　基于系统工程思想的情报 GIAOCE 工作体系

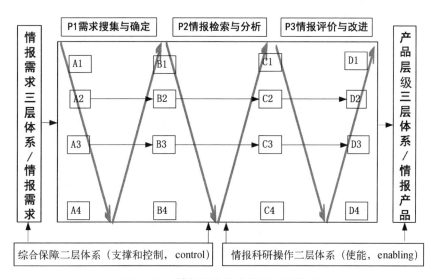

图 1-10　情报研究技术操作三层体系

A1. 第一级情报需求；B1. 第一级情报报告大纲；C1. 第一级情报进展报告；D1. 第一级情报最终报告；
A2. 第二级情报需求；B2. 第二级情报报告大纲；C2. 第二级情报进展报告；D2. 第二级情报最终报告；
A3. 第三级情报需求；B3. 第三级情报报告大纲；C3. 第三级情报进展报告；D3. 第三级情报最终报告；
A4. 第四级情报需求；B4. 第四级情报报告大纲；C4. 第四级情报进展报告；D4. 第四级情报最终报告

1.3.1   以统帅发展为目的,确定情报研究工作的使命与愿景

情报研究工作的使命和情报研究机构的愿景以统帅发展为目的,以科学、健康、持续为目标,用于为开展各项工作提供指南,从战略上解决"做正确的事"的问题。

使命是一个组织/一项工作存在的理由和依据,是一个组织/一项工作在社会进步和发展中所承担的重大任务和责任,是其价值所在。确定情报研究机构的使命,需要从情报研究工作的本源出发。

梁春华等[1]通过对 191 个情报定义的采样进行内容统计分析得出了比较全面和相对准确的情报定义。研究认为,情报是为了满足需要、有价值/有用的、有指导意义的,从敌方、他方、物质客体等不同来源发起的,经搜集、传递、分析、存储等方式,以任意方式承载,由我方、特定用户等特定对象接收的知识、信息、成果、事实、智慧、数据。简单地讲,情报是由情报工作人员从敌方/他方获取,搜集、分析、传递、存储至特定对象,以任意载体承载的,有用的或有指导意义的信息或知识。从这一定义可以发现,从情报的本源来说,情报工作的最初乃至最终目的是提供有用的或有指导意义的信息或知识,满足用户的特定需求,扮演的是"耳目、尖兵、参谋、智囊"角色。

梁春华、陈斌等[2,3]通过对 96 个情报研究定义采样进行统计分析和研究,得出了比较全面和相对准确的情报研究的定义。研究认为:情报研究是以人为中心,以方法、平台和工具为基础,以流程为贯穿,以情报研究与服务为最终目标的创造性工作。情报研究机构/人员针对用户或者某些特定的需求制定研究课题,通过特定调查方法和其他科学方法检索和鉴定相关资料(事实、数据、信息和知识),然后对这些资料进行加工整理和分析,之后撰写情报研究报告并向用户提供。也就是说,从情报研究的本源来说,情报研究的最初乃至最终目的还是提供有用的或有指导意义的情报,满足用户或者某些特定的需要,同样扮演的是"耳目、尖兵、参谋、智囊"角色。

结合目前发展现状,中国航发沈阳发动机研究所情报研究机构的使命确定为:围绕本所航空发动机和燃气轮机管理决策、预先研究、型号研制和条件建设等方面特定的情报需求,开展情报研究工作,满足科研生产和经营管理的多样化、个性化、高效化和专深化需要,发挥"耳目、尖兵、参谋、智囊"作用,实现"引领科研进步,支撑管理决策"的目标。

愿景是一个组织对指导和引领组织成员前进的未来前景和发展方向的高度概括,是一个组织的理想目标和永恒追求。一个组织的理想目标是:完成好所承担的各项工作;把握好专业发展方向;带领好人员与团队;保持和谐向上的环境。相应地,一个情报研究机构的愿景是:完成好情报研究机构的各项工作;把握好情报研究专业发展方向的发展热点与趋势;带领好情报研究人才与团队;保持情报研究机构和谐向上的激情和活力。为此,中国航发沈阳发动机研究所情报研究机构的愿景确定为:全面建设"自主领先"的工作(产品)一流、专业(技术体系)一流、队

伍一流、环境一流的中国航空发动机和燃气轮机情报中心。

1.3.2 以情报研究产品研发为目的,构建情报研究操作二层体系

情报研究操作二层体系由情报需求三层体系、技术操作三层体系和产品层次三层体系构成。

1. 以输入需求为目的,构建情报需求三层体系

把握航空发动机科研生产与经营管理人员的脉搏,想用户之所想、急用户之所急、做用户之所需、解用户之所难,是航空发动机情报研究工作的生命线。情报需求三层体系基于用户对航空发动机核心业务的情报要求,是来自航空发动机科研生产和经营管理的全生命周期的显性和隐性需求,是情报研究工作的输入,以实现"需求牵引"和"牵引需求"相结合为目的,旨在实现中心的愿景与使命,解决"做正确的事"的问题。

2. 以规范工作为目的,构建情报研究技术操作三层体系

情报研究技术操作三层体系是情报研究工作内部经验的积累和外部经验的借鉴,是情报研究人员/机构开展情报研究工作的基本遵循和工作规范,旨在使情报工作标准化、规范化和流程化,确保高效地研发精良的情报研究产品,进而更好地服务于中心的愿景和使命,解决"正确地做事"的问题。

情报研究技术操作三层体系以霍尔三维结构模型的时间维与逻辑维为基础构建,如图 1-10 所示。本研究采用的情报研究工作的时间维包括 P1 需求搜集与确定、P2 情报检索与分析、P3 情报评价与改进 3 个阶段。P1 阶段包括 O1 需求(requirement)搜集与研究和 O2 课题(核心是需求,requirement)选择与确定等分阶段或流程;P2 阶段包括 O3 信息(information)检索与搜集、O4 信息(information)鉴定与整理、O5 情报(intelligence)分析与集成和 O6 情报(intelligence)撰写与评审等分阶段或流程;P3 阶段只包括 O7 情报(intelligence)评价与改进这个分阶段或流程,也称 2R5I 情报研究工作模型,这些分阶段又可以细分为搜集准备、搜集实施、搜集统计、搜集研究、课题提出、课题分析等 20 多个工作单元。这些阶段和分阶段由流程、标准/规范/制度、作业指导书、检查单、模板、案例等操作体系文件构成。情报研究技术操作三层体系的逻辑维,引入系统工程过程的 V 模型。这一体系要融入航空发动机研发体系,以确保情报研究工作对航空发动机科研生产与经营管理及时反映。详细内容见第 3 章。

3. 以输出产品为目的,构建情报研究产品层次三层体系

情报研究产品层次三层体系立足目前,着眼长远,是产品规划的宏观构架和重要组成部分,既实现情报研究机构的愿景与情报工作的使命,又满足特定时期、特定人群的情报需求,从战术上解决"正确地做正确的事"的问题。

产品层次三层体系基于情报需求,包括原始情报、编译情报、基本情报、预测情

报、对策情报 5 类 5 级情报研究产品的内涵和外延、工作流程、工作要求和模板等，如图 1 - 11 所示。

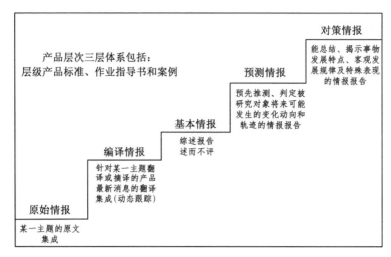

产品层次三层体系包括：
层级产品标准、作业指导书和案例

对策情报
能总结、揭示事物发展特点、客观发展规律及特殊表现的情报报告

预测情报
预先推测、判定被研究对象将来可能发生的变化动向和轨迹的情报报告

基本情报
综述报告
述而不评

编译情报
针对某一主题翻译或摘译的产品最新消息的翻译集成（动态跟踪）

原始情报
某一主题的原文集成

图 1 - 11　情报研究产品层次三层体系

1.3.3　以使能和控制为目的，构建情报科研操作和综合保障二层体系

情报科研操作和综合保障二层体系是工作要求和行为规范，以保障情报研究操作二层体系的实现为目标，解决"正确地做正确的事"的问题。其主要类似于霍尔三维结构模型中的知识维，类似于 INCOSE 系统工程框架中的项目流程、项目使能流程和协议流程。综合保障二层体系包括情报研究人员能力素质建设、基于流程的情报研究协同工作平台建设等。

1. 情报科研操作二层体系

情报科研操作二层体系，是以情报科研需求为输入，以情报科研需求三层体系、技术操作三层体系、产品层次三层体系为核心，以情报科研产品为输出的工作体系。

情报科研的需求来自情报学科理论研究和实践应用本身，服务于航空发动机情报研究操作二层体系、情报研究产品和情报研究的使命与愿景，旨在更好地发挥情报研究工作的"耳目、尖兵、参谋、智囊"等固有作用。

情报科研需求三层体系一般包括理论层、理论与实践层和实践层。作为基层科研院所情报机构，中国航发沈阳发动机研究所的情报科研需求三层体系，重点面向实践层的研究，首要的是情报研究应用和情报管理研究，包括情报研究、文献研究、情报翻译和情报科研等业务活动的研究；其次是情报技术和情报方法的研究，包括基本模型、情报研究技术和情报研究方法等；最后是情报理论基础和情报基础理论的学习和掌握。

情报科研技术操作三层体系以霍尔三维结构模型的时间维与逻辑维为基础构

建,如图 1-12 所示。情报科研技术操作三层体系的时间维包括 P1 需求感知与确定、P2 课题研究与验证、P3 报告研发与改进 3 个阶段。P1 阶段包括 O1 需求(requirement)感知与提出、O2 需求(requirement)调研与分析、O3 课题(project)论证与确定等子阶段或流程;P2 阶段只包括 O4 课题(project)研究与验证这个子阶段或流程;P3 阶段包括 O5 报告(report)构想与谋划、O6 报告(report)撰写与编辑和 O7 报告(report)评价与改进等子阶段或流程,构成情报科研 5R2P 工作模型。这些阶段和子阶段又由流程、标准/规范/制度、作业指导书、检查单、模板、案例、数据库等操作体系文件构成。情报科研技术操作三层体系的逻辑维,引入系统工程过程的 V 模型。这一体系,服务于情报研究操作二层体系,以确保情报研究工作科学、高效和持续地发展。详细内容见第 4 章。

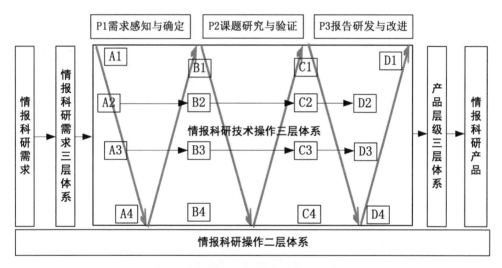

图 1-12 情报科研技术操作三层体系

A1. 第一级科研需求;B1. 第一级科研报告大纲;C1. 第一级科研进展报告;D1. 第一级科研最终报告;
A2. 第二级科研需求;B2. 第二级科研报告大纲;C2. 第二级科研进展报告;D2. 第二级科研最终报告;
A3. 第三级科研需求;B3. 第三级科研报告大纲;C3. 第三级科研进展报告;D3. 第三级科研最终报告;
A4. 第四级科研需求;B4. 第四级科研报告大纲;C4. 第四级科研进展报告;D4. 第四级科研最终报告

情报科研产品层次三层体系包括原始资料汇编、专业综述报告、专业趋势报告、专业研究报告、专业述评报告。每类产品都要明确规定产品的内涵和外延、工作流程、工作要求和模板等。

2. 人员与团队能力素质建设

在人员与团队建设方面,通过引进情报专业与航空发动机专业人员,优化专业配置,加强培养 II 型情报研究人员;通过构建基于背景知识、背景技能、情报知识、情报技能和产品知识与技能的 5 维情报研究人员成长模型,造就"志向高远,工作精细"国内一流的情报专业带头人和复合型领军人才;通过编制《管理人员与职责》《管理人员选聘任用办法》《"师傅带徒弟"管理办法》《青年工作制度》《科技分会工作制度》《技术学习和技术培训规定》《技术与技能人员晋级管理办法》等,培育"系统思考、开拓创新、诚信敬业、精诚团结"的精神与品质,建立真正的、富有竞争力的、英勇卓越的"狼性"团队。

3. 基于流程的情报研究协同工作平台建设

根据军民用航空发动机和燃气轮机行业的科研生产需求,以情报研究、文献研究、情报科研等结构化/半结构化工作流程为主线,实现情报研究业务规范化和协同化;以专/兼职情报研究人员、情报用户、情报与航空发动机特定领域专家、IT 技术人员共同参与为合作机制,实现借助外脑提升情报研究的质量和水平;以数据、信息、知识等信息资源为基础,开展数据挖掘、整理和再利用等工作,逐步实现资源数字化和服务智能化;以专业知识为基础,开展航空发动机、情报研究、信息技术等实用知识和经验的积累和挖掘工作,逐步实现知识管理和分享;以项目管理和计划管理为抓手,实现工作任务和产品的分配、监控、协作、反馈和管控;以工作标准、作业书、模板、案例、方法、模型、工具、平台为手段,实现业务的专业化和实用化;最终构建一个"规范工作、提升能力、积累知识、培养人才"的情报研究协同工作平台,实现信息资源的多源(准全源)化、知识管理科学化、流程管理规范化、研究工作专业化,进而提高工作效率和管理水平,为中国航发沈阳发动机研究所的科研生产和经营管理提供更加优质、高效的情报服务。

参考文献

[1] 梁春华,孙明霞,邹志鹏,等.基于采样统计内容分析的情报定义研究[J].情报理论与实践,2016,39(10):21 - 24,35.

[2] 梁春华,李彩玲,刘晓瑜,等.情报研究定义公式的探讨——从安达信咨询公司知识管理公式推衍[J].情报理论与实践,2019,42(3):17 - 19,84.

[3] 陈斌,梁春华,邹志鹏,等.情报研究定义的统计研究[J].情报理论与实践,2019,42(3):20 - 23,106.

[4] 梁春华,刘红霞,索德军,等.基于系统工程的情报研究工作管理体系的探讨[J].情报工程,2018,4(4):104 - 111.

[5] 梁春华.基层科研院所情报研究工作的探索[J].情报理论与实践,2018,41(9):7 - 11.

[6] 梁春华.大数据环境情报研究平台发展现状与思考[J].情报理论与实践,2017,40(6):63 - 66,50.

[7] 梁春华,刘红霞.Ⅱ型情报专业人才能力素质的再探讨[J].情报理论与实践,2019,42(3):12 - 16.

[8] 刘红霞,梁春华,张世福.基层情报研究人员成长模型的构建[J].情报理论与实践,2019,42(3):24 - 28.

[9] 邹志鹏,陈斌,李彩玲,等.基层科研院所情报科研工作的实践研究[J].情报理论与实践,2020,43(5):53 - 57,52.

[10]　梁春华,陈斌,李彩玲,等.基于系统工程的情报科研工作体系探讨[J].情报理论与实践,
　　　　2020,43(5):49-52.

[11]　李彩玲,梁春华,陈斌,等.情报科研工作标准的研究[J].情报理论与实践,2020,43(5):
　　　　58-60,30.

[12]　孙明霞,刘红霞,索德军,等.航空发动机情报研究工作平台功能需求研究[J].情报理论
　　　　与实践,2020,43(4):18-23.

[13]　郭宝柱."系统工程"辨析[J].航天器工程,2013,22(4):1-6.

[14]　国际系统工程协会(INCOSE).系统工程手册:系统生命周期流程和活动指南[M].张新
　　　　国,译.北京:机械工业出版社,2013.

[15]　王鹤祥.系统工程方法在情报研究中的应用[J].情报学刊,1986,(5):47-51.

[16]　徐刚.系统工程方法与情报研究[J].情报学刊,1987,(4):56-58.

[17]　都小健.情报系统工程探要[J].情报学刊,1987,(5):15-17.

[18]　周化南.系统工程方法在情报研究应用中的思考与实践[J].情报业务研究,1989,6(3):
　　　　202-203.

[19]　刘诗章.用系统工程理论深化情报研究——兼论 AHP 法对星火计划的适用性[J].科学
　　　　管理研究,1989,7(4):31-35.

[20]　宫宏光,汤珊红.面向决策需求建立基于过程的情报研究知识化支持系统[J].情报理论
　　　　与实践,2012,35(2):1-5.

[21]　贺德方.工程化思维下的科技情报研究范式——情报工程学探析[J].情报学报,2014,33
　　　　(12):1236-1241.

[22]　唐晓波,魏巍.工程化视角下的情报工作方法论研究:理论模型的构建[J].图书情报工
　　　　作,2016,60(7):5-10.

[23]　唐晓波,朱娟.基于霍尔模型的情报工程知识体系构建[J].数字图书馆论坛,2016,141
　　　　(2):27-32.

[24]　史竹青,倪金刚.航空发动机科技情报工作初探[C]//中国航空学会科技情报分会.中国
　　　　航空学会科技情报分会 2016 年学术交流会论文集.柳州:中国航空学会科技情报分会,
　　　　2016:19-26.

[25]　杨兴兵,赵明,潘薇.创新驱动下的企业情报系统建设[J].情报工程,2015,1(5):101-
　　　　106.

[26]　李辉,张惠娜,侯元元,等.情报 3.0 时代科技情报服务能力研究——基于工程技术视角
　　　　的服务能力四层结构模型[J].情报理论与实践,2017,40(3):1-4.

[27]　李辉,王文韬.融入工程化思维:大数据环境下情报分析机制的构建[J].情报理论与实
　　　　践,2016,39(6):1-6.

[28]　乔晓东,朱礼军,李颖,等.大数据时代的技术情报工程[J].情报学报,2014,33(12):
　　　　1255-1263.

[29]　武凤德.采用系统工程方法提高情报研究效果[J].电子情报工作,1991,(4):1-3.

[30]　郭路生,刘春年,胡佳琪.工程化思维下情报需求开发范式——情报需求工程探析[J].情
　　　　报理论与实践,2017,40(9):28-32.

[31]　贺德方.基于事实型数据的科技情报研究工作思考[J].情报学报,2009,28(5):764-
　　　　770.

第 2 章
航空发动机情报研究工作的本源研究

情报和情报研究,是情报学科最基本也是最核心的概念,不仅涉及情报学科的研究内容和方向,以及情报学的生存和发展,而且还与情报工作和情报研究的开展息息相关,是任何从事情报科研和情报研究的研究人员都无法回避的概念。尽管情报学已经诞生很多年,但是迄今,情报的概念、情报研究的概念等一直处于不断发展变化之中,既不完整也不准确,需要不断深入探索和逐步完善。

情报科学最基本且最核心概念的不确定性,给情报和情报研究工作的开展带来了一些不利的影响。这就需要情报研究人员从情报和情报研究的概念出发,探究情报和情报研究工作的本源,深刻认识情报和情报研究工作的使命和情报研究机构的愿景,明确情报研究工作的根本目的、发展方向和固有属性,明确情报和情报研究工作的任务、作用与特点,树立正确且牢固的情报研究工作理论意识;深刻认识情报和情报研究工作的全寿命和全要素,明确情报研究人员的能力素质要求、情报研究工作的环境和流程,树立正确且牢固的情报研究工作实践意识,进而为做好情报研究的各项工作打下坚实的基础。

2.1 情报定义的研究

自 20 世纪 80 年代至今,中国情报界在引入国际知名情报研究机构和专家的情报定义的基础上,基于军事用途、知识和文献、社会信息等多方面对情报定义进行了大量的探索和研究,但情报界仍没有一个统一的情报定义。包昌火[1]在《情报理论与实践》创刊 50 周年之际发文提到,应研究中文"情报"与英文"Information"和"Intelligence"的对应关系,结合我国情报工作的社会实践给中文情报一个完整准确的定义。基于此,对国内外典型的情报定义进行尽可能全面且充分的搜集,并进行统计和内容研究。统计研究发现,情报定义的发展在数量和词汇上呈现逐步收敛的态势;内容研究发现,情报定义存在一些共性特征。因而,通过建立基于共性特征的通用定义模型,并针对模型的关键要素进行词汇和词频的统计、分析与归纳,可以得出较为全面和相对准确的情报定义。

2.1.1　情报定义的采样

以中国知网(CNKI)、万方数据库、重庆维普数据库、超星数据库、读秀数据库等全文数据库资源为采样源,以"情报定义 or 情报概念"为检索式,检索和搜集来自百科全书、权威词典、学术专著、政府报告、学术期刊、学术会议等载体的情报定义,摘取文献作者所给出的情报定义 191 种,如表 2-1 所示。

表 2-1　情报定义采样

序号	内　　　容	来　　　源
1	情报是被传递的知识或事实,是知识的激活,是运用一定的载体(媒体),越过时间和空间传递给特定用户、解决科研生产中具体问题所需要的特定知识和信息	百度百科
2	军事情报简称情报,是对获取的军事斗争所需要的情况进行分析判断的成果,是策划的指导战争及指挥作战的主要依据	《中国人民解放军军语词典》
3	军事情报指的是为维护国家安全和利益而获得的与军事有关的情况及对其研究判断的成果	1995 年颁布的《中华人民共和国军事情报条例》
4	军事情报是为保障军事斗争需要而搜集的敌对国家、集团和战区的有关情况及其研究判断的成果	(《中国大百科全书:军事卷》*)彭知辉. 我国情报概念研究述评[J]. 情报资料工作,2006,(6):23-27
5	情报是通过对现有的关于外国或外国地区情报资料的搜集、处理、综合、分析、鉴定、判读而形成的产品	美国《国防部军语及有关术语词典》
6	情报是有教益的知识的传达;是某种事实或事件的知识或消息的传达;是被传达的有关特殊事实问题或事件的知识	(《牛津英语词典》)孟广均. 情报概念管见[J]. 情报科学,1981,2(1):15-20
7	情报是知识或信息的传达或接受;是由其他人传达的或得自调查、研究或教育的知识	(《英国韦氏版新国际词典》)孟广均. 情报概念管见[J]. 情报科学,1981,2(1):15-20
8	情报是消息、知识等的传达	国际百科全书和词典
9	情报是军中集种种报告,并预见之机兆,定敌情如何,而报于上官者	1915 年版,《辞海》
10	情报是战时军队关于敌情之报告	1939 年版,《辞海》
11	情报是对敌情和其他有关对敌斗争情报进行分析研究的成果,是军事行动的重要依据	1965 年版,《辞海》
12	情报作为存储、传递和转换对象的知识,亦泛指一切最新的情况报道,如科学技术情报	1965 年版,《辞海》
13	情报是以侦察手段或其他方法获得的有关敌人的军事、政治、经济等方面的情况,以及对这些情况进行分析研究的成果	1979 年版,《辞海》

＊　括号内为该定义的定义者。

续　表

序号	内　　容	来　　源
14	情报是获取的他方有关情况及对其分析判断的成果	1989 年版,《辞海》
15	情报是获取的(他方)有关情况以及对其分析判断的成果	1999 年版,《辞海》
16	情报是判断、意志、决策和行动所需要的知识与智慧	1999 年版,《辞海》
17	情报是以侦察的手段或其他方式获取的有关对方的机密情况	2002 年版,《辞海》
18	情报是对决策有价值的数据或资料	(惠特莫尔、约维茨)孟广均. 情报概念管见[J]. 情报科学,1981,2(1):15-20
19	情报就是有用的数据或被认为有用的数据	(斯拉麦卡)朱奎华. 情报概念的再探讨[J]. 现代情报,1995,(1):4-5
20	情报是保卫国家福祉和安全必需的知识	谢尔曼·肯特(美国中央情报局国家评估办公室主任)
21	情报是对决策具有价值的数据资料	(美国情报学家,约维茨)贺德方等. 数字时代情报学理论与实践——从信息服务走向知识服务[M]. 北京:科学技术文献出版社,2006:101
22	情报是用于决策的信号或消息	(美,萨拉塞维奇)贺德方等. 数字时代情报学理论与实践——从信息服务走向知识服务[M]. 北京:科学技术文献出版社,2006:99
23	情报是影响和改变人的认知状态的东西	(美,萨拉塞维奇)贺德方等. 数字时代情报学理论与实践——从信息服务走向知识服务[M]. 北京:科学技术文献出版社,2006:99
24	(某种特定环境下所处理的)情报,不仅包括经过思维加工的消息,而且涉及一定的环境因素,如情景、任务或当前的问题,还与特定的目的和动机相关	(美,萨拉塞维奇)贺德方等. 数字时代情报学理论与实践——从信息服务走向知识服务[M]. 北京:科学技术文献出版社,2006:99
25	情报是使人们原有的知识结构发生变化的那一小部分知识	(英国情报学家,布鲁克斯)贺德方等. 数字时代情报学理论与实践——从信息服务走向知识服务[M]. 北京:科学技术文献出版社,2006:100
26	情报是作为存储、传递和转换对象的知识	(俄,米哈依洛夫)贺德方等. 数字时代情报学理论与实践——从信息服务走向知识服务[M]. 北京:科学技术文献出版社,2006:98
27	情报是对信息的分析与提升	(理查森:2000 年)贺德方等. 数字时代情报学理论与实践——从信息服务走向知识服务[M]. 北京:科学技术文献出版社,2006:90
28	情报是有意发出的改变接收者知识结构的信息内容	(维克利)甄桂英. 情报概念的内涵、外延与相关学科的分析评述[J]. 情报理论与实践,2011,34(3):6-9

序号	内　　容	来　　源
29	情报是人与人之间传播着的一切符号化的知识	(日本,梅棹忠夫)王知津,栗莉.信息、知识、情报——再认识[J].情报科学,2001,19(7):673-676
30	情报是在特定的时间、特定状态下,对特定的人提供的有用知识	王知津,栗莉.信息、知识、情报——再认识[J].情报科学,2001,19(7):673-676
31	情报是判断、意志、决心、行动所需要的能指引方向的知识和智慧	王知津,栗莉.信息、知识、情报——再认识[J].情报科学,2001,19(7):673-676
32	有关敌方或敌国的全部知识	王知津,栗莉.信息、知识、情报——再认识[J].情报科学,2001,19(7):673-676
33	情报就是为了解决一个特定的问题所需要的知识	(钱学森)严怡民.情报学概论[M].武汉:武汉大学出版社,1983
34	情报是在特定的时间、特定的状态下,传递给特定的人的特定部分的有用知识	(钱学森)严怡民.情报学概论[M].武汉:武汉大学出版社,1983
35	情报是作为人们传递交流对象的知识	严怡民.情报学概论[M].武汉:武汉大学出版社,1983
36	情报是作为人们交流对象的有用知识	严怡民,马费成,马大川.情报学基础[M].武汉:武汉大学出版社,1987
37	情报只是人们了解情况、吸取知识的手段	王万宗.情报学概论[M].北京:北京大学出版社,1988
38	情报是一种获取信息的活动	王万宗.再论情报的定义与属性[J].情报学刊,1992,(4):250-255,263
39	情报是一种社会信息,是一种传递中的知识	邹志仁.情报学基础[M].南京:南京大学出版社,1987:263
40	情报是一个组织对外部环境变化的感知和响应,是一切组织和个人的生存之道,是国家和企业的大计,不可不察和或缺	包昌火.祝贺和期盼[J].情报理论与实践,2014,37(12):8
41	所谓"情报",就是与社会集团的竞争活动密切相关、被当作社会集团竞争手段的那部分信息和知识	黄志诚.信息、知识与情报[J].南京理工大学学报:哲学社会科学版,1994,26(3):80-84
42	情报是一种经过人们特殊选择或进行一定研究和加工后的社会信息,是人们为了达到一定目的所进行的智力、智慧和知识创造活动	王细荣.图书情报工作手册[M].上海:上海交通大学出版社,2009:2
43	情报是人的大脑思维的产物	黄志诚.信息、知识与情报[J].情报杂志,1996,(3):21-22
44	情报是信息、知识形态的社会竞争手段	夏武宁.情报定义十年争鸣评述[J].情报学刊,1991,12(3):174-199
45	情报是知识的一部分,是进入人类社会交流体系的动态知识,是为了解决某一特定问题所需要的知识,因而也是激活了、活化了的知识	张昌龄.科技信息工作手册[M].北京:航空工业出版社,2000:1

序号	内　　容	来　　源
46	情报是能为受信息者所理解并对受信息者有用的信息	郭小刚.试论信息知识的关系[J].图书馆学刊，2001，(2)：57-58
47	情报作为激活的知识，被认知主体吸收后，经过匹配、整合、融化、重构，就成为认知主体知识结构的一部分或产生新知识	郭小刚.试论信息知识的关系[J].图书馆学刊，2001，(2)：57-58
48	情报是能够解决问题的社会信息	刘植惠.关于情报学的概念、属性和功能的探讨[J].重庆图情研究，2007，8(1)：1-3
49	情报是政府、军队和企业为制定和执行政策而搜集、分析与处理的信息。情报是知识与信息的增值，是对事物本质、发展态势的评估与预测，是决策者制订计划、定下决心、采取行动的重要依据	高金虎.论情报的定义[J].情报杂志，2014，33(3)：1-5
50	情报是被传递的秘密的和适应特定需要的知识和智慧	王洪林.情报术语定义新探[J].术语标准化与信息技术，2005，(1)：38-40
51	情报是特定对象所需的信息	王卓，陈广杰，邵恶梅.情报定义之我见[J].河南科技大学学报：农学版，1996，16(4)：35-36
52	情报总是一件事情，或者是一种知识，这内容对于有一部分人应该知道而还不知道，因而需要经过情报工作机构的概括、组织、编撰、加工、评价，然后经过交流的工作，传递的工作，送到对象那里去	黄耀煌.近两年我国情报概念争鸣的剖析[J].情报学刊，1983，(1)：23-27，74
53	情报是意志、决策、部署、规划、行动所需要的知识和智慧	杨沛霆.《科技情报工作讲义（概论）》[M].北京：科学技术文献出版社，1979
54	情报是通过人类信息、传递，并在人类信息过程中发挥使用价值的知识	赖在勇.关于情报概念的探讨[J].科技情报工作，1979，(6)：6-7
55	情报是针对一定对象的需要所提供的，在实践中继承、借鉴和参考等作用的新的知识	李毅.也谈情报的基本概念[J].科技情报工作，1980，(3)：21
56	情报是人们所需要的最新知识	(陆嘉德)黄耀煌.近两年我国情报概念争鸣的剖析[J].情报学刊，1983，(1)：23-27，74
57	情报含有新知识，通过传递要对情报客体产生作用	(何吉成)黄耀煌.近两年我国情报概念争鸣的剖析[J].情报学刊，1983，(1)：23-27，74
58	情报传递中的有用知识	(韩有涕)黄耀煌.近两年我国情报概念争鸣的剖析[J].情报学刊，1983，(1)：23-27，74
59	情报即传递的知识	(刘新华)黄耀煌.近两年我国情报概念争鸣的剖析[J].情报学刊，1983，(1)：23-27，74
60	情报即传播中的知识	(殷国瑾)黄耀煌.近两年我国情报概念争鸣的剖析[J].情报学刊，1983，(1)：23-27，74
61	即凡传递或报道、传达、交流、介绍、报告的知识或消息、情况、动态、变化都是情报	孟广均.情报概念管见[J].情报科学，1981，2(1)：15-20
62	人们思考与行动所需要的知识	肖自力.信息、知识、情报[J].情报科学，1981，2(3)：2-10

序号	内　　　容	来　　　源
63	需求者所需要的有用的知识	(刘仲)黄耀煌. 近两年我国情报概念争鸣的剖析[J]. 情报学刊,1983,(1):23-27,74
64	武汉大学:情报就是解决问题的知识	武汉大学《情报工作概论》
65	情报是通过信息负载与传递并发挥其效用的知识	付予行. 论情报学对象与内容[J]. 湖南科技情报工作,1981,(11):4
66	情报是借助语言、符号在载体上传递的知识	刘伸. 信息与情报[J]. 情报科学,1980,(4):1-4
67	情报是一种信息,是情报创造者传递给情报需要者的知识	江乃武. 科技情报工作始期试辩[J]. 图书情报工作,1980,(2):40-42
68	(主观知识转变为客观知识)知识的这个转换和传递即情报过程	(严怡民、杨廷郊)黄耀煌. 近两年我国情报概念争鸣的剖析[J]. 情报学刊,1983,(1):23-27,74
69	情报是以前沿知识差为存在形式,简言之,情报就是前沿知识差	陆嘉德. 关于情报定义的质疑和讨论[J]. 图书情报工作,1981,(1):17-19
70	消息中使知识发生变化的那些东西就是这个人获得的情报	李大年. 信息与情报[J]. 科技情报工作,1980,(2):7
71	情报是为人们解决问题所需要的,能使人们原有知识结构发生变化的那一部分知识	严怡民、马费成、马大川. 情报学基础教学参考资料[M]. 武汉:武汉大学出版社,1987
72	人类间进行社会交流的一切信息必须含有能为人类感官接受的,能为人们理解的知识内容,这部分信息即为情报(简述为:经过人类选择的信息)	孟广均. 情报概念管见[J]. 情报科学,1981,2(1):15-20
73	情报是一种特定的信息,即能为受信者所理解并对受信者有用的信息	王勇. 关于情报学几个问题的初步探讨[J]. 情报科学,1980,(3):1-8
74	情报是人类社会中传递着的信息	(秦铁辉)黄耀煌. 近两年我国情报概念争鸣的剖析[J]. 情报学刊,1983,(1):23-27,74
75	被对象所接受的传递的消息就是情报	(张进恒)黄耀煌. 近两年我国情报概念争鸣的剖析[J]. 情报学刊,1983,(1):23-27,74
76	情报是人与人之间传报正渴望得到的某个客观事物的实际情况	(李志杰)黄耀煌. 近两年我国情报概念争鸣的剖析[J]. 情报学刊,1983,(1):23-27,74
77	情报是最新情况的报道	林之达. 论情报定义——兼与陆嘉德同志商榷[J]. 图书情报工作,1982,(3):30-33
78	情报是为了一定的目的,具有一定时效,经由载体传递,能为感觉器官系统接收的情况的报道	夏宗辉. 论情报的概念[J]. 情报学刊,1981,(2):4-13
79	情报是有关某个认识对象个人、社会集团或客观事物的实际情况,是人们在搜集、分析、综合及解释一切现有关材料之后所得到的产物	(赖茂生)黄耀煌. 近两年我国情报概念争鸣的剖析[J]. 情报学刊,1983,(1):23-27,74
80	情报是一种信息,它来自科学实践,又用之科学实践的知识和智慧	曹惠民. 关于情报概念的剖析与探讨[C]. 中国情报学会厦门理论讨论会,1980

序号	内　　容	来　　源
81	情报则是最新颖,最活跃,为人们所感兴趣,广泛传递着的知识和智慧	(王乃愚)黄耀煌.近两年我国情报概念争鸣的剖析[J].情报学刊,1983,(1):23-27,74
82	先进的,特定的,传递着的,具有指导和预测意义的,系列化的知识、资料、智慧以及消息、报告和信息都叫情报	(毛德敏、夏培德、包玉珍)黄耀煌.近两年我国情报概念争鸣的剖析[J].情报学刊,1983,(1):23-27,74
83	无论是信息、消息、情报、知识或事实,凡在特定的时间内,对于具体的对象有一定价值或某种危害的都叫情报	贺克毅."情报观"对论[J].情报科学,1981,(5):29-34
84	情报是设定范围外的人为了特定目的所需了解或掌握的涉及利害关系的情况或知识	郭俊.情报概念讨论中的几个问题[J].情报学刊,1981,(3):32-37
85	情报是资料,但这种资料已经处理成为一定形式,这个形式对接受者有意义的,对现行决策和前景有真正觉察的价值	(刘汉鼎)黄耀煌.近两年我国情报概念争鸣的剖析[J].情报学刊,1983,(1):23-27,74
86	情报即在生产和科学实践领域内产生的知识和劳动成果,通过一定的载体实现可供储存和传递的目的	(古涛)黄耀煌.近两年我国情报概念争鸣的剖析[J].情报学刊,1983,(1):23-27,74
87	情报是一种处于传递状态的,能够引起物质和按照一定方式进行组合、变化的实体	(孟连生)黄耀煌.近两年我国情报概念争鸣的剖析[J].情报学刊,1983,(1):23-27,74
88	情报是使人的知识、状态朝着一个预定的方向变化的信息	何吉成.试论情报系统的数学模型[J].科技情报工作,1980,(8):22-24
89	情报是有关任何题名的实际情况	(美国,丁·贝克《情报学浅说》)黄耀煌.近两年我国情报概念争鸣的剖析[J].情报学刊,1983,(1):23-27,74
90	把情报解释为:存在一个发生源和接收源,当发生源发出的信息被接收源所理解时就成为情报	(日本,长谷川寿彦、梨山修)黄耀煌.近两年我国情报概念争鸣的剖析[J].情报学刊,1983,(1):23-27,74
91	情报是互相联系的物质客体之间通信的内容	(《科学情报基础》)宋学忠.情报定义[J].情报科学,1982,(6):33-38
92	情报就是记录下来的知识	(联合国教科文组织综合情报处处长威索斯基)黄耀煌.近两年我国情报概念争鸣的剖析[J].情报学刊,1983,(1):23-27,74
93	情报是有用的或被认为是有用的知识	(美国情报工作专家斯拉梅卡)黄耀煌.近两年我国情报概念争鸣的剖析[J].情报学刊,1983,(1):23-27,74
94	某一特定对象所需要的信息,叫作这一特定对象的情报	王卓,谢呈华.信息·情报·知识定义辨析[J].情报杂志,1999,18(3):14-15
95	情报系统实质上是通过信息过程传输有价值的知识	(陈军)黄耀煌.近两年我国情报概念争鸣的剖析[J].情报学刊,1983,(1):23-27,74

续　表

序号	内　容	来　源
96	情报是被传授的,有关特定事实、主题或事件的知识	宋学忠.情报定义[J].情报科学,1982,3(6):33－38
97	情报是对于知识的使用者具有参考作用的知识,反过来可以认为,凡是对人具有参考作用的知识,都是情报	闻继宁.就情报定义与卢盛孝同志商榷[J].情报学刊,1986,7(6):66－69
98	情报是对主体活动有参考价值并影响其运动状态的社会信息	勾学海.再探情报定义[J].情报学刊,1989,10(1):48－49
99	情报使得人们有能力预测未来的情况和环境,并且可以通过分析不同可行行动之间的差异,做出决断	刘同.重新认识情报[J].情报理论与实践,2014,(2):145
100	情报就是使接收者的决策、行动发生变化的信息	李浙红.情报定义之管见[J].河南科技,1985,(4):35－37
101	情报是可能影响我们生活和人民安全的外国的力量、资源、能力和意图方面的信息	(弗农·沃尔斯特)高金虎.论情报的定义[J].情报杂志,2014,(3):1－5
102	情报:就是信息、知识和事实中被人们搜集到的有特定使用价值的部分	白义周.情报定义及图示说明[J].情报杂志,1996,15(5):7－9
103	人类认识世界、改造世界、创造物质或精神财富的信息交流活动	王宏鑫,夏传炳.情报概念的灰色模糊性与情报定义新探[J].信阳师范学院学报:哲学社会科学版,1990,(3):97－102
104	情报是能够指导人们行动即制订计划、规划、战术、战略、政策及决策行动的被传递的知识、事实和数据等	宣昌能.对情报定义及情报属性的思考[J].情报学刊,1988,(6):54－55,67
105	情报是为着特定的目的,在一定的时间、地点、条件下,传递给特定用户所需要的知识单元或知识单元的集合	欧阳兆明.对情报定义的选择和补充[J].情报学刊,1989,(2):57－97
106	把广义情报定义为人类新颖认识的定向传播	吕英.试论广义情报定义[J].河北师范大学学报:哲学社会科学版,1987,(4):84－87
107	情报是记录下来的并通过传递达于用户且有使用价值的有关知识和情况	李翰如.也谈情报定义[J].情报学刊,1987,(2):73
108	凡在一定时间为一定目的所需要的(或传递的)并且有使用价值的信息就是情报	沈江波,田燕.对情报理论中几个问题的看法[J].情报杂志,2002,(12):28－29
109	从广义上说情报是关于每一人、物、事等自身特性和规律的信息;从狭义上说,情报是用来满足人们某种需要的关于某人、物、事等自身特性和规律的新的消息和知识	常朝杰.对情报定义的一点认识[J].情报学刊,1988,(4):46－47
110	实现某一社会效用过程中的社会信息	包敏.情报定义:泛议与分析[J].情报杂志,1991,10(2):25－31

序号	内　　容	来　　源
111	在一定时期内,具有特定价值鲜为人知的信息或未被公认的知识	陈兰芳.知识、信息、情报定义浅析[J].河南图书馆学刊,1991,(1):59-60
112	情报是人们解决问题所需要的最新信息。情报是人们思考和行动所需要的最新信息	尚克聪.情报定义的逻辑规范[J].山西大学学报:哲学社会科学版,1987,(2):75-79
113	情报就是具有专题研究价值的智慧信息	宋学忠.情报定义[J].情报科学,1982,3(6):33-38
114	情报是对信息的分析和提升	(贺德方)黄耀煌.近两年我国情报概念争鸣的剖析[J].情报学刊,1983,(1):23-27,74
115	情报不是一般的信息,而是体现人的认知因素而且在运用中能改变人的行为的特殊信息	(贺德方)黄耀煌.近两年我国情报概念争鸣的剖析[J].情报学刊,1983,(1):23-27,74
116	情报指的是一个组织所具有的对将来的事情做出及时预测,并且快速做出反应的能力,这种能力包括两个方面,预判能力和洞察能力,以此来判断即将发生的事情是提供了有利机会,还是带来了不利威胁	刘同.重新认识情报[J].情报理论与实践,2014,(2):145
117	情报是解决问题的决策和行动所需的系统性、预测性、智能性解决方案	(郭吉安、李学静)黄耀煌.近两年我国情报概念争鸣的剖析[J].情报学刊,1983,(1):23-27,74
118	情报是解决问题的有用的知识	黄耀煌.近两年我国情报概念争鸣的剖析[J].情报学刊,1983,(1):23-27,74
119	情报的价值在于其对解决问题所发挥的关键作用	黄耀煌.近两年我国情报概念争鸣的剖析[J].情报学刊,1983,(1):23-27,74
120	情报是针对特定对象的需要而提供的、在科学研究和各种活动中起继承、借鉴或参考作用的有价值的信息或知识	(叶鹰、潘有能、潘卫)黄耀煌.近两年我国情报概念争鸣的剖析[J].情报学刊,1983,(1):23-27,74
121	情报是一种隐秘的用来理解和影响其他国家的方式	(迈克尔·沃纳)刘同.重新认识情报[J].情报理论与实践,2014,(2):145
122	情报是信息的一种或者是特定的一种信息,是被人的智能活化后可满足人们某一目的的需求的信息产品,是特定对象所需要的信息。是发展着的、扩散着的、向着普及过渡的那一部分知识的信息,是用于传递的记录下来的社会信息,是社会信息的传递,是为人们所需要、接收、理解和利用的信息,是通过选择传递信息以提高人们的信息利用率的活动,是各种独立的知识单元形式的文献信息,如此等等	刘纪兴.情报定义研究之我见[J].情报学刊,1990,(4):17
123	情报是为了排除决策的不确定性,而对他方各种关联信息进行融合,以及新信息与原有知识进行融合,所产生的新认知	池建文,顾小放.科技情报工作需要尽快摆脱非常态[J].情报理论与实践,2007,31(6):721-726

序号	内　　容	来　　源
124	情报是为了解决特定问题而从不同来源获得的新信息或新知识,以及这些信息或知识与原有知识进行融合转化后所形成的用以解决问题的新认知	李艳. 钱学森的情报思想与我国情报学学科体系重构[J]. 情报理论与实践,2010,33(6):1-4
125	情报在传递中发生,且唯有传递才能发生情报,但发生传递的信息并非都是情报	寒江. 对传统情报定义的反思[J]. 情报学刊,1989,(6):42-45
126	信息是情报的属概念,它的外延当然就包含情报的全部外延。所以,只有用信息来作为情报的定义才符合定义的该条规则	贺明,刘惠英. 一个统一情报定义的基本方法[J]. 情报学刊,1990,11(3):177-179
127	情报是指我们对敌人和敌国所了解的全部材料	(克劳塞维茨)贺明,刘惠英. 一个统一情报定义的基本方法[J]. 情报学刊,1990,11(3):177-179
128	从知识论的观点出发,认为情报是传播中并能改变吸收者知识结构的知识;从决策论出发,认为情报是为满足决策者的需要而提供的有用知识或信息流;从信息论出发,认为情报是与用户需要具有相关性的信息,情报消除用户对情报内容的不确定性	黄小雄. 情报定义式新探[J]. 情报学刊,1989,10(4):43-46,38
129	情报就是特定对象所需要的信息	王卓,陈广杰,邵恶梅. 情报定义之我见[J]. 洛阳农专学报,1996,16(4):35-36
130	情报是认识主体面向决策用户的需求,在搜集到信息的基础上以定性定量方法为研究方法,以计算机辅助信息分析为研究手段,对信息进行去粗取精、去伪存真、由表及里、由此及彼的信息分析过程后形成知识,然后结合用户所需解决的问题及所处环境约束而形成解决用户问题的智能策略或思想。简而言之,情报就是信息分析形成知识并经激活后形成用户解决问题的智能策略或思想	田杰. 基于信息-知识-智能转化律视角的情报概念研究[J]. 情报杂志,2013,32(6):5-9
131	(《情报杂志》主编贺克毅)情报是由信息分析而来的结果	解怀宁,肖春艳. 我们所认为的"情报"[J]. 图书情报工作,2000,(11):11-14
132	从广义上说情报是关于每一人、物、事等自身特性和规律的信息;从狭义上说,情报是用来满足人们某种需要的关于某人、物、事等自身特性和规律的新的消息和知识	常朝杰. 对情报定义的一点认识[J]. 情报学刊,1988,(4):46-47
133	情报是实现某一社会效用过程中的社会信息	包敏. 再析情报定义[J]. 情报科学,1990,11(5):31-35
134	所谓"情报",就是构成决策的必要依据的外界动态。反过来说,凡可构成决策的必要依据的外界动态情况,即可称为"情报"	陆嘉德. 关于情报定义问题的讨论和商榷[J]. 江苏图书馆学报,1991,(3):5-7
135	情报是人类在从事各种社会活动和认识世界、改造世界的过程中进行知识、思想、文化等多方面信息交流的产物	刘纪兴. 情报定义研究之我见[J]. 情报学刊,1990,(4):17

序号	内　　容	来　　源
136	情报就是处于横轴上并能提高社会、经济效益,推动技术进步的有价值的知识	殷怀义.情报定义小议[J].情报学刊,1986,(3):84
137	情报就是选择处理过的、具有特定利用价值、有一定时效的新的消息、知识、事实和数据等	吴敬柯.情报的外延分析及其概念的确定[J].图书情报工作,1991,(5):13-16
138	情报,是传递着的知识,是作用于理性与创造性实践活动的往返过程中的中介质	喻量.情报的定义原则与定义[J].情报学刊,1984,5(3):86-87
139	情报是信息或知识的某种本质属性通过一定的认知过程而发现的对于特定用户的使用价值	杨谱春.从哲学价值观看情报[J].四川图书馆学报,2002,(4):8-11
140	情报是新的能影响决策的知识	杨峥嵘,解虹.用科学归纳法定义情报[J].情报学刊,1988,9(1):45-47,64
141	情报就是作为交流对象的有用知识	王槐.情报学基础[J].图书馆,1988,(2):56-61
142	情报是被传递的秘密的和适应特定需要的知识和智慧	王洪林.情报术语定义新探[J].术语标准化与信息技术,2005,(1):38-40
143	情报是指传递着的有特定效用的知识。知识性、传递性和效用性是情报的三个基本属性	李春丽.科技情报信息工作者的必备要求[J].兰台世界,2013,(S6):41-42
144	情报是通过选择传递信息以提高人们的信息利用率的活动。亦即情报的本质是选择传递信息的活动,这一活动的特征功能是提高人们的信息利用率	黄忠革."定义学派"的困境及其出路[J].情报学刊,1987,8(3):70-73
145	情报定义:特定对象所需要的信息	彭宁.试析情报概念研究中的人文因素[J].情报学刊,1987,8(5):46-50
146	情报是特定时间、特定状态下传递给特定的人的那部分有用的知识或信息	甄桂英.情报概念的内涵、外延与相关学科的分析评述[J].情报理论与实践,2011,34(3):6-9
147	情报实际上以协调人类活动为目的而传递运动着的知识信息	吴玉杰.试论信息知识的关系[J].黑龙江科技信息,2003,(3):14
148	情报是被传递的秘密的特定需要的知识和智慧,或者是强化了竞争力的被传递的特定需要的知识和智慧(竞争情报)	王洪林.情报相关术语定义新探[J].术语标准化与信息技术,2005,(4):39-41
149	情报是为满足竞争决策需要而搜集信息并经情报分析所产生的一种产品	解怀宁,肖春艳.我们所认为的"情报"[J].图书情报工作,2000,(11):11-14
150	情报是激活了的具有预期效用的知识、信息和数据	刘植惠.关于情报学的概念、属性和功能的探讨[J].重庆图情研究,2007,8(1):1-4,62
151	对敌情和其他有关对敌斗争情况进行研究的成果。是军事行动的重要依据。亦泛指一切最新的情况报道	1965年版,《辞海》
152	关于某种情况的消息和报告,多带机密性质	1973年9月版,《现代汉语词典》

续　表

序号	内　　容	来　　源
153	以侦察手段或其他方法获得的有关敌人军事、政治、经济等各方面的情况,以及对这些情况进行分析研究的成果。是军事行动的重要依据之一	1980 年 8 月版,《辞海》
154	关于某种情况的消息和报告,多带机密性质	1984 年版,《现代汉语词典》
155	情报从属于社会信息范畴,它是人们在决策过程中所需要的信息	杨起全,李延成.情报学[M].北京:科学技术文献出版社,1988
156	① 在信号发出者和接收者之间,事先要有共同约定(符号)。② 信号的输送、传递或通信,总是通过某种媒体进行。具备了上述条件,发送者和接收者之间所交流的,就是情报	中岛正夫,和田弘名.《情报管理》[M].张庚西,译.沈阳:辽宁省图书馆学会,1984
157	情报是人们在一定时间内为一定目的而传递的有使用价值的知识或信息	田质兵,薛娟,周同.科技情报检索[M].2 版.北京:清华大学出版社,2010
158	广义的"情报"可以通俗地理解为"关于判断、意志、行动的方向的知识"	草间基,等.情报管理入门讲座[M].侯汉清,肖自力,译.长春:情报科学杂志社,1980
159	情报是一种社会信息,是一种传递中的知识	邹志仁.情报学基础[M].南京:南京大学出版社,1987
160	凡在一定时间为一定目的所需要的(或传递的)并具有使用价值的信息就是情报	桑健.科技情报学概论[M].沈阳:辽宁人民出版社,1987
161	情报不是自然物质的属性,不存在于个人的头脑之中,而是一种人类社会现象,是各个部门、各个集团、各个学科及个人之间传递交流信息的活动	王万宗.情报学概论[M].北京:北京大学出版社,1988
162	在存在发生源和接收源的情况下,当发生源发出的信息被接受源通过某种形式理解时,就成为"情报"	高崇谦.科技情报工作概论[M].北京:科学技术文献出版社,1980
163	情报是传递中的实用知识	黄子春,孙吉祥.科技情报检索[M].青岛:青岛海洋大学出版社,1990
164	特定情况下对特定人有用的知识或消息	大川晃.专利情报入门——专利情报工作基础知识[M].钱美珍,等,译.北京:科学技术文献出版社,1984
165	为特定用户而生产和传递的知识	李又华,夏文正,刘泽芳,等.情报研究[M].北京:中国科学院文献情报中心,1990
166	情报是指人们在一定时间内为一定目的而传递的具有使用价值的知识和信息	谢静波,邓东明.产业集群竞争情报[M].海口:海南出版社,2009
167	情报是传递过程中具有一定效用的知识	黄立军.情报工作概论[M].南宁:广西教育出版社,1988
168	情报是从信息知识中选择、传递给人们有效利用的知识或消息	华勋基.情报科学导论[M].广州:中山大学出版社,1990

续　表

序号	内　　容	来　　源
169	在一定时间为一定目的而传递的并且有使用价值的信息即曰情报	桑健.图书情报学概论[M].大连：大连工学院大连分院,1983
170	为特定用户在意志、决策、部署、规划、行动时所提供的原先未知的必要知识	王万宗.情报学概论[M].北京：北京大学出版社,1998
171	情报是人与人之间传播着的一切符号系列化的知识	吉田贞夫.情报组织概说[M].京都：法律文化社,1976
172	情报是为实现主体某种特定目的,有意识地对有关的事实、数据、信息、知识等要素进行劳动加工的产物	蔡金祥.浅谈情报的定义、属性及作用[C]//第七届全国科技情报工作研讨会论文集,2008：250-255
173	科技情报就是为了解决科学技术问题所需要的知识。赞同钱学森"情报就是为了解决一个特定问题所需要的知识。""情报是一种特别的精神财富,是一种特别的知识。""情报是激活了、活化了的知识,是激活了、活化了的精神财富。"	霍忠文,阎旭军.情报、Informagence与Infotelligence——科技情报工作科学技术属性再思考[C]//新世纪初情报学学科建设、发展与应用研讨会.北京：中国国防科技信息中心,2001：1-7
174	情报是主体对人类文化体系内树状结构的、任何局部及主体所参与的意识之情况报道	曾鹏飞.论情报学的理论纲要[C]//跨世纪的中国科技情报工作,1998：419-423
175	情报是具有酵化功能,使一定对象信息(知识)结构发生变化的"活化剂"	程鹏,李勇.情报概念及相关问题之辨析[J].情报学报,2009,28(6)：809-814
176	情报是为了在对垒决策中实现内外部环境的认识过程以及为了扭转不利于决策主体的决策环境而从事的实践过程及其两者的交互运动	赵冰峰,钟苇思.以运动的哲学观点建立情报学元理论[J].情报杂志,2010,29(1)：17-21
177	情报是对人的决策提供支持或是能够影响人的知识结构的信息和知识的总称,是被激活的知识和有决策价值的信息	张勤.情报学理论研究视野及模式探讨[J].图书情报知识,2004,(2)：7-11
178	情报是一种经过人们特殊选择或进行一定研究和加工后的社会信息	刘凤玲.浅谈知识情报与科学技术文献信息情报的特征[J].医学美学美容,2015,24(6)：50-51
179	情报是信息或知识的某种本质属性,通过一定的认知过程而发现的对于特定用户有使用价值	杨谱春.以哲学价值观看情报[J].四川图书馆学报,2002,(4)：8-11
180	情报指人类社会传递中的可以发挥效益的关于特定事实的新消息和新知识	1991年,《新语词大词典》
181	情报是关于某种情况的消息和报告,多带机密性质	1987年,《汉语倒排词典》
182	情报是为了特定的目的,经过选择而传递给用户的信息	1992年,《宣传舆论学大辞典》
183	情报是处于动态之中、能产生实际效益的知识	1993年,《新闻学大辞典》
184	情报就是作为人们传递对象的知识	1992年,《新时期新名词大辞典》

续　表

序号	内　　　容	来　　　源
185	以侦察手段或其他方法获得的有关国家、集团和地区的军事、政治、经济、地理、科学技术等方面的情况,以及对这些情况经过分析判断的成果	2000 年,《军事大辞海·下》
186	情报就是作为人们传递对象的知识	1989 年,《社会科学大词典》
187	情报是关于某种情况的消息和报告,多带机密性质	2009 年,《当代汉语词典》
188	情报是对于新情况的描述或资料整理的成果	1995 年,《决策科学辞典》
189	情报现泛指一切最新情况的报道	1988 年,《社会科学新辞典》
190	情报是指作为交流对象的有用知识	1990 年,《世界文化词典》
191	情报是指有关某种情况的消息或报告(多带机密性质)	2004 年,《新课标小学生实用词典》

1) 采样统计的可行性

在 191 种情报定义中,对发表时间明确的 133 种采样数据按年代进行统计分析,结果如图 2-1 所示。从柱状图可以发现,公开发表的情报定义主要集中在 20 世纪 70 年代末~90 年代初,之后情报定义的争论和探索呈现收敛趋势,通过内容统计统一情报定义是可行的。

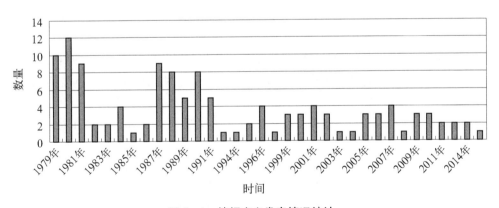

图 2-1　情报定义发表情况统计

2) 采样统计的全面性

在 191 种情报定义中,来自百科全书的有 2 种,约占 1.0%;来自权威词典的有 31 种,约占 16.2%,这些词典大部分为各年代出版的辞海、词典等中外文典籍,如美国《国防部军语及有关术语词典》《牛津英语词典》《中国人民解放军军语词典》《英国韦氏版新国际词典》等;来自学术专著的有 46 种,约占 24.1%,这些专著包含多位国内外资深情报专家的论著;来自政府报告的有 3 种,分别是中国的《中华人民共和国军事情报条例》、美国的《用以支持联合作战的情报的基本原则和指引》和日本的《情报管理便览编委会报告》,约占 1.6%;来自学术期刊的有 78 种,约占 40.8%,这些学术期刊多数是《情报理论与实践》《情报科学》《情报学刊》等图书情报专业期刊,少部分是大学学报、《兰台世界》等相关期刊;来自学术会议的有 3 种,约占 1.6%;部分定义来自文献中摘录,没有准确来源,约占 14.7%。基于以上统计和分析,可以认为这些采样基本具有全面性。

　　3)采样统计的典型性

　　在 191 种情报定义中,来自国外知名专家的有 26 种,约占 13.6%;来自国内知名专家的有 114 种,约占 59.7%;来自其他学者的(如词典等工具书的联合作者)约占 26.7%,这些专家既包括像谢尔曼·肯特、布鲁克斯、米哈依洛夫、约维茨、梅棹忠夫等国外情报界的资深学者,也包括像钱学森、严怡民、贺德方、王万宗、包昌火、刘植惠等这样的中国情报界资深学者;来自政府机构的有 19 种,约占 9.9%;来自院校情报院系的有 72 种,约占 37.7%;来自情报研究机构的有 36 种,约占 18.8%;来自其他的有 64 种,约占 33.5%。基于以上统计和分析,可以认为这些采样基本具有典型性。

2.1.2　情报定义模型构建

　　国内外的专家和学者一直在对情报定义进行研究和分析。

　　米哈依洛夫认为,情报是作为存储、传递和转换对象的知识,以他为代表的科学交流学派,侧重于将情报作为知识的传递与交流[2]。

　　王万宗比较强调情报的传递属性,他认为情报只是人们了解情况、吸取知识的手段,作为一个具体的情报过程,把知识或消息传递给用户就结束了,更概括地说,情报是一种获取信息的活动[3]。

　　马克·洛温塔尔从搜集、分析、秘密行动及反情报 4 个方面对情报活动进行描述[4]。

　　詹姆斯·考克斯从决策支持论角度,从政府政策、人员、方法、产品、组织、有利行动以及效果评估 7 个方面对情报定义进行描述[4]。

　　严怡民强调情报融合知识性、传递性和效用性 3 个基本属性,他认为情报是作为人们传递交流对象的有用知识[5]。

　　黄小雄从知识论、决策论和信息论 3 个方面对情报进行了论述[6]。

　　鲁宾等在 1985 年从物品或产品、编码或模式、决策有用的数据、知识等方面对情报定义进行论述[7]。

　　沃西格和尼夫林等从语义学的观点出发,从结构、知识、信息、意义、效果和过程 6 种研究方法对情报定义进行归纳[7]。

布鲁克斯认为,情报是使人们原有的知识结构发生变化的那一小部分知识,以他为代表的知识利用学派,侧重于将情报作为对人的知识增长及知识结构的吸收与利用产生效果的知识[7]。

钱学森认为,情报是为了解决一个特定的问题所需要的知识,强调情报的知识性[8]。

米哈依洛夫与布鲁克斯的情报观点的共同点在于,都认为情报的本质是知识,但布鲁克斯侧重于情报作为知识对人的知识增长及知识结构的功能作用,即注重情报的吸收利用,而米哈依洛夫侧重于情报作为知识的交流与传递。严怡民等编写的《情报学概论》中认为,情报就是作为人们传递交流对象的有用知识,融合了情报的知识性、传递性和效用性 3 个基本属性,包含了米哈依洛夫和布鲁克斯的情报观点的主要思想内涵。

李毅等认为最关键的词汇是新,强调情报必须是新的知识[9]。这里,新是针对一定对象和时间而言的,普遍解释为对某人已知的则不构成情报,在一定时间里构成情报,而过了一定的时效则不构成情报。赖在勇则把注意力集中于知识发挥的使用价值上[10]。对知识的这种限定和着眼于预测之中的也不乏其人。其目的都为了说明情报对于接收者而言必须是有益的、必须引起接收者知识质的变化,就如商品一样必须具有使用价值,有人称之为目的型,有人称之为未来型或研究型的概念。杨沛霆认为情报是关于意志、决策、部署、规划、行动所需要的知识和智慧的描述[10]。

不难看出,上述种种努力都是由追求情报客体的内涵所产生的,旨在增加情报定义的内涵,缩小情报定义的外延。有一种方法是在揭示内涵时注重于情报环境和对象的素质上。他们在定义中应用了一些能为受信者所理解、被对象所接受、被接收者觉察的判断来揭示情报本质的一个侧面。李大年等人认为信息论创始人申农给出的信息的定义同样适合于情报的定义,消息中使知识发生变化的那些东西就是情报[9]。武汉大学情报定义补充教材中也特此更正为:情报是为人们解决问题所需要的,能使人们原有知识结构发生变化的那一部分知识。对于这部分知识,陆嘉德认定是前沿知识差,而李枯新认为是科学技术流的位差[11]。总之,这种论点强调了消除 2 次不定之差和对情报的度量。

尽管对情报的定义一直都众说纷纭,但是归纳起来情报定义不外乎强调主体(人)、活动、实体和载体这 4 大特征,并以"主体—活动—实体—载体—主体—活动—实体—主体"这样的结构存在着。主体是指活动的执行者,包括发起者、中介者和接收者;活动是指主体执行的动作,即通过手段或工具去实现;实体是指情报内容本身,包括所表达的含义和存在的意义;载体是指实体所赖以存在的文字、声波、光波、电波、电流等,也指实体赖以存在的纸张、空气、空间、金属材料(电线等)、化学材料(胶卷、相纸等)、磁性材料(计算机的存储单元、磁带、磁盘等)等。

围绕着情报研究人员给出的情报定义，尝试从发起者、中介者、接收者、意义、动作、实体和载体 7 个要素建立情报定义模型，如图 2-2 所示。

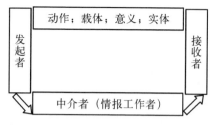

图 2-2　情报定义模型

2.1.3　情报定义要素分析

由于自然语言没有统一标准，在词义相同或类似的情况下可以相互替换使用，各情报定义的提出者所叙述的情报定义各不相同。为便于统计分析，结合定义内容，采用聚类统计方法，对 191 种采样按照情报定义模型的 6 个要素——发起者、接收者、意义、动作、实体和载体进行词频和词汇统计和分析。

1）情报发起者部分

对于发起者，或者是来源，经过对采样数据的统计，涉及来源的情报定义共 14 种，论述内容有：敌对国家、外国、敌人、他方、发生源等。

经整理，把敌对国家、敌方或敌国、敌人归纳为敌方；把外国或外国地区、他方归纳为他方；发生源和不同来源没有指代明确对象，暂不作归纳，如表 2-2 所示。

表 2-2　情报发起者整理结果

序号	原 始 数 据	提炼结果	序号	原 始 数 据	提炼结果
4	敌对国家、集团和战区	敌方	90	发生源	发生源
5	外国或外国地区	他方	123	他方	他方
13	敌人	敌方	124	不同来源	不同来源
14	他方	他方	127	敌人和敌国	敌方
15	他方	他方	151	敌方	敌方
17	对方	他方	153	敌方	敌方
32	敌方或敌国	敌方	162	发生源	发生源

对敌方、他方进行分析，这 2 个词的指向性都很明确，都是非己方，因而将两者并列；对发生源、不同来源进行分析，这 2 个词都属于泛指词语，但结合情报的意义，这 2 个词所指不包含己方，因而将这 2 个词同敌方/他方合并，将情报发起者统称为敌方/他方，如图 2-3 所示。

2）情报接收者

对于情报接收者，经过对采样数据的统计，说明接收者的情报定义共 50 种，但由于个别情报定义给出了多个接收者，总计提炼出接收者 52 种。由于各作者对情报接收者的叙述较为规范，在提取采样数据所述的情报接收者时，直接作出简单提炼，结果如表 2-3 所示。

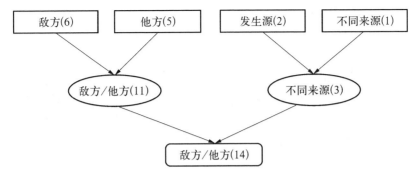

图 2 - 3　情报发起者聚类统计结果

表 2 - 3　情报接收者整理结果

序号	提炼结果	序号	提炼结果	序号	提炼结果
1	特定用户	72	特定的人	129	特定对象
9	上官	73	受信息者	130	决策用户
23	特定的人	75	对象	132	特定的人
25	特定的人	78	感觉器官系统	139	特定用户
28	接收者	83	具体的对象	145	特定对象
30	特定的人	85	接收者	146	特定的人
34	特定的人	88	特定的人	156	接收者
46	受信息者	90	接收源	162	接收源
47	认知主体	94	特定对象	165	特定用户
51	特定对象	97	使用者	168	特定的人
55	一定对象	100	接收者	170	特定用户
56	特定的人	105	特定用户	172	主体
57	情报客体	107	用户	175	一定对象
63	需求者	112	特定的人	177	特定的人
67	情报需要者	120	特定对象	179	特定用户
70	特定的人	122	特定对象	182	用户
71	特定的人	128	吸收者/决策者/用户		

如表 2 - 3 所示,定义情报接收者的词汇共 17 类——特定用户、受信息者、接收者、需求者、决策者、使用者、吸收者、用户、上官、认知主体、特定对象、一定对象、情报客体、主体、接收源、具体的对象、特定的人。其中,特定用户、受信息者、接收者、需求者、决策者、使用者、吸收者、用户、上官都属于某个特定的客体,结合搭建的情报定义模型,该客体可以统称为用户,故而将这些词归为特定用户;认知主体、特定对象、一定对象、情报客体、主体、接收源、具体的对象有特定的指向,都可用特定对象来指称;

特定的人则单独作为一类。由于对象包含用户和人,将特定用户、特定对象、特定的人合并为特定对象。如图 2-4 所示,将情报接收者定义为特定对象。

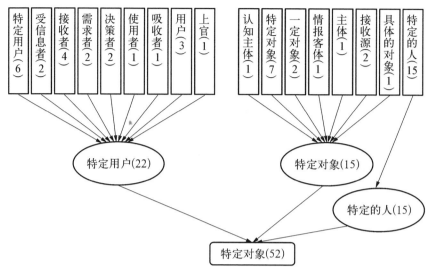

图 2-4　情报接收者聚类统计结果

3)情报意义部分

情报意义,也就是情报存在的目的或含义,是指情报所能发挥的作用。在情报定义中,提及情报利用的内容即是情报意义。关于情报的意义,经过对采样数据的统计,共 122 种定义有明确指明。

对原始数据进行一定处理,得到 150 种数据,整理归纳为:解决问题,满足需要,满足特定需要,达到目的,达到特定目的,有价值的,有用的,发挥作用,改变知识结构,影响认知,借鉴、参考,改变认知,影响知识结构,指导战争,指导决策,维护安全、利益,预测,影响安全,影响世界。表 2-4 是对原始数据的提炼结果。

表 2-4　情报意义整理结果

序号	原　始　数　据	提　炼　结　果
1	解决科研生产中具体问题	解决问题
2	指导战争及指挥作战的主要依据	指导战争
3	维护国家安全和利益	维护安全、利益
4	保障军事斗争需要	满足需要
11	军事行动的重要依据	指导战争
16	判断、意志、决策和行动所需要	满足特定需要

序号	原　始　数　据	提　炼　结　果
18	对决策有价值的	指导决策、有价值的
19	有用的	有用的
20	保卫国家福祉和安全	维护安全、利益
21	对决策具有价值的	指导决策、有价值的
22	用于决策的	指导决策
23	影响和改变人的认知状态	影响认知
24	满足特定的需要	满足特定需要
25	使人们原有的知识结构发生变化	改变知识结构
28	有意发出的改变接收者知识结构的	改变知识结构
30	有用的	有用的
31	判断、意志、决心、行动所需要的能指引方向的	满足特定需要、有价值的
33	解决一个特定的问题所需要的	解决问题
34	有用的	有用的
36	有用的	有用的
37	了解情况、吸取知识	改变知识结构
40	不可不察和或缺	有用的
41	社会集团竞争所需	满足需要
42	达到一定目的	达到目的
44	社会竞争所需	满足需要
45	解决某一特定问题	解决问题
46	有用的	有用的
48	能够解决问题的	解决问题
49	制定和执行政策的需要,是制订计划下定决心采取行动的依据	满足需要、有价值的
50	适应特定需要	满足特定需要
51	特定对象所需	满足特定需要
53	意志、决策、部署、规划、行动所需要的	满足特定需要
54	发挥使用价值	有价值的
55	在实践中继承、借鉴和参考	借鉴、参考
56	所需要	满足需要
57	产生作用	有用的

序号	原　始　数　据	提　炼　结　果
58	有用的	有用的
62	思考与行动所需要	满足需要
63	有用的	有用的
64	解决问题的	解决问题
65	发挥其效用	发挥作用
70	使知识发生变化	改变知识结构
71	解决问题所需要、使人们原有知识结构发生变化	解决问题,改变知识结构
73	有用的	有用的
76	渴望得到的	满足需要
78	一定的目的,一定时效	达到目的
81	为人们所感兴趣	满足需要
82	指导和预测意义	指导、预测
83	有一定价值或某种危害	有价值的
84	特定目的所需	满足特定需要
85	有意义、对决策和前景有真正觉察的价值	有价值的
87	能够引起物质和按照一定方式进行组合、变化	影响认知
88	影响和改变人的认知状态	影响认知
93	有用的	有用的
94	特定对象所需	满足特定需要
95	有价值的	有价值的
97	有参考作用	参考、借鉴
98	对主体活动有参考价值并影响其运动状态	参考、借鉴
100	使决策、行动发生变化	指导决策
101	影响我们生活和人民安全	影响安全
102	特定使用价值	有价值的
103	认识世界、改造世界、创造物质或精神财富	影响世界
104	指导人们行动	指导决策
105	为着特定的目的	达到特定目的
107	有使用价值	有价值的
108	一定时间为一定目的所需要并且有使用价值	满足特定需要、有价值的
109	满足自身特性和规律	满足需要

续　表

序号	原 始 数 据	提 炼 结 果
110	体现某一社会效用	发挥作用
111	有特定价值鲜为人知	有价值的
112	人们解决问题所需要的/是人们思考和行动所需要的	解决问题/满足需要
113	有专题研究价值	有价值的
115	体现人的认知因素/改变人的行为	改变认知
116	具有预期效用的	发挥作用
117	解决问题的决策和行动所需的	解决问题/满足需要
118	有用的	有用的
119	关键作用	有用的
120	针对特定对象的需要,起继承、借鉴或参考作用的有价值的	有价值的
121	用来理解和影响其他国家	影响认知
122	满足人们某一目的	达到目的
123	排除决策的不确定性	指导决策
124	解决特定问题	解决问题
128	改变吸收者知识结构/为满足决策者的需要/与用户需要具有相关性	改变知识结构/满足需要/指导决策
129	特定对象所需要	满足特定需要
130	解决问题所需	解决问题
132	满足人们某种需要	满足需要
133	实现某一社会效用	发挥作用
134	构成决策的必要依据	指导决策
135	从事各种社会活动和认识世界、改造世界	影响认知
136	提高社会、经济效益,推动技术进步的有价值的	有价值的
137	具有特定利用价值、有一定时效的	有价值的、有用的
138	作用于理性与创造性实践活动的往返过程	指导实践
139	有使用价值	有价值的
140	影响决策	影响认知
141	有用的	有用的
142	适应特定需要	满足特定需要
143	有特定效用	发挥作用
144	提高人们的信息利用率	发挥作用
145	特定对象所需要的	满足特定需要

序号	原　始　数　据	提　炼　结　果
146	有用的	有用的
147	协调人类活动	影响认知
148	特定需要的	满足特定需要
149	满足竞争决策需要	满足需要/指导决策
150	具有预期效用	发挥作用
155	决策过程中所需要的	满足需要/指导决策
157	一定目的	达到目的
158	判断、意志、行动的方向	指导决策
164	有用	有用的
166	使用价值	有价值的
167	具有一定效用	发挥作用
168	有效利用	有用的
169	一定目的,使用价值	达到目的、有价值的
170	意志、决策、部署、规划、行动必要的	指导决策
172	实现主体某种特定目的	达到目的
173	解决问题	解决问题
175	使信息(知识)结构发生变化	改变知识结构
176	认识内外部环境,扭转不利决策环境	影响认知、指导决策
177	对人的决策提供支持或影响人的知识结构	影响知识结构、指导决策
179	使用价值	有价值的
180	发挥效益	发挥作用
182	特定的目的	达到目的
183	产生实际效益	发挥作用
190	有用	有用的

对表 2-4 的整理结果进行归纳,可以发现,解决问题、满足需要、满足特定需要、达到目的、达到特定目的,这 5 个词汇的含义都是对主观需求的满足,故而将这几个词聚类为满足需要;有价值的、有用的、发挥作用,这 3 个词都是情报价值体现的描述,故将这几个词聚类为有价值的、有用的;改变知识结构、影响认知、借鉴、参考、改变认知、影响知识结构,这 5 个词都涉及对人的认知体系的作用,故而将这 5 个词聚类为影响认知;指导战争、指导决策,这 2 个词都是指情报所具有的指导意义,故而将这 2 个词归为指导;维护安全、利益、预测、影响安全、影响世界,词频较

低且无法和其他项聚类,故将其归为其他。

　　综合以上各词含义,可以看到,意义部分的描述可以分为 2 个形式,一种是行为上的动作,一种是精神上或虚拟的体验,其中动作包括影响、改变、参考、指导、决策等,精神上的体验包括有价值、有用、满足需要等。经过对这些词含义的分析,体现行为动作的词,主要表现的是对行为和认知的指导意义,故而将这类词归纳为指导;涉及精神的词,更多的是体现出情报的用处,这点可用有用的作为概述,聚类过程如图 2-5 所示。

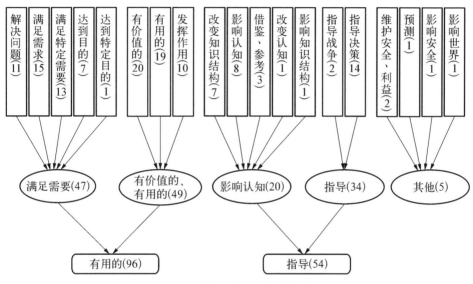

图 2-5　情报意义聚类统计结果

　　将情报意义定义为"有用的,有指导意义的"。

　　4）情报动作部分

　　对于情报动作,经过对采样数据的统计,涉及动作的情报定义共 113 种,论述内容有:传递、激活、获得、研究判断、传播、选择、研究和加工等。经整理归纳,将论述内容提炼为:传递,搜集,获得,激活,提供,分析、研究、加工,传播,交流,感知,记录、存储,选择。表 2-5 是对采样数据的统计结果。

表 2-5　情报动作统计结果

序号	原 始 数 据	提 炼 结 果	序号	原 始 数 据	提 炼 结 果
1	传递、激活	传递;激活	5	搜集、处理、综合、分析、鉴定、判读	搜集;分析、研究、加工
2	获取	获得	6	传达	传递
3	获得、研究判断	获得;分析、研究、加工	7	传达、接受、调查、研究	传递;分析、研究、加工
4	搜集、研究判断	搜集;分析、研究、加工			

序号	原 始 数 据	提 炼 结 果	序号	原 始 数 据	提 炼 结 果
8	传达	传递	59	传递	传递
9	预见之机兆	感知	61	传递(或报道、传达、交流、介绍、报告)	传递；交流
11	分析研究	分析、研究、加工	65	信息负载与传递	传递；记录、存储
12	存储、传递和转换	传递；记录、存储	66	传递	传递
13	获得、分析研究	获得；分析、研究、加工	67	传递	传递
14	获取、分析判断	获得；分析、研究、加工	68	转换和传递	传递
15	获取	获得	70	获得	获得
17	获取	获得	72	选择	选择
24	加工	分析、研究、加工	73	理解	感知
26	存储、传递和转换	传递；记录、存储	74	传递	传递
27	分析与提升	分析、研究、加工	75	接受的传递的	传递
29	传播	传播	76	传报	传递
30	提供	提供	77	报道	其他
34	传递	传递	78	传递、接收	传递
35	传递交流	传递；交流	79	搜集、分析、综合及解释	搜集；分析、研究、加工
36	交流	交流	81	传递	传递
38	获取	获得	82	传递	传递
39	传递	传递	84	了解或掌握的	分析、研究、加工
42	选择、研究和加工	分析、研究、加工；选择	86	储存、传递	传递；记录、存储
43	大脑思维	感知	87	传递	传递
45	激活、活化	激活	90	理解	感知
46	理解	感知	91	通信	传递
47	激活、吸收、匹配、整合、融化、重构	激活	92	记录	记录、存储
49	搜集、分析与处理、评估与预测	搜集；分析、研究、加工	95	传输	传递
50	传递	传递	96	传授	传递
54	传递	传递	99	分析、决断	分析、研究、加工
55	提供	提供	102	搜集	搜集
57	传递	传递	104	传递	传递
58	传递	传递	105	传递	传播

续 表

序号	原 始 数 据	提 炼 结 果	序号	原 始 数 据	提 炼 结 果
106	定向传播	传播	151	研究	分析、研究、加工
107	记录并传递的	传递;记录、存储	153	分析研究	分析、研究、加工
108	传递	传递	156	交流	交流
114	分析和提升	分析、研究、加工	157	传递	传递
116	预测、预判、洞察	感知	159	传递	传递
120	提供	提供	160	传递	传递
122	活化、选择传递	传递;激活;选择	161	传递交流	传递;交流
123	融合	分析、研究、加工	162	发出并被理解	其他
124	融合转化	分析、研究、加工	163	传递	传递
125	传递	传递	165	生产和传递	传递;其他
128	传播、提供	提供;传播	166	传递	传递
130	搜集、分析、激活	搜集;激活;分析、研究、加工	167	传递	传递
131	分析	分析、研究、加工	168	选择、传递	传递;选择
137	选择处理	分析、研究、加工;选择	169	传递	传递
138	传递	传递	171	传播	传递
139	认知、发现	感知	172	劳动加工	分析、研究、加工
142	传递	传递	177	激活	激活
143	传递	传递	178	研究加工	分析、研究、加工
144	选择传递	传递;选择	182	选择、传递	传递;选择
146	传递	传递	184	传递	传递
147	传递	传递	185	分析判断	分析、研究、加工
148	传递	传递	186	传递	传递
149	搜集、分析	搜集;分析、研究、加工	188	描述或整理	其他
150	激活	激活	190	交流	交流

传递意为辗转递送;获得是指得到、取得;激活,即刺激某种物质,使其活跃地发挥作用;提供即供给;传播是指社会信息的传递;交流是指信息互换的过程;感知是指利用感官对物体获得的有意义的印象;搜集是指搜求汇集,具有一定的选择性、方向性;分析是指将研究对象的整体分为各个部分、方面、因素和层次,并分别地加以考察的认识活动;加工是指通过特殊处理将原材料、半成品变得合用或达到某种要求;研究是指钻研探索;选择是指挑选、选取;记录是指把所见所

闻通过一定的手段保留下来,并作为信息传递开去;存储是指把钱或物等积存起来。

分析各词语含义,可将情报动作归纳为三个阶段,首先是主动获取,其次是传递,最后是对情报的处理。在这些词中,搜集和获得都是获取,搜集具有主动性,但获得更多的是被动得到,故而将搜集单独分类,将获得作为传递的开端。传递、激活、提供、传播、交流、感知这些词都是传递的过程,故将这些词和获得聚类为传递。分析、研究、加工和选择是对情报的考察,将这 2 个词聚类为分析。记录、存储表示对情报的储存,单独划归为存储,聚类过程见图 2-6。

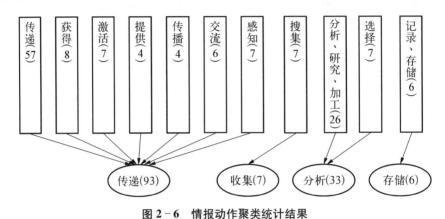

图 2-6 情报动作聚类统计结果

对于情报动作的描述,应当是搜集、传递、分析、存储。

5) 情报实体部分

情报实体,即是情报定义项,关于情报定义的探讨,应首先弄清楚情报的实质,也就是情报实体是什么。关于情报实体,在 191 种采样中,有 181 种有明确指明,其余的 10 种没有明确指明。抽取定义中描述实体的数据作为原始数据,整理归纳为:知识、信息、消息、材料、情况、事实、成果、产品、产物、结果、解决方案、报道、报告、数据、资料、智慧。统计结果见表 2-6。

表 2-6 情报实体统计结果

序号	原 始 数 据	提 炼 结 果	序号	原 始 数 据	提 炼 结 果
1	特定知识或事实、信息	知识、事实、信息	5	情报资料、产品	资料、产品
			6	知识或消息	知识、消息
2	情况、成果	情况、成果	7	知识或信息	知识、消息
3	与军事有关的情况与成果	情况、成果	8	消息、知识	消息、知识
			9	报告	报告
4	有关情况及其研究判断的成果	情况、成果	10	报告	报告

序号	原 始 数 据	提 炼 结 果	序号	原 始 数 据	提 炼 结 果
11	成果	成果	43	思维产物	思维产物
12	知识、情况报道	知识、报道	44	知识或信息	知识、信息
13	情况以及分析研究成果	情况、成果	45	动态知识	知识
14	有关情况及其分析判断成果	情况、成果	46	信息	信息
15	有关情况及其分析判断成果	情况、成果	47	新知识	知识
16	知识和智慧	知识、智慧	48	社会信息	信息
17	机密情况	情况	49	知识与信息	知识、信息
18	数据或资料	数据、资料	50	知识和智慧	知识、智慧
19	数据	数据	51	信息	信息
20	知识	知识	52	事情、知识	知识
21	数据资料	数据、资料	53	知识和智慧	知识、智慧
22	信号或消息	消息	54	知识	知识
23	东西	东西	55	新知识	知识
24	消息	消息	56	新知识	知识
25	知识	知识	57	新知识	知识
26	知识	知识	58	有用知识	知识
27	信息	信息	59	知识	知识
28	信息内容	信息	60	知识	知识
29	一切符号化的知识	知识	61	知识(或消息、情况、动态、变化)	知识
30	有用知识	知识	62	知识	知识
31	知识和智慧	知识、智慧	63	知识	知识
32	知识	知识	64	知识	知识
33	知识	知识	65	知识	知识
34	有用知识	知识	66	知识	知识
35	知识	知识	67	知识与信息	知识、信息
36	有用知识	知识	68	知识	知识
39	社会信息、知识	信息、知识	69	前沿知识差	知识
41	知识或信息	知识、信息	70	消息、东西	消息、东西
42	社会信息；智力、智慧和知识创造活动	信息	71	知识	知识
			72	知识或信息	知识、信息

序号	原 始 数 据	提 炼 结 果	序号	原 始 数 据	提 炼 结 果
73	特定的信息	信息	104	知识、事实和数据	知识、事实、数据
74	信息	信息	105	知识单元或知识单元的集合	知识
75	消息	消息	107	知识和情况	知识、情况
76	实际情况	情况	108	信息	信息
77	报道	报道	109	新消息和知识	消息、知识
78	报道	报道	110	社会信息	信息
79	得到的产物	产物	111	信息或未被公认的知识	信息、知识
80	信息、知识和智慧	信息、知识、智慧	112	最新信息	信息
81	知识和智慧	知识、智慧	113	智慧信息	信息
82	知识、资料、智慧及消息、报告和信息	知识、资料、智慧、消息、报告、信息	114	信息	信息
83	信息、消息、情报、知识或事实	信息、消息、情报、知识、事实	115	特殊信息	信息
84	情况或知识	情况、知识	116	知识、信息和数据	知识、信息、数据
85	资料	资料	117	解决方案	解决方案
86	知识和劳动成果	知识、成果	118	知识	知识
87	实体	实体	120	知识或信息	知识、信息
88	信息	信息	122	社会信息	信息
89	实际情况	情况	123	新认知	知识
90	信息	信息	124	新信息或新知识以及新认知	信息、知识
91	内容	信息	125	信息	信息
92	知识	知识	126	信息	信息
93	知识	知识	127	全部材料	材料
94	信息	信息	128	知识/有向知识或信息流/信息	知识、信息
95	知识	知识	129	信息	信息
96	知识	知识	130	智能策略或思想	知识
97	知识	知识	131	结果	结果
98	社会信息	信息	132	信息、消息和知识	信息、消息、知识
100	信息	信息	133	社会信息	信息
101	信息	信息	134	外界动态情况	情况
102	信息、知识和事实	信息、知识、事实	135	产物	产物
103	信息交流活动	信息			

续　表

序号	原 始 数 据	提 炼 结 果	序号	原 始 数 据	提 炼 结 果
136	知识	知识	163	知识	知识
137	消息、知识、事实和数据	消息、知识、事实、数据	164	知识或消息	知识、消息
138	知识、中介质	知识	165	知识	知识
139	信息或知识	信息、知识	166	知识或信息	知识、信息
140	知识	知识	167	知识	知识
141	知识	知识	168	知识和信息	知识、信息
142	知识和智慧	知识、智慧	169	信息	信息
143	知识	知识	170	知识	知识
144	活动	信息	171	知识	知识
145	信息	信息	172	产物	产物
146	知识或信息	知识、信息	173	知识	知识
147	知识信息	知识、信息	174	情况报道	报道
148	知识和智慧	知识、智慧	175	活化剂	信息、知识
149	产品	产品	177	知识和信息	知识、信息
150	知识、信息和数据	知识、信息、数据	178	社会信息	信息
151	成果/依据/情况报道	成果、报道	179	信息或知识	信息、知识
152	消息或报告	消息、报告	180	新消息和新知识	消息、知识
153	成果	成果	181	消息和报告	消息、报告
154	消息或报告	消息、报告	182	信息	信息
155	信息	信息	183	知识	知识
157	知识或信息	知识、信息	184	知识	知识
158	知识	知识	185	成果	成果
159	社会信息/知识	信息、知识	186	知识	知识
160	信息	信息	187	消息和报告	消息、报告
161	信息	信息	188	成果	成果
162	信息	信息	189	报道	报道
			190	知识	知识

　　知识是人类在实践中认识客观世界的成果。成果是指学习、工作、劳动上的成效和成绩。产物、产品、结果、报道、报告、解决方案都属于工作劳动上的成效,故而将其和成果聚类为成果。智慧是对事物能迅速、灵活、正确地理解和解决的能力。数据是事实或观察的结果,是用于表示客观事物的未经加工的原始素材。资料属

于原始素材,故而将数据、资料聚类为数据。信息指音讯、消息、通信系统传输和处理的对象,泛指人类社会传播的一切内容。消息和材料都属于传播的内容,故而将信息、消息、材料聚类为信息。事实,是指事情的真实情况。将情况和事实聚类为情况。知识、成果、智慧这3类的核心是知识,故而将其聚类为知识。数据、信息和事实都是人类社会传播的内容,故而将其聚类为信息。情报实体的聚类过程见图2-7。

将情报实体定义为"知识、信息"。

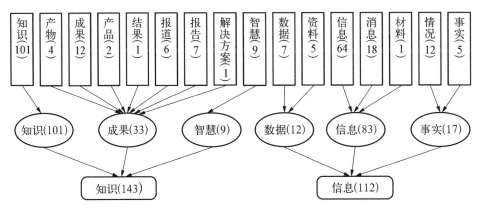

图2-7 情报实体聚类统计结果

6)情报载体部分

对于情报载体,经过对采样数据的统计,涉及载体的情报定义不多,且多以"任意形式"的隐含意义进行描述,因此将情报载体视为"任意载体"。

2.1.4 小结

通过对191种定义的分析提炼总结可以得出,情报是为了满足需要、有价值有用的、有指导意义的,从敌方、他方、物质客体等不同来源发起的,经搜集、传递、分析、存储等方式,以任意方式承载,由我方、特定用户等特定对象接收的事实、数据、信息、知识、成果和智慧。通过统计分析,可以将情报的定义表述为:情报是由情报工作人员从敌方/他方获取,搜集、分析、传递、存储至特定对象,以任意载体承载的,有用的或有指导意义的信息或知识。

2.2 情报研究的定义

国内外官方部门、学术界和研究界的专家学者们基于军事用途、知识和文献、社会信息等多方面对情报研究定义进行了大量的探索和研究。例如,美国的《国防部军语及有关术语词典》和中国的《中国情报学百科全书》[12]等权威专著,加拿大的 S. J. Lefebvre[13]，日本的高山正也[14]，中国的包昌火[15]、贺德方[16]、史秉能[17]、杜元清[18]、王延飞[19]、郭吉安[20]、梁春华[21]等研究人员或学者，以及百度百科和维基百科等网络资源都分别给出了情报研究的定义。这些定义主要从情报研究的用户、目的、方法或者基于"人-机-料-法"分析法中的人、机、料、法等要素对定义进行了描述，但在行业内并没有形成一个相对完整且统一的情报研究定义。因此，全面采集情报研究的定义，构建情报研究定义模型，并采用此模型进行情报研究定义的统计分析，确定一个相对全面、准确和统一的情报研究定义，对于情报研究工作的开展具有重要意义[22,23]。

2.2.1　情报研究定义的采样

1）情报研究定义采样

以中国航发沈阳发动机研究所图书馆、中国知网、万方、重庆维普、超星、读秀等全文数据库资源为采样源，以"情报研究 or 情报分析 or 信息分析"为检索式，检索和搜集来自百科全书、权威词典、学术专著、学术期刊和学术会议等载体的情报研究或信息分析的定义，以及在互联网搜索引擎检索情报研究的百科名片，摘取文献作者所给出的情报研究定义 96 种，采样结果如表 2-7 所示。

表 2-7　情报研究定义采样结果

序号	内　　容	来　　源
1	情报研究是以情报为对象，对情报的内容进行整理、加工、鉴别、判断、选择与综合得出新的情报的科学研究活动……它是整个情报活动中一种创造性劳动，是一种科学研究工作，属思想库的范畴	中国，中国科学技术委员会
2	情报研究是在信息搜集和分析的基础上，通过思考、甄别、重组获得解决特定问题所需要的知识和谋略的科学研究活动	中国，《中国情报学百科全书》
3	情报研究通常指文献情报的分析与综合的过程，即对反映一定时期某一课题领域进展情况的文献情报进行分析和归纳，并以研究报告等多种形式提供的专题情报或系统化的浓缩情报，满足用户或读者的专门需要或全面了解该领域的现状和发展趋势的需要	中国，《中国大百科全书》
4	情报研究是以情报为对象，对情报的内容进行整理、加工、鉴别、判断、选择与综合，得出新的情报的科学研究活动	中国，国家科学技术委员会
5	情报研究人员围绕科研、生产中的重要课题，广泛、系统地收集情报资料，并对其内容进行系统分析、综合加工，编写成快报、动态、概况、综述等不同形式的文字材料的工作。情报研究的主要功能是研究、预测未来的发展，其目的是为决策人员制订规划，决定方针、政策，进行生产部署，加强组织管理，以及为科研选题、定向，产品更新换代，合理引进技术，扩大出口等，提供依据和论证	中国，《宣传舆论学大辞典》

续　表

序号	内　容	来　源
6	情报研究是对情报进行分析、综合、归纳和评述的过程	中国,《军事大辞海·下》
7	情报研究指围绕不同的研究任务,在充分利用一、二次文献的基础上,经过综合分析,编出对特定研究对策有参考价值的情报实体(通常为三次文献)的情报工作	中国,《中国百科大辞典》
8	情报研究指围绕科研、生产、管理的全局,某个特定的课题或某一既定任务,对有关的情报源进行调查研究、系统收集、实地考察,然后加以分析、判断、综合、归纳,并将研究成果以综述、述评、专题研究报告、专题总结等三次文献的形式编写出来,提供给决策部门和研究人员参考	中国,《图书情报词典》
9	情报分析又称情报分析研究或情报研究。是围绕特定的课题,根据用户的需要,在广泛搜集和积累有关文献资料的基础上,通过分析、对比、推理、判断、综合等逻辑思维过程和必要的数字处理,以压缩的形式提供有现实意义并可供直接利用的信息的工作	中国,《社会科学新辞典》
10	信息分析是指企业信息工作人员或决策中心将收集到的信息进行评估、鉴别、归并、综合的一种加工过程	中国,《现代农村经济辞典》
11	情报分析又称情报研究或情报分析研究,指围绕某一课题对大量信息进行综合分析,了解现状预测未来的情报服务工作,它的社会功能主要是为决策提供依据和论证	中国,《新时期新名词大辞典》
12	一般要经过选题、制定调研提纲、情报扫描与收集、情报的鉴别和分析研究、编写研究报告等过程。它研究的内容主要有:水平动向情报研究、专题技术情报研究、技术经济情报研究、产品情报研究、市场情报研究、政策情报研究、管理情报研究等。研究的方法有对比法、推理法、分析法、综合法、模拟法等	中国,《新时期新名词大辞典》
13	情报分析是通过对全源数据进行综合、评估、分析和解读,将处理过的信息转化为情报,以满足已知或预期用户需求的过程	美国,《国防部军语及有关术语词典》
14	美国科学技术情报委员会关于信息分析中心的定义是:旨在以最权威、最及时、最有效的方式为同行协会和经营管理人员编撰、归纳、整理、重组、显示适合的信息或数据,或者为了搜集、选择、存储、检索、评价、分析和综合一个明确规定的专业领域,或与特定任务相适应的大量信息而特别(但不排除例外)建立起来的一个正式组织机构	U. S. Federal Council for Science and Technology (Committee on Science and Technical Information – COSATI). Panel on information analysis centers [C]. Proceedings of the Forum of Federal Supported Information Analysis Centers, 1967
15	情报分析是利用收集到的信息来回答有关敌方目前的军事行动的战术问题或预测敌方未来的行为的过程	Rand. Intelligence Analysis [EB/OL]. https://www.rand.org/topics/intelligence-analysis.html[2018 – 07 – 25]

续　表

序号	内　容	来　源
16	情报分析是对具体信息的研究,是根据具体的任务或形势对信息的分析。情报分析能提供军事指挥官和国家决策者在决策时可以利用的对形势的认识和了解	Hess J H. Improve intelligence in a counterinsurgency or counterterrorism environment through the application of a critical thinking-based framework [D]. Baton Rouge: Louisiana State University, 2011: 2
17	情报分析是利用已知的有关形势和实体的信息,勾画已知情况的特征,预测未来行动(需适当表达发生的概率)的过程,以便为有效的决策提供及时的、准确的、相关的情报支持和为指挥官提供他们所需要的关键分析	Black J, Cavano J, Hollyfiled P, et al. Optimizing talent management strategies for MCISR-E, Capstone Cohort 4, 2011 [EB/OL]. http://www. hqmc. marines. mil /Dortals /133 /Docs /optimizing%20 Talent%20 Management %20 strategies% 20 for %20 MCISR-E%20, Capstone% 20 Cohort%20 4. pdf[2011-03-10]
18	情报分析是将一个大的问题分解成更小的问题,并对资料进行思考以达到一个结论或一个概括的过程,分析涉及对信息的相关内容的仔细考查以确定它们是否互相证实、互相补充或互相矛盾,从而建立起概率和关系	Krizan L. Intelligence essentials for everyone [M]. Washington, DC: Joint Military Intelligence College, 1999: 29
19	信息分析是搜集与某已明确规定的专门主题范围有关的所有信息,分析并评价这些信息,将信息浓缩、储存在资料档、数据表和述评中,并通过近期文献速报服务、出版物和对咨询的答复,将其传送给用户	P. 艾瑟顿. 情报系统和服务机构手册 [M]. 刘昭东,等,译. 北京: 科学技术文献出版社,1982
20	情报分析是一个对获得的原始材料进行评估并转换成决策者可以使用的描述、解释和判断的过程,包括对材料的可信度进行评估,并将其与分析人员现有的知识库进行比较,以分离错误、揭示其中的欺骗成分	Lefebvre S. A look at intelligence analysis [J]. International journal of intelligence and counterintelligence, 2004, 17(2): 231-264
21	情报分析广义上包括信息的搜集、选择、存储、检索、评价、分析、综合、提供诸功能,狭义上包括信息的评价、分析、综合功能	高山正也. 情报分析——生产论[M]. 东京: 雄山阁出版株式会社, 1995
22	情报分析(intelligence analysis/information analysis)是通过对全源数据进行综合、评估、分析和解读,将处理过的信息转化为情报以满足已知和预用用户需求的过程	百度百科. 情报分析[EB/OL]. http:// baike. baidu. com/item/情报分析[2018-07-25]
23	情报研究指文献情报的分析与综合的过程,即对反映一定时期某一课题领域进展情况的文献情报进行分析和归纳,并以研究报告等多种形式提供的专题情报或系统化的浓缩情报,满足用户或读者的专门需要,或全面了解该领域的现状和发展趋势的需要	微软必应
24	信息分析亦称情报分析、情报研究或情报调研,就是根据特定问题的需要,对大量相关信息进行深层次的思维加工和分析研究,形成有助于问题解决的新信息的信息劳动过程	维基百科

序号	内　容	来　源
25	情报研究是情报研究机构依据用户需求,对获取的信息进行综合、分析和评估,获得解决特定问题所需要的知识的过程	史秉能. 情报研究概论[C]//中国国防科学技术信息学会. 中国国防科学技术信息学会第十一期情报研究方法培训班讲义. 北京: 中国国防科学技术信息学会,2015,6: 3 - 4
26	情报研究,或者叫情报研究,实际上就是科技信息工作人员针对特定需求,通过对获得的资料进行分析研究而产生情报的过程,是生产特定知识的过程,是创造精神财富的过程	袁有雄. 钱学森情报研究学术思想探析[J]. 情报理论与实践,2013,(9): 18 - 20
27	所谓情报研究,简言之,就是研究已知情报的科学内容从而形成能满足特定需要的新情的过程	包昌火. 情报研究方法论[M]. 北京: 科学技术文献出版社,1990: 3
28	情报研究,从根本上讲,就是根据特定需要,对信息进行定向选择和科学抽象的研究活动,是情报工作与科技工作相结合的产物,是一类科学劳动的集合	包昌火. 情报研究方法论[M]. 北京: 科学技术文献出版社,1990: 12
29	情报研究是根据社会用户的特定需求,以现代的信息技术和软科学研究方法论为主要手段,以对社会信息的采集、选择、评价、分析和综合等系列化加工为基本过程,以形成新的、增值的情报产品,为不同层次的科学决策服务为主要目的的一类社会化的智能活动	包昌火,缪其浩,谢新洲. 对我国情报研究工作的认识和对策研究(上)[J]. 情报理论与实践,1997,20(3): 133 - 135
30	信息分析是一类通过系统化的过程将信息转换为知识、情报和谋略的科学活动的统称	包昌火. 信息分析和竞争情报情报案例[M]. 北京: 清华大学出版社,2012
31	情报研究是情报研究人员依据用户需求,对获取的信息进行综合、分析和评估,形成可供用户(决策者)使用的情报的过程	史秉能. 情报研究概论[C]//中国国防科学技术信息学会. 中国国防科学技术信息学会第十一期情报研究方法培训班讲义. 北京: 中国国防科学技术信息学会,2015,6: 3
32	情报研究是在信息搜索、积累和分析研究的基础上,获得解决特定问题所需要的知识的研究工作。也可以说是根据特定的社会需求,以信息工作手段和科学研究方法,采集、鉴别相关领域的信息,通过分析、综合、评估和科学抽象,揭示特定对象的发生、发展和未来发展趋势以及客观发展规律与热点及它与其他事物的联系,形成情报研究成果,为相应的决策服务的一类研究工作	史秉能. 情报研究概论[M]. 北京: 国防工业出版社,2006: 7 - 13
33	情报研究是根据用户的需求,以信息手段和科学研究方法,搜集相关领域的信息,通过分析、综合、评估和科学抽象,揭示特定对象(事物)的发生、发展现状和发展趋势客观发展规律与特点以及它对其他事物的影响,形成情报研究成果,为相应决策服务的一类研究工作	史秉能. 情报研究概论[C]//中国国防科学技术信息学会. 中国国防科学技术信息学会第十一期情报研究方法培训班讲义. 北京: 中国国防科学技术信息学会,2015: 4

序号	内　容	来　源
34	情报研究工作,是针对用户特定的信息需求,制定研究课题;然后通过文献调查和社会调查,广泛系统地搜集与该课题有关的已知信息,经过加工整理、价值评价和分析研究,使已知信息的内容得以系统化、有序化,以揭示客观事物的运动规律,并在此基础上,运用科学的理论、方法和技术,对客观事物的已知和未来信息作出合理的预测;最后以某种信息产品的形式将预测的成果通过适当的渠道传递给用户,满足用户的需求	查先进.信息分析与预测[M].武汉:武汉大学出版社,2000:4
35	信息分析旨在通过已知信息揭示客观事物的运动规律,其任务就是要运用科学的理论、方法和手段,对大量的(通常是零散、杂乱无章的)信息进行搜集、加工整理与价值评价基础上,透过由各种关系交织而成的错综复杂的表面现象,把握其内容本质,从而获取对客观事物运动规律的认识	查先进.信息分析与预测[M].武汉:武汉大学出版社,2000
36	信息分析是一项内容广泛的信息深加工处理的情报提炼活动,它以大量相关的原生信息为处理对象,以原生信息为处理对象,通过对原生信息内容的分析、综合或评价,以提炼出对管理、决策等活动有支持作用的情报,为管理、决策等活动服务	查先进.信息分析[M].武汉:武汉大学出版社,2011
37	信息分析是根据用户的现实或潜在需求,广泛系统地搜集与之相关的各种原生信息,进行定向的筛选和整序,通过逻辑思维过程对其内容进行去伪存真的鉴定、由表及里或由此及彼的推理,运用科学的理论和方法对原生信息进行分析处理和提炼,以得出有助于解决实际问题的情报,揭示研究对象的内在变化规律及其与周围环境的联系,满足用户的信息需求	查先进.信息分析[M].武汉:武汉大学出版社,2011
38	情报研究是以对信息资料(文献形式或非文献形式)的内容进行整序和科学抽象为主要特征的一项信息活动,目的是产生增值的信息产品(即情报研究成果),以便更好地开发和利用信息资源	查先进.论新形势下情报研究学科名称[J].图书情报工作,1998,(8):49-52
39	情报研究是一项内容广泛的信息加工处理和情报提炼活动,它以大量相关的原生信息为处理对象,通过对原生信息内容的分析、综合或评价,以提炼出对管理、决策等活动有支持作用的情报,为管理、决策等活动服务	贺德方,等.数字时代情报学理论与实践——从信息服务走向知识服务[M].北京:科学技术文献出版社,2006:392
40	情报研究最基本的一项工作是使大量无序的信息有序化、分散的信息集成化、不同时空的信息整体化。这一过程是以分析为基础的信息综合和再创造的过程	贺德方,等.数字时代情报学理论与实践——从信息服务走向知识服务[M].北京:科学技术文献出版社,2006:392-393
41	情报研究是针对用户的需要或受用户的委托,制定研究课题,然后通过文献调查和实情调查,搜集与课题有关的科技、经济以及有关的知识和信息,经过归纳整理、去伪辨新、演绎推理、审议评价,研究其间的相互关系,使信息得以系统化、综合化、准确化、适用化,形成各种类型的情报研究报告,供用户作为决策依据或参考的研究活动	张昌龄.科技信息工作手册[M].北京:航空工业出版社,2000:15

序号	内　容	来　源
42	情报研究是根据特定任务的要求,在广泛搜集和积累有关信息素材基础上,运用科学方法,通过分析、对比、推理、判断和综合等逻辑思维过程,掌握事物内在的变化规律及其与周围事物的联系,了解其现状并预测其发展,提供有事实、有分析、有对比、有观点、有建议的新的信息	张昌龄.科技信息工作手册[M].北京:航空工业出版社,2000:104
43	情报研究是为了获取解决问题的情报而进行的研究,也就是根据要解决的特定问题或任务的要求,在广泛收集和积累有关文献资料以及必要时进行的实地调查和考察的基础上,运用科学的研究分析方法,通过分析、对比、推理、判断、综合等逻辑思维过程,对调研对象进行分析研究的一项科学研究工作	郭吉安,李学静.情报研究与创新[M].北京:科学出版社,2006:5
44	情报研究一般是通过二次文献,或直接审读、筛选一次文献,对信息的再度浓缩、提炼和加工,其研究报告是直接面向用户、面向问题的智慧结晶或决策参考方案	郭吉安,李学静.情报研究与创新[M].北京:科学出版社,2006:5
45	情报研究实质是信息分析,是指识别、挖掘有用信息,从过去和现在信息中推演出未来信息,从部分信息推出总体信息	卢泰宏.信息分析方法[M].广州:中山大学出版社,1992
46	情报研究是从混沌的信息中萃取出有用的信息,从表层的信息中发现相关的隐蔽信息,从过去和现在的信息中推演出未来的信息,从部分信息中推知总体的信息,揭示相关信息的结构和变化规律	卢泰宏.信息分析[M].广州:中山大学出版社,1998:9-10
47	信息分析的抽象工作目标是从混沌的信息中萃取出有用的信息,从表层信息中发现相关的隐蔽信息,从过去的现在的信息中推演未来的信息,从部分信息中推知总体的信息,揭示相关信息的结构和变化规律	卢泰宏.信息分析[M].广州:中山大学出版社,1998
48	情报研究是对情报进行定向浓集和科学抽象的一种科学劳动	秦铁辉.情报研究概论[M].北京:北京大学出版社,1991
49	情报研究是根据特定需要,对信息进行定向选择和科学抽象的研究活动,是情报工作和科技工作相结合的产物,是一类科学劳动的集合	孙振誉,张蕙杰,白碧君,等.信息分析导论[M].北京:清华大学出版社,2007
50	信息分析是一种深层次的信息加工服务,是一项智能型的脑力劳动	孙振誉,张蕙杰,白碧君,等.信息分析导论[M].北京:清华大学出版社,2007
51	情报研究工作现阶段仍立足于有针对性对科技文献中和通过其他途径获得信息进行分析、对比、判断、浓缩、综合,在此基础上提出综述或述评形式的研究报告,为各个层次决策服务	孙学琛.情报研究工作的回顾与展望[J].情报学报,1986,(5):3-4
52	情报研究就是针对某个课题,从大量文献资料和其他各种有关情报中,经过分析、综合、研究,系统地提供用户参考使用	邹志仁.情报研究与预测[M].南京:南京大学出版社,1990
53	情报分析是把各种来源的文献(报道、报告、实物……)中,涉特定事物、现象、概念本质属性的信息碎片提取出来,并找出这些碎片之间的联系,还原事物(现象、概念)的本貌	杜元清.情报分析的5个级别及其应用意义[J].情报理论与实践,2014,37(12):20-22

序号	内　容	来　源
54	情报研究是根据特定目标,在已有情报中进行定向选择科学抽象的研究活动,揭示已知事物内在变化规律及与周围事物联系,获得满足用户需求新情报或情报研合的过程	冯恩椿,谢仁兴. 情报学研究基础[M].北京:科学技术文献出版社,1994
55	航空情报研究工作,是根据特定航空工业情报需求,在广泛搜集与积累国内外、业内外的相关信息(文献资料)以及在必要时进行调研和考察的基础上,运用足够的航空发动机专业知识与科学研究方法,通过归纳、对比、分析、推理、判断和综合等逻辑思维过程,掌握特定需求的内在变化规律,预测特定需求的未来发展趋势,提供有事实、有分析、有启示、有观点、有建议的新情报,为管理决策和技术研究提供可靠的保障和支持	梁春华,石双元,徐秋实. 新形势下制约航空情报研究成果水平提升的主要问题及解决途径[C]//辽宁省航空宇航学会第三届科技信息专业学术交流会文集.沈阳:辽宁省航空宇航学会,2012
56	情报研究是以社会用户的特定需求为依托,以定性和定量研究方法为手段,通过对文献信息的收集、整理、鉴别、评价、分析、综合等系列化加工过程,形成新的、增值的信息产品,最终为不同层次的科学决策服务的一项具有科研性质的智能活动	朱庆华. 信息分析基础、方法及应用[M].北京:科学出版社,2004
57	情报研究是环境分析和扫描工作,即对那些能为某个组织提供发展机会或产生威胁的外部因素进行分析。它既包括对环境的现状分析,又包括对环境变化趋势的分析;既包括面向问题的环境扫描,也包括面向机会的环境分析等	尤正平. 情报研究学科的建设方向[J].情报学报,1990,9(5):389-393
58	情报研究是利用科学的研究方法,对现有信息进行鉴定、分解、综合和推断,得到新的信息产品	范并思.信息分析与研究(讲纲)[M].上海:华东师范大学信息学讲义,2000
59	情报研究是针对特定的领域或主题,收集、积累相关文献、数据,加以整理、分析、研究,并根据用户的需要提出分析研究报告的全过程	张徐璞,夏芸.动态科技情报研究探索与思考[J].中国核科学技术进展报告,2013,(3):139-144
60	情报研究作为一项科学研究,其功能就像自然科学探索自然规律一样,旨在研究社会、经济、政治、科技等诸多现象的规律,是一个知识再生产的过程,只是这些知识具有明确的指向性,是针对问题挖掘出来的,而且旨在针对用户的需求为其提供情报服务	袁建霞,董瑜,张薇.论情报研究在我国智库建设中的作用[J].情报杂志,2015,34(4):4-7
61	情报研究是指针对特定的领域或主题,收集、积累相关文献、数据,并加以整理、分析和研究,最终根据用户的需要提炼出分析研究结果或报告的全过程	曲柳莺,陈忠.数字时代情报研究工作模式探析[J].图书情报工作,2008,52(5):117-120
62	情报研究是情报工作的一项重要业务活动,是一种高层次、高水平的情报科学劳动。在这项活动中,情报研究人员根据用户的需求,广泛系统全面地搜集文献、实物和口头情报素材,并且对它们进行分析、鉴别、选择和加工(粗精筛选、相互关系的逻辑推理、数据的统计计算等),最后编写出符合用户需要的文字材料来,简言之,所谓情报研究就是情报研究人员根据用户的需求,制定研究课题,对情报有针对性地进行搜集、分析、浓缩和报道的活动过程	周军.情报研究引论[M].北京:蓝天出版社,1999

序号	内　容	来　源
63	情报研究是针对用户需要或接受用户委托,制定研究课题,然后通过文献调查和实情调查,搜集与课题有关的大量知识和信息,研究其间的相互关系和作用,经过归纳整理、去伪辨新、演绎推理、审议评价,使科技知识得以系统化、综合化、科学化、适用化,以揭示事物或过程的状态和发展(如背景、现状、动态、趋势、对策等)	蒋沁,王昌亚.情报研究[M].武汉:武汉大学出版社,1989
64	信息分析研究是一种以信息为研究对象,根据拟解决的特定问题的需要,收集与之有关的信息进行分析研究,旨在得出有助于解决问题的新信息的科学劳动过程	陈序.对知识经济下的信息分析研究的再认识[J].现代情报,2000,(6):17-18,24
65	信息分析就是对不确定性的知识或消息进行分析、比较、判断,得出结论,帮助或支持人们的决策	陈梅.信息分析与企业战略决策[J].情报理论与实践,2001,24(4):269-270
66	信息分析是指以社会用户的特定需求为依托,以定性和定量研究方法为手段,通过对社会信息的收集、整理、鉴别、评价、分析、综合等系列化加工过程,形成新的、增值的信息产品,最终为不同层次的科学决策服务的一项具有科研性质的智能活动	朱庆华.信息分析基础、方法及应用[M].北京:科学出版社,2004
67	信息分析是根据用户的特定需求,对大量纷繁无序的信息进行有针对性地选择、分析、综合、预测,为用户提供系统的、综合的、准确的、及时的、大流量的知识与信息的智能活动	卢小宾.信息分析[M].北京:科学技术文献出版社,2008
68	信息分析是情报研究范围的扩展和社会信息发展的结果,是针对特定的需求,对信息进行深度分析和加工,提供有用的信息和情报	沙涌忠,牛春华,等.信息分析[M].北京:科学出版社,2009
69	在信息资源基础上,进行检索、整合与分析,利用各种分析方法和工具快速地做出可验证的分析反应过程,这样的研究过程,就是信息分析	陈功.信息分析的核心[M].北京:新星出版社,2010
70	信息分析是分析人员根据用户的特定信息需求,利用各种分析方法和工具,对搜集到的零散的原始信息进行识别、鉴定、筛选、浓缩等加工和分析研究,挖掘出其中蕴含的知识和规律,并且通过系统的分析和研究,得到有针对性、时效性、预测性、科学性、综合性及可用性的结论	王伟军,蔡国沛.信息分析方法与应用[M].北京:清华大学出版社,北京交通大学出版社,2010
71	信息分析是将大量离散、无序、质量不一的信息进行搜集、选择、加工和组织,形成增值的信息产品,最终为不同层次的科学决策服务的一项科研活动	余波.现代信息分析与预测[M].北京:北京理工大学出版社,2011
72	信息分析是分析人员根据用户特定的信息需求,利用各种分析方法和工具,对搜集到的零散的原始信息进行识别、鉴定、筛选、浓缩等加工和分析研究,挖掘其中蕴含的知识和规律,并通过系统的分析和研究得到有针对性、科学性、时效性、预测性、综合性及可用性的结论	肖慎华.信息分析方法的演进[J].农业图书情报学刊,2015,27(7):109-111
73	信息分析是在对信息组织加工的基础上,根据实际问题的需要,对大量相关信息进行深层次的思维加工和分析研究,形成有助于问题解决或对策建议的新信息的信息劳动过程	王曰芬.面向知识服务的信息分析及应用研究[J].情报理论与实践,2011,34(3):54-57

序号	内　容	来　源
74	信息分析(或称情报研究)是以社会需求为基础,以先进的信息技术和方法为手段,以形成增值的知识产品并为决策科学化服务为主要目的的一种知识生产活动	董沛文.浅析信息分析工作的现状及发展趋势[J].现代情报,2007,3(3):60-61
75	信息分析活动是指通过对大量纷繁无序、杂乱无章的信息进行有针对性地选择、分析、综合、预测,为用户提供系统、准确、及时、大流量知识与信息的智能活动	田树林.我国信息分析活动现状及其发展对策研究[J].现代情报,2008,3(3):92-94
76	信息分析研究是一种以信息为研究对象,根据拟解决的特定问题的需要,收集与之有关的信息进行分析研究,从而形成能够解决特定问题的新信息的科学劳动过程	赵岩碧.关于信息分析工作的几点思考[J].情报杂志,2004,3:116-117
77	信息分析也称情报分析或情报研究,是根据特定的问题,对搜集到的大量相关信息进行深层次的分析研究和思维加工,得出有助于问题解决的隐性信息	贺晓利.中国情报研究的需求:预测性情报研究[J].农业图书情报学刊,2014,26(6):9-14
78	情报分析是通过研究信息而了解有关状况的过程。分析的核心是"确定信息的含义",即对不确定的、矛盾和不完整的资料确定最好的解释,分析的内容必须包括对目前状况的了解,也可能包括对未来的预测。分析的过程包括对已获得的信息的分解、重组、综合,并在此基础上形成结论、判断、假设,乃至对未来的评估。最终目标是为决策提供支持	曾忠禄.情报分析:定义、意义构建与流[J].情报学报,2016,35(2):189-196
79	情报研究是根据社会用户的特定需求,以现代的信息技术和软科学方法为主要手段,以社会信息资源的开发应用为基础,在对信息采集、选择、评价、分析和综合的过程中,形成新的知识或者有价值的情报产品,为不同层次的科学技术、经济建设以及社会活动服务的社会化智能活动	凌敏.新形势下情报研究工作及其发展的几个问题[J].冶金信息,1999,(4):45-47
80	信息与情报是不同概念,情报是对信息进行深度加工或从各种文本中挖掘的知识,可以是一种产品、活动、组织,或是一组知识的专门表达形式;生成情报所采取的分析方法与执行过程称为情报分析研究	李广建,江信昱.不同领域的情报分析及其在大数据环境下的发展[J].图书与情报,2014,5(7):12-19
81	信息分析活动是指通过对大量纷繁无序、杂乱无章的信息进行有针对性地选择、分析、综合、预测,为用户提供系统、准确、及时、大流量知识与信息的智能活动	田树林.我国信息分析活动现状及其发展对策研究[J].现代情报,2008,(3):92-94
82	情报研究是依靠研究者或者群体的思维能力对感性材料进行一系列的抽象与概括、分析与综合,去粗取精、去伪存真、由此及彼、由表及里的改造创作过程	胡小军.情报研究的方法和理论与原理探讨[J].图书情报工作,2000,(5):22-24
83	情报研究活动是一种极其复杂的知识活动,包括信息的采集、情报分析和情报方案形成等环节,通过情报研究人员的分析与推理,使得孤立的数据信息变得体系完备,增加了原本没有的含义,出现新的知识量和新的知识结构体系,实现了知识的重组与活化	侯丽.情报分析方法的情报价值增值研究[J].图书情报工作,2012,56(12):66-71

序号	内　　容	来　　源
84	情报研究是以情报为研究对象,通过系统分析和科技手段的处理,在原始信息与知识的基础上产生新的信息与知识的一个过程	郭俊义,李荫涛.试论情报研究方法论体系建立的有关问题[J].情报理论与实践,1988,(2):7-11
85	情报研究是通过对已知信息、情报和知识的整理、加工和处理,从而形成新的信息、情报和知识的过程	任海平.知识经济与情报研究[J].情报学报,2001,20(5):591-597
86	信息分析是对情报进行定向浓缩和科学抽象的一种科学劳动	秦铁辉,王延飞.信息分析与决策[M].北京:北京大学出版社,2001
87	情报分析是在大量的科技情报资料和数据的基础上,通过分析、综合、推理、判断等逻辑思维,去伪存真,掌握和找出事物的内部联系和它的变化规律,把握"已知"并预测和判断未来,也就是摸清世界科学技术发展的最新成就、发展动态以及国内外发展科学技术可借鉴的经验,并对科学技术未来的发展趋势与可能产生的影响作出预测	王昌亚.谈科技情报分析研究工作[J].情报科学,1980,(3):18-21
88	信息分析是针对特定的需求,对信息进行深度分析和加工,提供有用的知识和情报	沙勇忠,牛春华,等.信息分析(第二版)[M].北京:科学出版社,2016
89	信息分析是根据特定问题的需要,对大量相关信息进行深层次的思维加工和分析研究,形成有助于问题解决的新信息的信息劳动过程。其一般以社会用户的特定需求为依托,以定性和定量研究方法为手段,通过对社会信息的收集、整理、鉴别、分析、综合等系列化的加工过程,形成新的、增值的信息产品,是一种深层次和高层次的信息服务,同时也是一项具有研究性质的智能活动	杨良斌.信息分析方法与实践[M].长春:东北师范大学出版社,2017
90	信息分析是对大量纷繁无序的信息进行有针对性地选择、分析、综合、预测,为用户提供系统的、准确的、及时的大流量知识与信息的活动	卢小宾.信息研究[M].长春:东北师范大学出版社,1997
91	信息分析与预测是以社会需求为基础,以先进的信息技术和方法为手段,对事物过去和当前状态的有关信息进行收集、辨识、整理、估计、分析,并以此为基础对事物未来发展趋势或未知状态作出推测和判断的活动	江三宝,毛振鹏.信息分析与预测[M].北京:清华大学出版社,北京交通大学出版社,2008
92	信息分析是指通过定性和定量的分析方法,对已知信息进行过滤、加工、处理、判断,并揭示客观事物规律性的过程	陶菊春,吴劲锋.信息分析——预测与决策[M].兰州:兰州大学出版社,2006
93	科技情报研究就是情报研究人员根据一定的课题,收集国内外有关情报资料,并进行必要的调查研究,把有价值的情报加以综合分析后,编写出有依据、有分析、有评价、有预测的情报研究报告,并提供服务的工作	李毅.论情报研究[J].情报学刊,1980,4:25-30
94	信息分析是基于待定问题进行信息的研究、分析、推理、鉴别与整合,以定量和定性方式作为分析手段,从而得出新知识或新技术信息的一种过程,最后将形成一种具备高度创新效果、附加价值的信息产品,为不同类型和研究方向的科学决策提供全过程服务的专业性、科研性活动	曹建勇.信息分析在科技查新中的应用探讨[J].科技创新与应用,2017,(25):150-151

续　表

序号	内　　　容	来　源
95	情报研究工作的过程是一种创新劳动,反映了知识经济时代知识生产的特点,是产生新知识的高智力创造性劳动。情报研究不仅依赖于大量的综合性的信息资源,以及经过筛选的显性知识,更多地依赖于研究工作人员个体的知识结构、工作经验等,也就是依赖于个体的隐性知识与显性知识的组合与激活	王曰芬,王倩,丁晟春.基于知识管理平台重构情报研究工作系统[J].情报资料工作,2004,(3):5-8
96	科技情报分析研究是指根据特定的需要,在广泛收集科技情报和有关资料的基础上,经过整理鉴别、综合归纳、判断推理等研究加工,提出有依据、有分析、有评价、有预测性意见的研究结论的调查研究工作	刘全根.科技情报分析研究[M].兰州:甘肃科学技术出版社,1993

2）采样结果分析

基于采样结果,对 96 种情报研究定义的内容来源做分类统计,结果如图 2-8 所示。

在 96 种情报研究和信息分析的定义中,来源于专著的比例最高,如包昌火的《情报研究方法论》、郭吉安等的《情报研究与创新》、查先进的《信息分析与预测》和朱庆华的《信息分

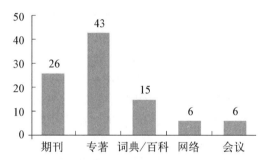

图 2-8　情报研究定义内容来源的分类统计图

析基础、方法及应用》等,占比达到约 44.79%;其次是期刊,如《情报理论与实践》、《情报学报》和《图书情报工作》等,占比约为 27.08%;来源于词典(《中国百科大辞典》《图书情报词典》《社会科学辞典》等)/百科全书(《中国大百科全书》《情报学百科全书》等)、会议(中国国防科学技术信息学会、中国科学技术委员会、航空宇航学会等)和网络的占比分别约为 15.63%、6.25% 和 6.25%。

基于采样结果,对 96 种情报研究定义的作者来源做分类统计,结果如图 2-9 所示。

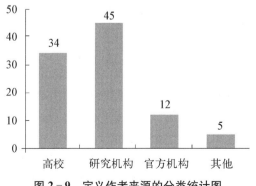

图 2-9　定义作者来源的分类统计图

在 96 种情报研究和信息分析的定义中,作者来自研究机构的比例最高,如中国科学技术信息研究所、国防科技信息中心、北方科技信息 210 研究所、中国航天系统科学与工程研究院等,占比达到约 46.87%;其次是高校,如北京大学、南京大学、武汉大学、中国人民大学等,占比约为 35.42%;来源于官方机构和其他的占比分别约为 12.5% 和 5.21%。

采样统计中的这些专家学者,来自学术界(查先进、王延飞、秦铁辉、朱庆华、邹志仁、卢小宾、李广建、郭吉安等)、研究界(包昌火、史秉能、袁有雄、杜元清、贺德方、梁春华等)等不同领域,均深耕情报学领域多年,学术造诣得到肯定。

综合以上分析,可以认为对情报研究定义的采样具有一定的全面性和典型性。

2.2.2　情报研究定义公式的构建

为了科学合理地对采样的情报研究定义进行统计分析,以保证所有的统计都按照统一标准进行,且真实有效,需要建立一个通用的情报研究定义公式,以保证所有的统计结果都是按照统一标准,且真实有效的。研究发现,安达信咨询公司提出的知识管理公式 $KM = (P+K)^S$,作为知识管理定义的经典而被广泛认可[24]。该知识管理公式中的 P(人,主体与客体)、+(支持环境)、K(研究对象)、S(工作流程)等方面与情报研究中的人(man,主体、客体)、技术(technology,支持环境,包括平台、工具、方法)、料(material,事实、数据、信息、知识)和工作流程(workflow)等要素极其相似。因而,通过对比知识管理与情报研究各要素的相同与不同,推衍出一个适用于分析情报研究定义的公式,并针对构建的情报研究定义公式,按公式要素对采样的情报研究定义进行词汇和词频的统计、分析和归纳,以期得到较为全面和相对准确的情报研究定义。

1)人的相同与不同

知识管理与情报研究中的人(people/man)都包括主体和客体。人,这一要素在知识管理和情报研究中的解读如图 2-10 所示。

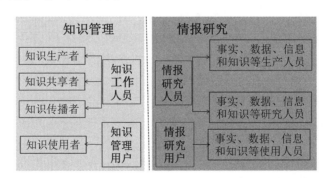

图 2-10　知识管理和情报研究中的人要素的解读

(1)相同点与不同点。

从图 2-10 可以看出,这两个过程中,知识管理中的人包括知识工作人员和广泛的知识管理用户,情报研究中的人是指情报研究人员(事实、数据、信息和知识生产者和研究者)和特定的情报用户(事实、数据、信息、知识、情报的使用者),其中的人都发挥着非常重要的作用。在知识管理活动中,人是创造知识和运用知识的主体,是知识的载体和来源,因此人是知识管理活动中最为活跃和主要的要素。在情报研究工作中情报研究人员的能力、管理决策层对情报和情报工作的重视程度，以及情报研究人员与情报用户之间的沟通情况，决定着情报研究工作质量的高低和效能大小，简而言之，人在情报研究中发挥最关键的作用。综上所述，人在知识管理和情报研究工作中的角色的作用相同[25,26]。

在这两个过程中，从事知识管理和情报研究工作的具体人员有差别。知识管理是一项综合性的管理工作，通常由首席信息官（chief information officer，CIO）、专门的首席知识官（chief knowledge officer，CKO）从事这项工作，因此从事该项工作的人员的专业背景非常强。而在情报研究工作中，主要是由情报工作人员进行信息搜集、加工并产生新的情报，情报工作人员可以是专业的情报研究人员，也可以是从事技术的科研生产人员。简而言之，知识管理和情报研究中的人有相似之处。

（2）Ⅱ型情报研究人员能力素质模型。

基于美国著名心理学家麦克利兰于1973年提出的冰山模型[25]，得出了情报研究人员的素质要求。情报研究人员的能力素质，在很大限度上决定着情报工作的质量、水平和效果，决定着情报研究机构"耳目、尖兵、参谋和智囊"作用的发挥。因而，明确情报研究人员的能力素质要求，培养合格甚至优秀的情报研究人员特别重要。

以冰山模型得出的情报研究人员的素质要求为基础，结合中国航发沈阳发动机研究所的长期情报研究工作实践，重新构建了Ⅱ型情报研究人员能力素质模型（包括情报知识结构、情报操作技能、情报基础能力和情报职业素质）[26]，如图2-11所示，以期为情报研究人员的选拔和培养提供指导和借鉴。

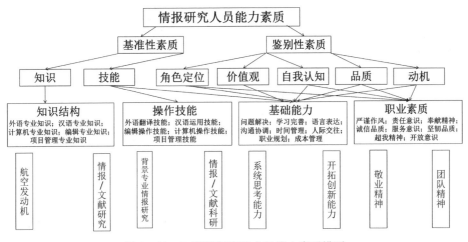

图2-11 Ⅱ型情报研究人员能力素质模型

2）支持环境的相同与不同

知识管理与情报研究的支持环境是技术（technology），包括所采用的专业方法（method）和所采用的平台和工具（machine），这两个活动中的T所包含的要素相同,但具体使用的技术方法、平台和工具不同,如图2-12所示。

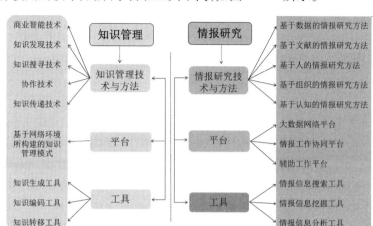

图 2-12 知识管理和情报研究中 T 要素的解读

(1)知识管理的 T 要素。

知识管理技术的基础是数据管理技术和信息管理技术。按照 IBM 公司的知识管理技术分类,由图2-12可知,知识管理技术与方法可以分为:商业智能技术、知识发现技术、知识搜寻技术、协作技术和知识传递技术;知识管理的平台是指基于网络环境所构建的知识管理模式;知识管理工具按功能可分为知识的生成、编码和转移工具。

(2)情报研究的 T 要素。

情报研究方法按照切入点角度的不同,可分为基于数据的情报研究方法、基于文献的情报研究方法、基于人的情报研究方法、基于组织的情报研究方法和基于认知的情报研究方法,如图2-13所示。情报研究的平台是指大数据网络平台、情报

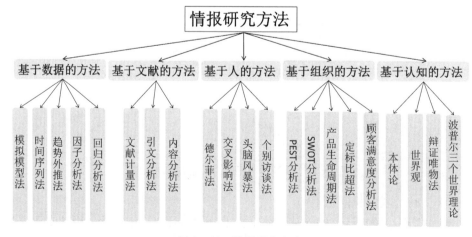

图 2-13 情报研究方法

工作协同平台和辅助工作平台。情报研究工具分为信息搜索、挖掘和分析工具。

3）研究对象的相同与不同

知识管理和情报研究的研究对象分别为知识(knowledge，K)和信息(information，I)。知识管理和情报研究中的研究对象解读如图 2 - 14 所示。

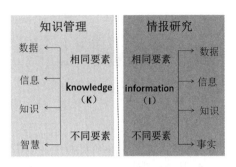

图 2 - 14　知识管理中的 K 和情报研究中的 I 要素的解读

从图 2 - 14 可以看出，这两个过程的共同管理和研究的对象为数据、信息和知识，不同的是知识管理还包括对人脑中智慧的管理，即隐性知识的管理，而情报研究的研究对象还包括事实，因此这两个过程中研究对象的相似程度达到了 75%。

4）工作流程的相同与不同

知识管理与情报研究的工作流程分别为分享(sharing，S)和研究(analysis，A)。S 是有效知识管理的前提与保证，其管理流程主要包括知识识别、知识创造、知识获取、知识存储、知识共享和知识应用。A 是信息的有效集成和利用，其流程包括需求搜集与研究、课题选择与确定、信息检索与搜集、信息鉴定与整理、情报翻译与编译/情报分析与集成、情报撰写与评审和情报评价与改进 7 个步骤。图 2 - 15 为知识管理流程与情报研究流程步骤的对比。通过对步骤的对比发现，知识管理的步骤在情报研究流程中都有体现，只是顺序略有不同。不同之处是情报研究流程中多了一个课题选择与确定的步骤。通过对比分析得出，知识管理与情报研究流程的相似度极高。

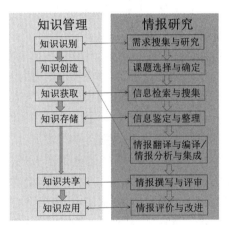

图 2 - 15　知识管理和情报研究流程的比较

5）小结

通过对知识管理与情报研究中各要素和流程的比较可以看出，它们之间的关系既相互依存，又相互促进。情报研究需要借助知识管理，收集、分析和创造有关知识信息，并将最终产品共享给情报用户。因此，参照安达信咨询公司知识管理公式，试着推衍出情报研究定义公式如下：

$$IA = (P+T+I)^A$$

P(people)，是情报研究的主体和客体，其中主体包括事实、数据、信息、知识的研究者,客体包括事实、数据、信息、知识的生产者和情报的使用者。

T(technology),是指情报研究的支持环境,包括情报研究所采用的具体方法和技术(method)与平台和工具(machine)。

I(intelligence),是情报研究的对象,包括事实(fact)、数据(data)、信息(information)和知识(knowledge)等。

A(analysis),是情报研究的流程,包括需求搜集与研究、课题选择与确定、信息检索与搜集、信息鉴定与整理、情报翻译与编译/情报分析与集成、情报撰写与评审和情报评价与改进等。

因而,IA(intelligence analysis,情报研究)是以人为中心,以方法、平台和工具为基础,以流程为贯穿,以情报研究与服务为最终目标的创造性工作。

2.2.3　情报研究定义的统计分析

本研究采用梁春华等[2]在《基于采样统计内容分析的情报定义研究》中使用的聚类统计分析方法,对96种情报研究的定义按照上述情报研究公式中的要素(人、机、料、法和工作流)进行词汇和词频的统计、分析和归纳。其中的人、机、料、法和工作流等公式要素,在实际情报研究中分别对应于主体、客体、技术、对象和流程。

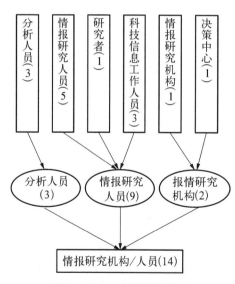

图2-16　主体聚类统计图

1. 人

1)主体

情报研究的主体,即事实、数据、信息和知识等研究者。在96种定义中,共有13种定义明确出现了对于主体的描述,对其进行一次聚类分析得到:分析人员、情报研究人员、研究者、科技信息工作人员、情报研究机构、决策中心。进行二次聚类分析得到:分析人员、情报研究人员、情报研究机构。进行三次聚类分析得到:情报研究机构/人员。如图2-16所示。由此,将情报研究的主体定义为"情报研究人员/机构"。

2)客体

情报研究的客体包括事实、数据、信息和知识的生产者和使用者。在96种定义中,共有58种定义明确出现了对于客体的描述,对其进行一次聚类分析得到:用户、社会用户、用户或读者、决策者、经营管理人员、管理决策、特定任务、特定课题、特定需要、特定问题、社会需求。进行二次聚类分析得到:用户、决策者、特定问题、特定需要。进行三次聚类分析得到:

用户、特定需要。如图 2 - 17 所示。由此,将情报研究的客体定义为:用户、特定需要。

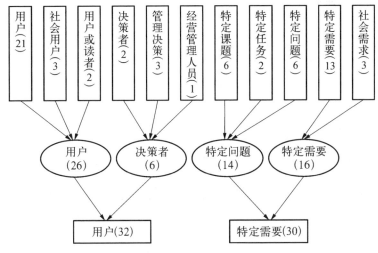

图 2 - 17　客体聚类统计图

2. 支持环境

情报研究的技术是指情报研究的支持环境,包括所采用的方法和设备。在 96 种定义中,共有 18 种定义明确出现了对于技术的描述,对其进行一次聚类分析得到:社会调查、实情调查、调查研究、实地调查和考察、文献调查、文献筛选、科学方法、方法论、定性定量、逻辑推理、数据统计。进行二次聚类分析得到:实情调查、文献调查、方法论。进行三次聚类分析得到:特定调查、科学方法。如图 2 - 18 所示。

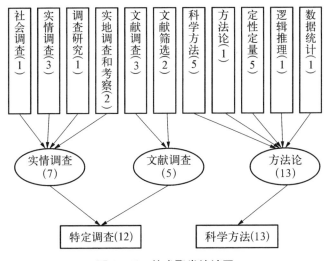

图 2 - 18　技术聚类统计图

由此,将情报研究的技术定义为:特定调查、科学方法。

3. 研究对象

情报研究的研究对象包括事实、数据、信息和知识等。在96种定义中,共有92种定义明确出现了对于对象的描述,对其进行一次聚类分析得到:信息、社会信息、原生信息、知识和信息、信息素材、情报、信息、文献情报、文献资料、数据、材料、资料、现象。进行二次聚类分析得到:信息、情报、数据、其他。进行三次聚类分析得到:信息、情报、数据。如图2-19所示。

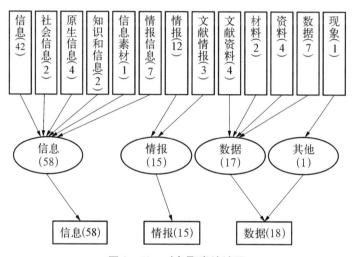

图2-19　对象聚类统计图

由此,将情报研究的对象定义为:信息、情报、数据。

4. 工作流程

情报研究的工作流程包括检索、搜集、鉴别、归纳、对比、分析、推理、判断和综合分析等。在96种定义中,共有96种定义明确出现了对工作流程的描述,对其进行一次聚类分析得到:制定研究课题、检索、搜集、收集、积累、采集、调研、考察、归纳、整理、整合、分析、研究、综合、判断、演绎推理、鉴别、鉴定、提炼、萃取、评估、评价、对比、比较、概括、思考、甄别、识别、筛选、加工、科学抽象、去伪辨新、再创造、再生产、生产、重组、浓缩、推演、推出、推知、推断、挖掘、选择、预测、扫描、发现、揭示、分解、提出、报道、存储、提供、组织、解读、转换、评述、描述和解释。进行二次聚类分析得到:调研考察、制定研究课题、资料搜集、资料鉴定、加工整理、分析研究、再生产、产品提供。进行三次聚类分析得到:需求调研、课题制定、资料检索鉴定、资料加工整理、资料分析研究、报告撰写、产品提供。由于每种定义中都包含多个关于流程的词语,为了方便作图,将定义中出现的词汇预先分类整理,然后再进行聚类统计,如图2-20所示。

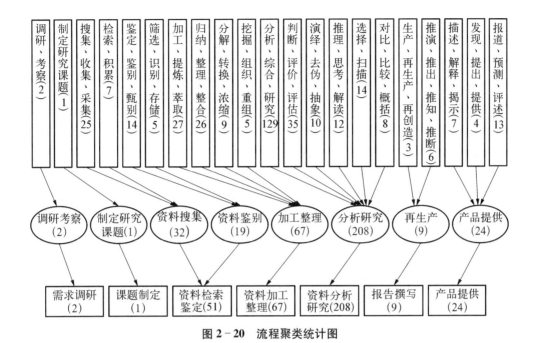

图 2-20 流程聚类统计图

由此,将情报研究的工作流程定义为:需求调研、课题制定、资料检索鉴定、资料加工整理、资料分析研究、报告撰写、产品提供。

以安达信咨询公司的知识管理公式为切入点,通过对比知识管理与情报研究中各要素的相同与不同之处,提出适用于情报研究定义的公式,并通过对 96 种情报研究定义按公式要素进行统计分析,我们将情报研究的定义表述为:"情报研究人员/机构针对用户或者某些特定的需要制定研究课题,通过特定调查方法和其他科学方法检索和鉴定相关资料(数据、信息和情报),然后对这些资料进行加工整理和分析,之后撰写情报报告并向用户提供。"

2.3 情报研究工作的任务、作用与特点

情报研究工作,在中国称为情报分析或情报调研工作,在美国称为情报分析工作,在日本称为情报调查工作,在苏联称为情报分析与综合工作,在联合国称为信息浓缩工作。正如本章所描述的,情报研究定义众说纷纭,目前虽然还没有达成一致和取得公认,但是对于情报研究工作的任务、作用和特点的认识还是基本一致的。

2.3.1 情报研究工作的任务与作用

国内外一些政府部门、重要领导、专家学者对情报研究工作的任务与作用已经

给出了很多的描述和评价。

毛泽东主席对情报工作的评价是：黑夜里走路的灯笼。

聂荣臻元帅于 1964 年要求，当时的国防科委情报研究所要以 90%以上的力量搞好情报研究工作，为中央和中央军委提供战略情报。

张爱萍于 20 世纪 80 年代初要求，情报研究工作要履行掌握国内外情况，并提出对策的职责，要求情报研究要参与决策，当好参谋。

美国总统科学顾问委员会在 1963 年 2 月发布的一份《温伯格报告》中指出："编写综述、著书、评价等综合活动，像传统的科学研究工作一样，在同等程度上是科学的一个组成部分，我们呼吁科学界对从事这些工作的人给予高度的尊敬，同时对他们的劳动应很好地加以奖励。"该委员会还认为，这种活动在未来科学中所占据的地位可能与理论物理学在现代物理学中所处的地位相比拟[27]。

美国总统科学顾问委员会在题为《科学、管理及情报》的报告中指出：只有足够数量的最有天赋的代表人物密切注意编写综述和解释文献，科学才能应付得了情报爆炸问题。美国政府还批准设立科学综述专门奖金，从 1979 年起，每年为得到科学院认可的最佳综述作者颁发奖金。

1990 年，《国家科委和国防科工委关于加强情报研究工作的意见》明确指出："情报研究是科技情报工作的重要组成部分，是科学决策的一个重要环节。它在四化建设中主要起耳目、尖兵和参谋作用。"[28]

1991 年，中国国家科学技术委员会发表的中国科学技术蓝皮书《国家科学技术情报发展政策》明确指出："情报研究是对情报的深度加工，属思想库范畴。""情报研究是整个情报活动中一种创造性劳动，是一种科学研究工作，属思想库的范畴。""加强情报研究，为决策科学化提供可靠依据，推动科学技术进步与经济发展是这一工作的基本方针。"[29]

美国学者对情报研究作用的描述：向决策者提供所需要的有关国外（对手）的信息；协助决策者作出判断，即协助决策者决策，并对决策的实施效果进行评估；为决策者提供预警，对可能发生的关键变化做出判断，并提前发出警报[30]。

傅秉一[31]对情报研究作用的描述：情报研究是科技成就通往管理决策，从而进入社会应用的桥梁。

钱学森[32,33]对情报研究作用的描述：情报研究是"科技航船的导航灯塔""国防现代化的重要支柱""情报研究又是信息产业的核心，是知识和信息的激活过程。""是当今产业革命的一项核心工作。"

宋健院士在 20 世纪 90 年代初在《论科技情报工作的重要地位》中，对科技情报的重要作用给予了高度评价："科技情报工作是搜集、输送科学技术知识和最新科学的媒体，是现代科学技术的重要支柱。可称为输送营养的动脉，是'活化酶'和'催化剂'，没有它，科学技术不可能继续地向更高层次发展。"

杨沛霆在 1996 年由袁翰青等合作编著的我国第一部科技情报工作教材《科技情报工作讲义》中对情报研究做出这样的说明："论述学科和专业水平、发展趋势，以及一个国家、一个地区的某项技术经济分析，作为决策的依据，该研究的成果形式为综述、述评、专题或学科总结，以及技术经济分析报告。"[28]

包昌火等[15,26,34]对中国情报研究工作的基本任务描述为：研究科技发展态势；做好宏观决策咨询；发展面向市场的信息咨询；完善我国情报研究和咨询体系。对情报研究作用描述：情报流的整序作用、科技发展的中介作用、情报用户的外脑作用。情报研究是人类社会解决情报爆炸和情报污染的重要对策，是科学技术工作的"侦察兵"和"参谋"，对科学技术起某种指导和决策作用。情报研究工作是科技工作和经济建设的"尖兵"和"耳目"，是科技成果进入社会应用的中介和桥梁，是科学决策的"智囊"和"参谋"。

查先进[35]对情报研究作用的描述：情报研究在为科学决策服务，为科学技术研究与研制服务，为市场开拓服务等方面，都起着非常重要的作用。

张昌龄[36]对情报研究作用的描述：情报研究在战略决策服务、战术技术发展服务、科研生产服务、教育或其他事业服务等方面都起着非常重要的作用。

贺德方[16]对情报研究作用的描述：情报研究在科学决策、研究与开发、市场开拓活动中，情报研究都起着非常重要的作用。

王细荣[37]对图书情报工作作用的描述：情报研究在继承已有知识、培养创新人才、加快科学研究和技术研发进程、承担教育职能和帮助领导决策等方面都起着非常重要的作用。

史秉能[38]对情报研究的作用的描述：人们的科学决策活动，大至国家的经济发展战略、科学技术发展战略、国家战略和军队武器装备发展战略的研究制定，小到具体工作项目的论证和技术途径、技术方案的选择以及各种行动方案或问题解决方案的确定，都需要情报支撑，情报研究起到支持人们决策活动的作用。对武器装备情报研究的任务的描述主要是为各层次的决策与管理服务、为武器装备全生命周期各个阶段服务、为做好军事斗争准备服务、为部队学习高新技术武器装备知识服务。

综合以上政府部门、重要领导、专家学者的描述和分析，结合中国航发沈阳发动机研究所多年对情报和情报研究工作的认识，科技情报研究工作的任务和作用可以总结为四大方面。

（1）针对管理决策、科研生产、经营管理三大领域，通过情报流的整序和情报产品的传递，发挥支撑、保障和咨询作用，做情报用户的"耳目、尖兵、参谋和智囊"。

（2）情报研究人员针对管理决策、科研生产、经营管理三大领域，通过需求搜集与研究、课题选择与确定、信息检索与搜集、信息鉴定与整理、情报翻译与编译，提供原始情报和编译情报，做好情报用户的"耳目"和"尖兵"。

（3）情报研究人员针对管理决策、科研生产、经营管理三大领域,通过需求搜集与研究、课题选择与确定、信息检索与搜集、信息鉴定与整理、情报分析与集成、情报撰写与评审,提供基本情报和预测情报,做好情报用户的"参谋"。

（4）情报研究人员针对管理决策、科研生产、经营管理三大领域,通过需求搜集与研究、课题选择与确定、信息检索与搜集、信息鉴定与整理、情报分析与集成、情报撰写与评审,提供预测情报和对策情报,做好情报用户的"智囊"。

2.3.2　情报研究工作的特点

国内外一些专家学者对情报研究工作的特点进行了很多的描述。

陈湘珩和解斌[39]对情报研究工作特点的描述：鲜明的政治性、严格的保密性、高度的准确性、明确的服务性、很强的时间性、广泛的社会性、历史的特殊性和突出的紧迫性等。

王正和[40]对情报研究工作特点的描述：具体性、综合性、时间性、准确性、积累性和政策性等。

刘全根和孙成权[41]对情报研究工作特点的描述：需求的综合性与多样性、情报源的广泛性、情报传递的高效化、有效情报的低筛选率、利用的高附加值、情报系统中负熵流的扩大化等。

包昌火[15]对情报研究工作特点的描述：情报性、针对性、综合性、政策性、预测性和超脱性等。

张昌龄[36]对情报研究工作特点的描述：鲜明的目的性和针对性;明显的综合性和系统性;突出的时间性和新颖性;潜在的交叉性和边缘性;强烈的服务性和咨询性。

查先进[35]对情报研究工作特点的描述：针对性、系统性、科学性、近似性、局限性。

王曰芬等[42]对情报研究工作特点的描述：很强的针对性和专业性;明显的情报性和综合性;新颖性和增值性;很强的智能性和政策性;应用性。

贺德方[16]对情报研究工作特点的描述：针对性、系统性、科学性、预测性、局限性。

史秉能[38]对情报研究工作特点的描述：科学性、综合性、针对性、及时性、预测性、先导性、积累性。

张代平[43]对情报研究工作特点的描述：信息性、知识性、谋略性、针对性、创新性、客观性、适时性、群体性。

综上所述,情报研究工作的特点可以综合为以下方面：目的性、针对性、综合性、系统性、时间性、新颖性、交叉性、边缘性、服务性、咨询性、科学性、预测性、局限性、近似性、情报性、政策性、超脱性、信息性、知识性、谋略性、创造性、客观性、适时性、群体性、及时性、先导性、积累性、增值性、智能性等。

结合中国航发沈阳发动机研究所多年的情报和情报研究工作经验,情报研究工作的特点可以总结为创造性、科学性、服务性和群体性 4 大特点。创造性包括综合性、预测性、对策性、增值性、谋略性、创新性等;科学性包括系统性、客观性(超脱性)、局限性(近似性)、积累性、新颖性、智能性等;服务性包括针对性、目的性、适用性、时间性、适时性、及时性、先导性、咨询性等;群体性单独列成一个特点。

1. 创造性

创造性是从未知到已知的探索过程,是情报研究工作的灵魂,是情报研究质量和水平的一个重要表征。情报研究必须在广泛深入的调查研究和掌握大量客观事实的基础上实施,经过科学的分析、推理、判断,提示事物的本质特性,研究事物的发展趋势、特点和规律,发掘对被研究对象的新认识、新思路、新观点、新见解、新论断,找到解决用户问题的新思路、新对策。这不仅可使原知识增值,还可以生产和创造新知识,对科研生产和经营管理都可能发挥情报研究工作固有的作用。

1) 综合性

情报研究人员要从零散、片面、繁多的信息中,对原始情报与动态情报进行不断的积累、整理、分析和综合,提炼和总结出有启示性的研究内容,形成系统的基本情况,创造出增值的综述性基本情报,体现的是集成性创新,发挥耳目、尖兵和参谋的作用。

2) 预测性

情报研究人员要及时抓住有发展前景和重要影响的新苗头、新概念、新技术,及时抓住对未来发展有重要意义和影响的新事物,对基本情报与动态情报进行综合分析与系统研究,总结目前发展规律,对未发生的事件的未来状态和发展趋势进行科学的预计、推测、判定和描述,对已发生事件将来可能会发生和出现的主要发展动向和轨迹进行科学的估计、推断和描述,创造出预测情报,体现的是生成新知识,在引入新思想、新观念、新方法、新技术方面可以发挥耳目、尖兵、参谋和智囊的先导性作用。

3) 对策性

情报研究人员要及时抓住用户目前或近期需要解决的重大(重要)或关键问题,对国内外的原始情报、动态情报、编译情报、基本情报、预测情报进行纵向、横向或综合对比分析,对被研究对象所面临的形势和环境、内在关系、发展规律和本质做出深刻且系统的揭示、分析和判断,提炼出有启示性的增值的新认识、新观点、新建议、新举措,创造出对策情报,体现的是生成新知识,发挥耳目、尖兵、参谋和智囊的谋略性作用。其可能具体表现在以下方面:一是对用户的问题,特别是难点和重点问题,分析出解决问题的主要矛盾和症结,论证分析解决问题的有价值的新思路、新对策、新方案、新举措和新建议;二是运用科学理论和定性定量分析方法,对解决用户所关注的决策问题和方案,提出新的佐证和新的依据;三是通过研究,总结和挖掘在新产品开发、新技术应用中尚未发现与尚未认识的重要问题,反馈给用户,以求改进和提高。

2. 科学性

情报研究工作是指如同美国兰德公司、英国伦敦战略情报研究所等研究机构所从事的综合技术情报研究工作,是以情报为研究对象的科学技术研究工作。也就是说,情报研究工作,是情报研究机构或人员以实事求是的科学精神,采用严谨缜密的科学方法和工具,对反映历史进程和目前进展的原始信息进行分析和研究,揭示出研究对象的特性和变化规律,获得之前可能还未被人们所认识的一些新思路、新观点、新见解、新启示或者新方案、新举措、新建议。因而,情报研究工作自始至终都必须贯彻科学性的原则:坚持客观性原则;坚持系统性的原则;坚持情报的积累性原则;坚持存在一定局限性的固有属性。

1)客观性

客观性,是真实地反映客观实际,是情报研究工作的基本准则,是情报研究工作取得社会信誉的基础。情报研究的客观性主要体现在情报的客观性、分析的客观性和人的客观性,当然最终体现在情报研究结果的客观性。

情报要客观。占有和掌握被研究对象有关事实、数据和信息,是开展情报研究工作的客观基础。情报的客观性体现在数量充分、时间新颖、内容准确。数量充分包括数量的充分、覆盖地域(美国、俄罗斯、英国、法国、德国等)的充分、语种(英语、俄语、法语、德语等)的充分等。时间新颖包括提供给用户的最近的绝对新的和过去的但用户还没有掌握的相对新的事实、数据和信息。内容准确意指情报研究所占有和运用的事实、数据和信息是可靠和准确的,并且是关键的和核心的。客观的信息,能够正确地反映被研究对象的基本情况和最新成果,包括发展历程、发展现状、发展动向、发展特点、发展趋势等。其便于情报研究人员和用户科学地揭示被研究对象本质发展变化规律,分析和挖掘出能解决用户需求和问题的科学理论、方法、经验,把握和了解为什么要去做、怎样去做等,不仅要知其然,而且要知其所以然。如果掌握的信息不充分、不新颖和不准确,那么情报研究人员分析和研究的情报很可能是片面的、陈旧的和虚假的,获得的结果和结论就可能造成断章取义或以偏概全或偏离客观事实本意,难以支持用户的科研生产和经营管理工作,有时甚至会给用户提供片面的、错误的导向。

分析要客观。情报研究充分运用逻辑分析和定量分析,发现某些客观存在的事实或规律,从而提出建议,为科研生产和经营管理提供情报服务。在信息分析中,必须尊重客观事实,坚持实事求是的科学态度和诚实守信的职业准则,开展完整、全面和系统的分析,得出公正、科学、合理的规律与建议。讲优点应有数据对比;讲水平要指出与哪国、哪年的技术或者哪家工厂生产的产品相比。如果不是全面地反映客观事实数据和信息,刻意迎合某些用户的需求和主观想定的结论,片面地引用或强化"有利的"信息,有意识地除去或弱化"不利的"信息,将使情报研究成果虚假失真,背离支持科学决策的研究宗旨,如果被用于决策,必将产生误导和决策失误。

人员要客观。情报研究是一项严肃的工作,从职业道德和工作需要出发,要求情报研究人员以公正、老实的态度对待工作,既不要以自己的观点和个人好恶来取舍素材,也不要带着感情色彩和倾向性去研究问题。情报研究的客观性往往不易被"外部人员"所察觉,而要更多地依赖于从事情报研究"内部人员"的自律和约束,因而人员的客观性更多体现为对情报研究人员诚实守信的职业品质和实事求是的工作作风的要求。

恩格斯曾经指出:"如果前提是真实的,并且我们又正确地应用思维规律于这些前提,那么,结论必然是符合现实的。"在情报研究工作中,占有和掌握被研究对象有关信息资料和知识是真实的,思维规律也是正确的,人的态度是公正的,那么,情报研究的成果应当是客观的。总之,提供的情报一定要是可靠的,分析应是有根据的和科学的,所提建议应是可行的,决不能为了迎合任何人的主观愿望和要求而故意主观地进行研究和报道。美国兰德公司的实践已经证明,"固守情报研究工作的科学性和独立性,不受委托研究单位的影响"的理念,是情报研究工作的法宝。

2)系统性

情报研究最基本的一项工作是使大量有关研究课题的信息系统化,具体来说,就是使大量无序的信息有序化、使零乱的信息密集化、使分散的信息集成化、使不同层面的信息系统化、使不同时空的信息整体化。实际上,这一过程是以分析为基础的信息综合和再创造的过程。情报研究的系统性除表现为所涉及的大量相关信息的系统性外,还表现在所采用的方法和手段的系统性、所应用学科知识的系统性、所需要研究要素的系统性等。

3)积累性

信息的积累性,在情报研究中主要体现在信息的积累性和情报研究知识与经验的积累性两个方面。全面、系统地跟踪、积累信息是情报研究的重要特点,是所有情报研究人员都要掌握的方法,也是情报研究者的基本功之一。从某种意义上讲,信息跟踪与积累得不全面和不系统,就很难全面、正确地揭示事物的本质,特别是研究事物发展的现状,也就很难进行情报研究工作。因而,要想做好情报研究工作,一是必须对某事物及其相关领域的信息进行连续不断的跟踪和点点滴滴的积累,通过对一些本来不连贯的、只言片语的信息进行分析,研究出提示事物全貌的新信息;经过长期的跟踪掌握其发展变化,再通过对它的发展变化及其相应的环境条件进行分析,总结出发展变化的规律和特点。二是要丰富和积累自己的知识和经验,特别是对情报研究专业技术、方法、工具等的掌握与应用,确保实现专业的人做专业的事,摆脱采用朴素的思想开展情报研究工作的窘境。

4)局限性

情报研究是对已经发生事件的过去、现在状况的估计和推断(窥斑见豹),或是对未发生事件或状态的预计和推测,尽管有科学的依据、科学的态度和科学的方法作基础,但是受情报研究人员能力、搜集和掌握的情报量、所选取的情报研究方法等的限制,对事物发展变化实际情况的近似反映(近似性)不可避免地出现一定的偏差和具有一定的片面性。情报研究成果局限性产生的原因可能包括以下方面。一是情报研究人员对研究对象的认识,往往受到其理论知识[或认知欠缺(如三八二十三的故事)]、实践经验[或认知阅历欠缺(如三季人的故事)]、自身定位[或认知视野欠缺(如井底之蛙的故事)]的限制;二是受到所搜集到的原生信息的数量不够充足、时间不够充足和内容不够准确的限制,受对信息产生的资源条件、经济条件、自然条件、社会条件和历史条件的理解不够的限制;三是受到信息处理、分析、研究的方法和工具等不够科学的限制。因此,情报研究总结出的发展道路与途径、经验与教训等成果往往具有一定的局限性。在实际工作中,情报研究人员,特别是情报用户,必须客观公正地认识情报研究成果,既不能不加分析地怀疑和否定,也不能过分相信或迷信。

3. 服务性

一般来说,科学研究和管理决策的第 1 步是针对特定的需要收集有关的情报,第 2 步是在分析研究这些情报的基础上提出若干可能的行动方针和解决方案,第 3 步是从这些方针和方案中选择一项切实可行的最佳方针或方案,并付诸实施。可见,情报研究工作是科学研究和管理决策工作的基础和保障,可以为制定长远发展规划和近期研制计划、确定未来研制和开发的项目与型号、制定技术预研计划、开展技术攻关及进行国际和国内合作提供启迪和借鉴,具有强烈的服务性。出色的科技情报工作可以使情报研究用户从繁重的文献资料查阅工作中解脱出来,节省大量人力、物力和时间,借他山之石,使科研工作避免重复劳动或少走弯路,缩短研制周期。其主要体现在针对性、适时性、适用性等方面。

1)针对性

针对性是指情报研究人员以用户提出/下达/委托的情报需求为焦点开展工作,提供能够满足用户需求的情报研究成果,这是情报研究工作最基本的一个要求。针对性具体体现在以下三个方面:一是要准确地把握用户提出、委派和下达的需求,并紧紧地围绕面向重要决策或重大技术问题开展工作;二是要准确理解用户需求的目标和内容,抓住问题的关键,并以其为焦点开展工作;三是要集中解决困惑用户的一些难以解决的重点问题和核心问题。情报研究工作的针对性取决于以下因素。

情报研究机构或人员能否认真且一以贯之地进行用户需求搜集和研究,把开展用户需求研究工作作为情报研究活动的一个重要的组成部分,贯穿于各个研究活动环节之中,特别是在情报研究课题立项和计划制定阶段、研究成果审查阶段和研究成果定型阶段;能否把握科研生产和经营管理的脉搏,吃透科研生产和经营管理人员最关心的需求。

情报研究机构或人员是否具有纵向和横向的信息渠道,能否从浩瀚的信息海洋中准确地检索和搜集到用户真正需要的信息,能否筛选出对解决问题确有价值的信息。

情报研究机构或人员能否紧紧围绕用户需求,回答他们所关心的问题,为之提供解决特殊问题所需要的知识或有水平、有价值的情报产品。

2) 适时性

无论是经营管理人员的决策需求,还是科研生产人员的技术需求,往往都具有明确的时间要求。为了更好地发挥决策咨询的技术支撑作用,情报研究工作就要追求适时性。适时性,也称时效性,是情报课题研究发挥效用的一个重要要求,具体体现在完成情报研究工作的按时性,提供情报研究成果的及时性,以及情报研究内容所体现的时代性。

完成情报研究工作的按时性,是履行情报研究课题合同或任务书承诺的要求,这是适时性的一个基本要求。对于应急性情报研究课题而言,实现按时性的要求是一个难题,需要有较好的信息积累、较强的专业技能和能打硬仗的团队,这样才能实现真正的快速反应。

提供情报研究成果的及时性就是及时地捕捉到用户所需要的特定信息,敏捷地作出反应和处理,在恰当的决策时机提供给用户,从而更好地发挥尖兵、耳目和参谋、智囊作用。情报的价值随时间而变化,这在情报学上叫作情报的衰变性。几年前是尖端技术,几年后就会变成相当普及的一般技术,所以情报报道应当力求快。情报从发生源发出到用户接收所用的时间,往往受到许多因素的影响,如查阅文献、撰写报告、编辑、印刷、出版等。对于情报研究人员而言,应当尽量缩短情报在自己手中的滞留时间。另外,由于情况千变万化,有时最需要情报研究给予决策支持的时机,发生在课题研究的实施过程中,或课题完成前的一段时间里,而不是课题计划预定完成的时间,如果赶在"用户急需"的决策点上提供相关情报研究成果,可能会达到雪中送炭的效果,因而及时性是适时性要求另一个重要的具体体现。

情报研究内容的时代性,意味着所提供的情报研究成果能够适应提供咨询服务当时的形势和环境,而不是滞后于形势和决策需求环境变化的研究成果。因为形势和环境是不断变化的,而情报研究的完成有一个预定的周期,有的较为复杂的课题可能计划研究周期为二年或三年,在情报研究项目立项时所规定的研究对象和研究内容,有可能在此期间内会发生较大的变化,例如,一些对策性研究课题,可能会由于一些重大的方针和政策的出台,而使得决策环境发生重大变化,一些原计划认为需要下大功夫去研究解决的矛盾和问题,可能已在很大程度上得到解决,而一些原计划没有涉及或没有特别关注的矛盾和问题,已变为需要重点研究的内容。再如,科学技术和社会不断发展,出现了一些新技术、新概念、新思想、新理论、新方法、新问题。

情报研究工作的适时性取决于以下因素。

能够急用户之所急和想用户之所想,及时地捕捉到并敏捷地激活用户所需的最新信息,以最恰当的载体形式和最恰当的传递途径,在最合适的时机提供给最合适的用户,真正发挥最大的作用。

能够随着形势和环境变化而作出相应的调整,与时俱进,随用户关注的热点、难点和焦点问题的转移,及时抓住对未来发展有重要意义和影响的新事物,反映时代的要求,更好地为用户服务。

实时掌握科研生产和经营管理工作的动态与发展,就要尽量缩短情报生成的时间,就要尽量减少情报从产生到传递至用户过程(如编辑、印刷、出版、发行等环节)中所用的时间,从而能够在用户提出情报需求之时,甚至之前,就能将搜集、积累的信息、知识和加工的产品提供给用户利用,既要做到锦上添花,更要做到雪中送炭。

3) 适用性

在社会实践活动中,每一种不同的社会分工都会有自己不同的劳动产品。科学研究会发现科学原理和规律,这些科学原理和规律则为技术活动提供理论依据;技术活动产生技术发明和创造,这些发明和创造能够提高劳动效率,直接推动生产的发展。因此,科学研究和技术活动能够为社会创造财富,能够产生直接的、明显的经济效益或者社会效益。情报研究成果虽然有时是由情报研究人员、科技人员和经营管理人员共同来完成的,但其最终的劳动产品既不是发明创造,也不是科学理论的建立,而是情况反映、研究报告之类的东西。因而,情报研究工作的效果依附于用户,通过用户的消化吸收,对创造生产力的活动起到促进作用,具有隐蔽性和间接性。具体表现在以下方面。

情报研究并不具体探讨某一种科学理论或者研究某一项技术,它只对现有的科学技术成果进行分析、整理和复原,有时还把它们放到一个新的环境中加以考察。由于特定的研究内容,情报研究成果的社会效益和经济效益总是被包含于其所服务的科技活动、经济活动或其他活动对社会的贡献之中,只能通过启迪用户的思想与帮助用户发现和解决问题等方式表现出来。此外,由于信息本身的无形性和难以计量性,人们要从中分离出情报研究产品的贡献往往极其困难,甚至在现有的技术条件下是无法做到的。

决策行为是领导者个人或者集体行使权力的一个过程。情报研究人员虽然能够通过情报研究成果对领导者决策和修正决策施加影响,但不能强迫领导者所为,更不能越俎代庖,自行作出某种决定。因此,即便一个非常完善的方案,如果领导者不采纳,这个方案还是进入不了社会实践。

即便成果中某些正确意见被领导采纳,并且指示下属单位贯彻执行,但如果直接从事实践活动的人,或者对领导意图贯彻不力,或者执行中出现偏差,那么,这些正确意见的实际效果还是体现不出来。

4. 群体性

航空发动机情报研究工作是横跨自然科学、社会科学与人文科学的综合性科学技术研究工作。对于众多学科的知识和技能,情报研究人员个体是不可能全面认知和掌握的,因而需要像情报研究人员、情报研究专家、航空发动机专业专家、信息专业人员和情报用户等构成的团队和群体,通过内部和谐合作、内外学习与交流、内外开放研究等方式实现相互取长补短,充分发挥群体的力量与智慧,优质高效地完成情报研究工作,具有明显的群体性特点。

作为现代智囊的"大脑集中营""超级军事学院",以及目前美国乃至世界最负盛名的决策咨询机构,兰德公司善于假力于人,采用"小核心,大外围"的工作模式,拓展业务领域和做专做深情报研究工作,具有明显的群体性特点。兰德公司的人员和团队具有以下三个特点。

一是高学历。大都接受过良好的高等教育,一半以上的人员拥有博士学位,绝大多数的人员拥有硕士及以上学位。

二是专业化。在学科或领域分布上,包括政治学、国际关系、经济、法律、统计学、物理学、计算机等学科。在军事战略、国家安全、国际事务、科技、教育、人口与就业、能源与环境、健康与卫生保健、人口与老龄化、公共安全、恐怖主义与国土安全等学科或领域平均有 5 名专家。在情报研究人员的管理上,依照所擅长的专业领域被归类到不同的专家库,并根据课题立项的需要抽调到不同的研究小组,组建跨学科的研究团队;在工作方式和工作成果上,追求跨学科、跨领域等多角度分析研究问题,确保兰德公司能够在国际上发表权威的观点。

三是多元化。公司雇员来自 50 多个国家,大部分雇员掌握着不止一种语言,除英语外,西班牙语、法语、中文、俄语、德语、阿拉伯语、韩语、日语在公司中也占有一席之地。不同的工作经历、学术背景、政治观点、种族、性别激发了创造力,加深了对政策制定的理解力,确保了不同观点的共存。

中国航空发动机行业科技情报研究机构和人员,与兰德公司相比,虽然在高学历、专业化和多元化等方面都远不能相比,但借鉴其先进的群体性理念和模式,形成了中国特色的中国航空发动机情报研究模式。中国航空发动机情报研究群体性的体现之一,是培育和打造适合开展跨多学科科学研究工作的 Ⅱ 型(两专多博)结构能力素质情报研究个体和在专业能级、年龄结构、技能水平等均得到优化的复合型专业队伍。

在不断提升情报研究个体的 Ⅱ 型结构能力素质的同时,组建情报研究工作集成产品开发团队,通过大力协同和密切合作,充分利用每个成员的智慧与力量发挥群体作用,实现个体利益与整体利益的统一,对于做好情报研究工作至关重要。在情报需求搜集与研究过程中,情报研究人员与情报用户进行深入协作,以全面、深入、正确地理解和表达需求;在情报研究课题开展过程中,特别是在总体框架设计、总体思路构建、课题论证分析中,情报研究人员与用户及时沟通、与团队的其他情报研究人员密切合作,甚至与航空发动机情报咨询专家和航空发动机专业专家进行大力协同,借助各方面专家群体的知识和智慧弥补课题组自身的局限性,保证情报课题成果的质量更高和价值更大;在情报产品评价过程中,情报研究人员与用户、与情报专家进行充分交流和沟通,保证情报产品得到恰当的评估和持续的改进;在情报工具和方法的引入和构建过程中,情报研究人员与信息专业人员进行充分交流和沟通,保证情报专业理念、方法、模型得以建立,工作效率和质量得到持续的提升。

另外,为了发挥群体性作用,中国航发沈阳发动机研究所科技情报研究机构,培育情报研究人员"干情报、爱情报、精情报、献身情报"的意识;培育兼职情报研究人员和科研生产人员的"干科研、想情报、助情报、为自身"的意识;培育专职情报研究人员和兼职情报研究人员、专职情报研究人员和外部 IT 技术人员/行业专家的大协作意识;最后且最重要的是培育高素质、高技能的 Ⅱ 型情报研究人员和复合型专业队伍。

参考文献

[1]　包昌火. 祝贺和期盼[J]. 情报理论与实践,2014,37(12):8.

[2]　梁春华,孙明霞,邹志鹏,等. 基于采样统计内容分析的情报定义研究[J]. 情报理论与实践,2016,39(10):21-24,35.

[3]　周柏林. 情报概念研究[J]. 现代情报,1997,(3):1-3.

[4]　刘同. 重新认识情报[J]. 情报理论与实践,2014,37(2):145.

[5]　甄桂英. 情报概念的内涵、外延与相关学科的分析评述[J]. 情报理论与实践,2011,34(3):6-9.

[6]　黄小雄. 情报定义式新探[J]. 情报学刊,1989,10(4):43-46,38.

[7]　寒江. 对传统情报定义的反思[J]. 情报学刊,1989,(6):42-45.

[8]　李艳,赵新力,齐中英. 钱学森的情报思想与我国情报学学科体系重构[J]. 情报理论与实践,2010,33(6):1-4.

[9]　孟广均. 情报概念管见[J]. 情报科学,1981,(1):15-20.

[10]　黄耀煌. 近两年我国情报概念争鸣的剖析[J]. 情报学刊,1983,(1):23-27,74.

[11]　陆嘉德. 关于情报定义的质疑和讨论[J]. 图书情报工作,1981,(1):17-19.

[12]　《中国情报学百科全书》编辑委员会.中国情报学百科全书[M].北京：中国大百科全书出版社,2010：206-209.

[13]　Lefebvre SJ. A look at intelligence analysis [J]. International journal of intelligence and counterintelligence, 2004, 17(2)：231-264.

[14]　高山正也.情报分析——生产论[M].东京：雄山阁出版株式会社,1995.

[15]　包昌火.情报研究方法论[M].北京：科学技术文献出版社,1990：3,14-17.

[16]　贺德方,等.数字时代情报学理论与实践——从信息服务走向知识服务[M].北京：科学技术文献出版社,2006：392-394.

[17]　史秉能.情报研究概论[C]//第十期情报研究方法培训班讲义编辑部.第十期情报研究方法培训班讲义.北京：中国国防科学技术信息学会,2015：3.

[18]　杜元清.情报分析的5个级别及其应用意义[J].情报理论与实践,2014,37(12)：20-22.

[19]　王延飞,杜元清,钟灿涛,等.情报研究论[M].北京：北京大学出版社,2017：3.

[20]　郭吉安,李学静.情报研究与创新[M].北京：科学出版社,2006：5.

[21]　梁春华,石双元,徐秋实.新形势下制约航空情报研究成果水平提升的主要问题及解决途径[C]//辽宁省航空宇航学会.辽宁省航空宇航学会第三届科技信息专业学术交流会文集.沈阳：辽宁省航空宇航学会,2012.

[22]　梁春华,李彩玲,刘晓瑜,等.情报研究定义公式的探讨——从安达信咨询公司知识管理推衍[J].情报理论与实践,2019,42(3)：17-19,84.

[23]　陈斌,梁春华,邹志鹏,等.情报研究定义的统计研究[J].情报理论与实践,2019,42(3)：20-23,106.

[24]　梁林海,孙俊华.知识管理[M].北京：北京大学出版社,2011：17,125-126.

[25]　赵玉改,曹如中,陆羽中.基于胜任力模型的竞争情报专业人才评价研究[J].科技管理研究,2014,(8)：139-143.

[26]　梁春华,刘红霞.Ⅱ形情报研究人员能力素质的再探讨[J].情报理论与实践,2019,42(3)：12-16.

[27]　А.И.米哈依洛夫,等.科学交流与情报学[M].科学技术文献出版社,1980：309-373.

[28]　包昌火,包琰.中国情报工作和情报学研究[M].北京：科学出版社,2014：23,66-67,163,197.

[29]　中国科学技术委员会.国家科学技术情报发展政策[M].北京：中国科学技术委员会,1991.

[30]　史秉能.情报研究概论[C]//第十二期情报研究方法培训班讲义编辑部第十二期情报研究方法培训班讲义.北京：中国国防科学技术技术学会,2016：7.

[31]　傅秉一.科技情报研究的任务与方法[M].北京：北京情报学会,1984：15.

[32]　钱学森.科技情报工作的科学技术[J].情报学刊,1983,(4)：4-12.

[33]　钱学森.二十一世纪的国防科技情报研究[J].情报科学技术,1989,(3)：5-6.

[34]　包昌火,刘诗章.我国情报研究工作的回顾与展望[J].情报学报,1996,15(5)：345-350.

[35]　查先进.信息分析与预测[M].武汉：武汉大学出版社,2000：8-11.

[36]　张昌龄.科技信息工作手册[M].北京：航空工业出版社,2000：104-106.

[37]　王细荣.图书情报工作手册[M].上海：上海交通大学出版社,2009：4-6.

[38]　史秉能.情报研究概论[C]//中国国防科学技术技术学会.中国国防科学技术技术学会第十一期情报研究方法培训班讲义.北京：中国国防科学技术技术学会,2017：11.

[39] 周湘珩,解斌.初探兵工科技情报工作的特点,进一步做好科技情报工作[J].情报理论与实践,1983,(5):8-12.

[40] 王正知.论企业情报工作的特点和内容[J].情报科学,1983,(6):53-56.

[41] 刘全根,孙成权.论科学情报工作的特点、内容和方法[J].图书与情报,1988,(4):16-22.

[42] 王曰芬,沈洪涛,史田华.新环境下情报研究的方法与应用研究[M].南京:南京理工大学出版社,2004.

[43] 张代平.情报课题研究[C]//中国国防科学技术技术学会.中国国防科学技术技术学会第十一期情报研究方法培训班讲义.北京:中国国防科学技术技术学会,2015:87-125.

第 3 章
基于系统工程的航空发动机情报研究操作二层体系

　　航空发动机情报研究工作根据航空发动机科研生产与经营管理的特定用户需求,采取合适的推理与科学方法,广快精准地检索与搜集符合用户需求的原始情报,并对其进行科学的鉴定、整理、分析、推理和集成,探索众多现象之间错综复杂的关系,从全过程和全要素的角度形成事物内在的共同性或趋势性的典型特征和发展规律,进而预测推断出包括自己的新观点、新建议、新方案和新对策的新情报,并推送给用户使用。

　　航空发动机情报研究工作肩负着"引领科研进步,支撑管理决策"的使命,已经成为航空发动机研发行业情报研究机构的核心业务,是衡量航空发动机研发行业情报研究机构能力、水平和作用的重要标志。航空发动机研发行业情报研究工作过去大多以朴素的思想开展,流程意识不强,流程内容欠规范,其工作水平和所发挥的作用都受到较大影响。为此,中国航发沈阳发动机研究所在借鉴大量国内外情报研究工作的理论研究和实践应用成果[1-5]的基础上,尝试建立了基于系统工程思想的情报研究操作二层体系,如图 3-1 所示。该体系以情报研究总体需求为输入,以情报研究的情报需求、技术操作、产品层级三层体系为核心,以情报研究报告这一最终产品为输出,使情报研究工作流程化、标准化和规范化,解决"正确地做正确的事"的问题。

3.1　情报需求三层体系

　　航空发动机情报研究的需求一般是随机性的,不可能有固定模式和内容,但其脱离不开航空发动机研制的全生命周期及其涉及的各种要素,可以从国家维、时间维、空间维、领域维、技术维和产品维等一维或多维提出。因而,其需求体系也要根据具体情况而构建。

　　航空发动机情报研究的情报需求三层体系可以是经营管理和科研生产。经营管理可以再按系统工程思想,以航空发动机研发的全生命周期为主线,以项目管理

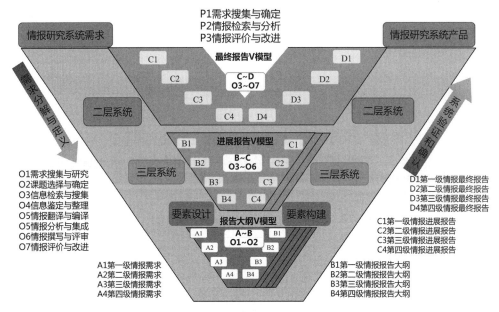

图 3-1   基于 V 模型的情报研究操作二层体系

和使能管理为辅助进行分解和构建,如表 3-1 所示。科研生产可以再按国家、领域、型号/预研、部件等组织,如表 3-2 所示。

表 3-1   航空发动机研发中经营管理的情报需求三层体系

项目管理	方案探索	演示验证	工程研制	生产部署	使用保障	使能管理
战略管理						组织管理
军事需求						并行工程
作战战法						精细管理
采办管理						精益管理
规划管理						人力管理
计划管理						职位管理
进度管理						流程管理
风险管理						知识管理
质量管理						资源管理
构型管理						文档管理
技术成熟度						5S 管理
……						……

表 3-2　航空发动机研发中科研生产的情报需求三层体系

国　家	领　域	型号/预研		部　件		
美　国	歼击机动力	预研(新概念)：多电发动机；变循环发动机；智能发动机等	研制历程	压气机、燃烧室、涡轮、补燃加力、喷管、燃油系统、传动系统、材料系统等	单项技术	性能
		型号：F100、F110、F404、AL31F、M88、EJ200、F119、F135 等				结构
	运输机动力(军用和商用)	预研(新概念)：多电发动机；智能发动机；开式转子(桨扇)发动机；间冷回热循环发动机；齿轮驱动风扇(geared turbofan, GTF)发动机等	研制历程	压气机、燃烧室、涡轮、补燃加力、喷管、燃油系统、传动系统、材料系统等	单项技术	性能
		型号：GE90、PW6000、TRENT1000、CFM56 等				结构
	空天飞行器动力	射流预冷发动机；超燃冲压发动机；涡轮基组合循环发动机等				
	轰炸机动力					
	舰船燃气轮机					
	……					
俄罗斯						
英　国						
法　国						
德　国						
……						

3.2　技术操作三层体系

　　国内外情报研究机构和人员对传统情报工作系统的内容和流程进行了大量的总结和论述。

　　荷灵(J. P. Herring)：规划与定向；情报搜集；情报处理；情报分析；情报传播等。

　　美国军事情报工作系统：计划与指导、信息搜集；信息的处理与加工；情报分析与生产；情报分发与整合；评估与反馈。

　　史秉能[6]：选题立项；开题论证；搜集资料并进行调研；分析研究取得初步成果；形成研究报告；研究报告审查定稿；提供使用、反馈意见与验收。

　　张代平[7]：情报课题立项和计划制订阶段；情报课题调研阶段；情报课题研究成果开发阶段；情报课题研究成果定型阶段；验收评审和推广应用阶段。

肖安琪[8]：明确任务需求；资料搜集；初步研究形成开题论证报告；完善资料、修正研究思路；深入分析研究形成研究初稿；进一步完善研究报告并报批；形成不同成果，有针对性地提供服务。

郭吉安和李学静[9]：规划定向；信息搜集；加工整理；分析预测；情报产品；情报评价等。

张昌龄[10]：课题选择；信息搜集；信息整序；科学抽象（分析研究和再创造）；成果表达；效果反馈等。

查先进[11]：课题选择；信息搜集；信息整理与价值评价；信息分析与预测；情报研究产品形成和评价；信息传递；反馈与利用。

贺德方等[12]：情报需求搜集；确定研究课题；制订课题研究计划；明确课题研究方向；展开信息搜集、处理、分析和提炼；形成情报研究成果；情报研究成果评价和应用推广；搜集成果应用的反馈信息，寻找新需求。

《中国情报学百科全书》：确定选题；课题策划；信息搜集；信息整序；科学抽象；阶段成果评审；成果表达；验收评审；成果应用反馈。

包昌火等[13]：课题选择；情报搜集；信息整序；科学抽象；成果表达；成果评价。

综合以上的描述，并结合中国航发沈阳发动机研究所情报研究工作实际情况，情报研究工作的内容和流程可以概括为需求搜集与确定、情报检索与分析、情报评价与改进 3 个里程碑阶段，包括需求搜集与研究（源，requirement）、课题（核心是需求）选择与确定（始，requirement）、信息检索与搜集（基，information）、信息鉴定与整理（梁，information）、情报翻译与编译/情报分析与集成（魂，intelligence）、情报撰写与评审（妆，intelligence）、情报评价与改进（果，intelligence）等子阶段或流程，即情报研究 2R5I 工作模型。

3.2.1　需求搜集与研究

情报研究工作以需求为源，要么起始于用户明确提出来的显性情报需求，这通常产生被动情报研究课题；要么起始于用户没有明确提出来但客观存在的隐性情报需求，这通常产生主动情报研究课题。美国情报界泰斗荷灵认为情报需求的识别是情报工作的起点和基准点，是情报工作最重要、最基本的环节。中国情报专家包昌火认为："需求是情报的第一驱动力。"因而，需求搜集与研究就是情报研究人员对用户提出的显性需求进行搜集和对用户可能存在的隐性需求进行挖掘，是情报研究人员开展以需求为导向的情报研究工作的源泉，是情报研究人员明确一定时期情报研究方向和重点的依据，是情报研究人员及时推出满足用户需求的情报产品的基础，是必须首先完成的最基础性的工作，是情报研究工作的生命之源，是做到"想用户之所想、急用户之所急、解用户之所需"至关重要的工作。其既关系到情报研究的内容，又关系到情报研究的效果，无论强调得多么重要都不为过；无论做得多么全面都不为过;无论做得多么深入都不为过[14,15]。

1. 定义

情报需求,是指个人客观上对情报的要求,是由个人知识结构中某种感觉空缺组成的,是其在从事各项理论研究与实践应用的过程中,为解决所遇到的各种问题而产生的对情报的不足感和求足感。贺德方[12]认为:情报用户需求,是用户对情报要求和利用的总和,也就是情报用户对所需情报产生的欲念、愿望及意向,对情报系统表现出来的内容需要,由此现实形成的对情报源的阅读、理解、消化、吸收、借鉴和引用等行为。因而,航空发动机情报研究的用户需求,是指航空发动机科研生产和经营管理等相关人员,为解决在理论研究与实践应用等各项活动中所遇到的各种问题而产生的对情报的不足感和求足感。

情报需求,按用户范围可以分为普遍需求和特定需求;按时间特性可以分为近期需求、中期需求和长远需求;按明确程度可以分为具体需求和模糊需求;按作用程度可以分为战略需求、战役需求和战术需求;按表现形式可以分为显性需求和隐性需求;按情报人员的行为模式可以分为主动需求和被动需求等。航空发动机情报需求搜集与研究,是情报研究人员通过规范的渠道,向不同层次情报用户(科研生产人员和经营管理人员)征集在理论研究与实践应用(包括科研和管理)等方面的显性和隐性需求,通过与用户、专家合作对需求进行综合分析与判断,使需求的内容、形式、时间等得到正确理解和表达。

2. 工作标准

需求搜集与研究工作标准包括工作内容标准和工作程度标准两个方面。工作内容标准是需求搜集与研究的范围,包括用户所属类型、需求所属领域、需求所属学科、需求满足时间、需求满足内容、需求满足产品、产品预期效果等;工作程度标准是需求搜集与研究的程度,包括要素和内容的全面、内容理解和表达的准确(正确且无二义)、需求满足内容的深入与系统、需求搜集的及时与适时等。

当然,情报研究人员首先要从用户语言和文字表达中搜集和研究用户提出的显性情报需求,遵循"用户情报需求牵引"开展情报研究工作。更重要的是,情报研究人员要把握情报用户的脉搏,从用户的文档、数据和行为中挖掘出用户没有意识到的潜在的隐性需求,实现变"用户情报需求牵引"为"牵引用户情报需求"地开展情报研究工作。当然,情报研究人员做到对用户的情报需求了然于胸,无须搜集需求,则是情报需求搜集与研究的理想境界,更是情报研究人员的最高追求。另外,这些需求,最好纳入情报研究的需求体系。

3. 工作实践

自1948年英国皇家学会在科学情报会议上宣读有关情报需求的调查报告以来,对情报需求的理论和实践研究,就得到了越来越多国家的重视。20世纪60年代以前,在情报需求研究方面,关于情报科学方法论的研究开展较少,基本是基于经验的研究。20世纪80年代以来,中国情报学者,如霍叔牛[16]、郭庆文[17]、胡昌平[18]、宋斌[19]、王维[20]、严怡民[21]、胡明[22]、杨来宝[23]、汤辛[24]、刘羚[25]、王均林[26]、胡建平[27]、谭英[28]、顾林晨[29]、朱丽萍[30]、吴秀珍[31]、郭路生[32]和逄锦荣[33]等,针对情报需求进行了大量的探讨和研究,取得了很多实用的成果和宝贵的经验。

总结国内外用户需求搜集与研究的特点与规律,结合中国航发沈阳发动机研究所情报研究工作实际情况,需求搜集与研究流程一般以用户需要为输入,以需求搜集准备、需求搜集实施、搜集结果统计和搜集结果研究为活动,以情报需求搜集结果为输出。

1)需求搜集准备

在需求搜集实施之前,情报研究人员(可能包括领导、主管)要对需求搜集对象的背景进行研究,对需求所涉及的专业知识以及需求调查的方法和技巧进行学习和掌握。

第一,人员的准备。

在情报研究人员任务分工方面,实施核心内容(包括专业、领域或学科)负责制(类似学科馆员)和关键人员负责制(类似情报秘书)相结合的原则。其意义和作用在于使得情报研究人员与对口的专业人员的联系和关系日趋紧密,进而在情报研究工作的各个环节实现与用户的持续联系、全面结合和深度合作。

核心内容负责制,是指情报研究人员都有专门负责的专业/领域/学科,且相对固定,视情调整。核心内容的组织可以参考国家维(美国、俄罗斯、英国、法国、德国和中国等)、时间维(年代)、空间维(海陆空天)和领域维(经营管理、核心产品、核心技术、部件与系统等)等进行。一般设置A角和B角。

关键人员负责制,是指情报研究人员都有专门负责的关键人员,且相对固定,视情调整。当然,情报研究人员的安排,要精心策划。例如,要认真研究确定与高层领导联系的情报研究人员、与关键经营管理人员对口的情报研究人员、与关键科研生产人员结对的情报研究人员;还需要研究确定哪位情报研究人员联系的关键人员多,哪位情报研究人员联系的关键人员少,等等。一般设置A角和B角。

第二,专业准备。

在需求搜集实施之前,情报研究人员要根据情报用户所从事的专业/领域/学科,对情报用户的专业背景进行研究,对已经提供的服务情况进行了解和掌握。

在专业/领域/学科方面,了解情报用户所在的部门,情报用户所从事(或分管)的、相关的和可能感兴趣的专业/领域/学科,以便做好相应的知识准备。例如,情报用户为航空发动机总体人员,情报研究人员则需要学习《航空发动机概论》《航空发动机原理》《航空发动机结构分析》等教材和书籍,了解和掌握发动机有哪些类型,包括哪些部件和系统等知识。

在专业背景方面,针对情报用户专业领域调查和情报需求调查的结果,通过在单位内部局域网和互联网对开源信息的检索与查询,对该专业的发展动态进行调查。

在服务情况方面,了解情报用户以前是否提出过情报需求。如果曾经提出过且得到满足,需要掌握已经提供的情报产品;如果曾经提出过但没有得到满足,需要掌握没有提供有效情报产品的原因;如果没有提出过,则需要根据所提出的需求完善本机构的情报研究需求树。

第三,方法准备。

在需求搜集实施之前,情报研究人员要对情报需求调查的方法和技巧进行学习和掌握。

搜集实施包括直接搜集和间接搜集。直接需求搜集包括用户专访(高层拜访、专家拜访等)、座谈交流(一对一座谈或交流、一对多座谈或交流、多对多座谈或交流等)、电话/网络/纸质问卷调查。间接需求搜集主要通过文件分析实现,包括对高层指示、会议要求和会议文件的分析,对用户阅读和浏览痕迹的跟踪研究,对情报研究服务记录的分析和扩展等。当然,可选取一种或多种适合的方法开展需求搜集。

2)需求搜集实施

在完成需求搜集准备工作后,情报研究人员(可能包括领导、主管)可以根据核心内容负责制和关键人员负责制进行分工,通过适当的搜集方法开展需求的搜集。

第一,编制情报需求调查表。

在实施情报需求搜集时,要求情报研究人员对需求搜集内容做到以下 6 个清楚。

清楚情报需求用户。清楚用户的角色,如职位是所级、副总师、部长、主管和一般工作人员等,以便确定用户有多长时间可以阅读情报研究人员提供的产品;清楚用户的职责性质,如管理部门、科研部门等,以便确定用户需要什么种类的产品;清楚用户的技术等级或能力,如职称是研究员、高级工程师、工程师和其他等,以便确定用户需要多么详细内容(背景、发展历程、基本情况、最新进展、研究结果和结论等)的产品;清楚用户的技术领域[如整机(军机、民机、燃机等)、部件/系统等]和学科(设计、制造、试验、测试和保障等),以便确定用户具有什么样的知识背景和需要什么样的情报产品;清楚直接需求人(主用户)、间接需求人(次用户和相关受益用户),以便针对不同的情报需求为用户提供不同层级的情报服务;另外,还要清楚用户的兴趣点、关注点和偏好,以便为用户提供更个性化的情报服务。

清楚用户需求的背景,包括目标、能力和关键利益点等。

清楚用户需求内容和要求。清楚用户所需的具体而明确的技术/管理内容,如需求的背景、纵向和横向涉及的技术/管理内容等;清楚关键词;清楚需求的时间跨度,如 0~5 年、5~10 年、10 年以上等;清楚需求语种,如汉语、英语、俄语等;清楚需求国家,如美国、俄罗斯、英国、法国、德国等;清楚情报类型,如数据、事实、信息等;清楚信息类型,如报告、专利、期刊等。

清楚用户需求满足时间,即希望提供情报产品的时间进度/节点,是急、一般,还是缓。

清楚用户需求满足产品,即最终形成的情报研究产品所需要的层级,如原始情报、编译情报、基本情报、预测情报、对策情报;清楚所需要的载体,如纸质的还是电子的;清楚所需要的产品类型,如图片、视频、文字等;清楚所需要的精度,如千字文还是大报告;等等。

清楚产品预期效果,即最终形成的情报研究产品将在航空发动机和燃气轮机科研生产和经营管理的哪方面发挥作用,如管理决策、技术预研、型号研制、使用保障、条件建设、技术攻关、课题参考、管理借鉴等;特别是要清楚上述哪个方面最重要。

在明确这些内容后,编制情报需求调查表,如表 3-3 所示。

表 3-3　情报需求调查表

项目名称				
需求单位			需求人	
需求提出时间 希望完成时间		年　　月　　日 　年　　月　　日	联系方式	
所属领域		管理□　军机□　民机□　燃机□　部件/系统□　试验/测试□		
需求背景		管理决策□　技术预研□　型号研制□　使用保障□ 管理借鉴□　技术攻关□　课题参考□　条件建设□		
资料 要求	年代	0~5 年□　5~10 年□　10 年以上□　所有□		
	国家	美国□　俄罗斯□　英国□　法国□　德国□　其他_____		
	语种	中文□　英文□　俄文□　其他_____		
	类型	数据□　图纸□　标准□　说明书□　报告□　专利□　期刊□　其他_____		
情报产品载体		原文资料□　译文□　研究报告□　其他_____		
资料积累情况 (需求人填写)				
需求内容 (对需求的详细 描述,越细越好)				

续　表

中文关键词 （重要信息）					
外文关键词 （重要信息）					
情报人员填写	负责人		接收日期		年　月　日
	拟提供产品形式		资料□　译文□　报告□　其他_____		
	确认中英文关键词：				

第二，发放/回收需求调查表。

情报主管充分考虑情报研究人员的分工、行为和情报用户所属的领域与特点，向对口单位相关人员，通过电子/网络形式或纸质形式发放/回收情报需求调查表，开展显性情报需求的搜集。

情报研究人员（可能包括领导、主管）可通过对高层指示与讲话、宏观规划与计划、会议精神与要求、工作例会和技术交流的感知及理解来搜集用户隐性情报需求，还可以通过自身积累与感知形成客观的情报需求。

需求搜集实施一般遵循以下主要原则。

（1）在情报用户方面，以核心人员为主，以一般人员为辅。

（2）在情报研究人员分工方面，以对口搜集为主，以全面搜集为辅。

（3）在情报研究人员行为方面，以主动登门搜集为主，以坐等上门提出为辅。

（4）在搜集渠道方面，以面对面沟通为主，以网络沟通为辅。

（5）在内容属性方面，以搜集显性需求为主，以挖掘隐性需求为辅。

（6）在内容形式方面，以准确与深入为主，以广泛与全面为辅。

（7）在搜集时间方面，以定期搜集为主，以随时搜集为辅。

（8）在搜集方式方面，以主动搜集为主，以被动搜集为辅。

（9）在搜集途径方面，以集中搜集为主，以分散搜集为辅。

3）需求搜集结果统计

情报研究人员（可能包括领导、主管）要将搜集到的情报需求及时、全面且深入地按需求结构树、需求的重要程度和需求时间要求进行分类整理，填写"需求汇总表"。需求统计可以按"六何"（5W1H）分析法进行，一般包括以下主要内容。

（1）需求所涵盖的技术/管理内容。

（2）需求所属的研究领域。

（3）需求得以满足的预期产品。

（4）需求得以满足的理想载体。

（5）需求得以满足的时间要求（急/缓）。

（6）需求所关注的时域。

（7）需求提出的用户类型。

（8）需求负责的情报研究人员。

（9）需求所关注的地域。

（10）需求提出的背景。

（11）需求要解决的问题（重要程度）。

4）需求搜集结果研究

在对搜集的需求完成统计后，情报研究人员（可能包括领导、主管）结合需求背景研究、需求技术研究、需求完成形式、需求重要程度和需求时间要求等，对需求进行进一步细分、集成、初步筛选，将有可能进行深入研究的需求对照需求结构树填写到"预选课题汇总表"内。

需求研究判断依据可能包括：① 需求是否属实？② 需求搜集是否充分，是否挖掘了潜在需求？③ 需求是否重要，如是否属于核心/战略领域（产品/技术/管理），是否由核心人员提出，是否具备较大价值？④ 是否过去已经开展过？如果已经开展过是否需要继续深入地做？如果没有开展过是否需要开展？⑤ 需求潜力怎么样？

3.2.2　课题选择与确定

情报研究课题（核心是需求）选择与确定（即立题）是情报研究工作的起始，是发现和揭示用户情报需求的过程，是满足用户情报需求的过程，既关系到能否抓住用户的重大或重要情报需求，能否完成并满足用户情报需求，还关系到能否取得良好的社会效益与经济效益，是决定情报研究工作能否成功的一个重要的具有"战略性"的步骤。因而，课题选择与确定得准确和恰当，符合用户多样化的情报需求，就等于情报研究工作成功了一半；反之，课题选择与确定得不准确或不恰当，则不仅不能满足用户的情报需求，使情报研究工作走偏方向，而且情报研究机构本身不能取得良好的社会效益与经济效益，也就影响情报研究机构愿景的达成和情报研究工作使命的实现。另外，情报研究机构和人员，在实际工作中可能面对数量繁多和形式各异的情报需求，由于人力、物力还有财力的限制，没有必要也没有可能将所有情报需求作为情报研究课题进行研究，因而情报研究课题的选择与确定就更加关键。

1. 定义

课题，在《现代汉语词典》中的解释为研究或讨论的主要问题或亟待解决的重大事项，通常解释为要尝试、探索研究或讨论的问题。课题形成是由感觉到、意识到问题，经过概括、提炼确定研究对象的一个过程。

情报研究课题,是根据用户的显性或隐性需求,特别是针对用户要深入研究和分析的特定问题而确定的课题。

1) 按来源分类

情报研究课题,按情报来源可以划分为主动情报研究课题和被动情报研究课题。

主动情报研究课题,是指由情报研究机构和人员根据自身对情报源与信息的长期积累与主动调查,针对科研生产与经营管理的潜在情报需求,主动提炼且自主提出的情报研究课题。主动情报研究课题,可能是来源于在科研生产与经营管理过程中出现的一些新线索和新问题;可能来源于经常性地对一些领域显性情报需求的研究与隐性情报需求的挖掘;可能来源于对有关科技信息的阅读与积累,包括一些研究领域的研究热点、新潮流或新概念、重要发展动向、新出现的重大事件、发展趋势;可能来源于一些情报研究课题的衍生或扩展,其他情报研究课题研究的转移与启示;可能来源于专家的指导和咨询、学术与专业交流、领导讲话与文件精神等。

被动情报研究课题,主要包括领导和上级主管部门/人员下达或提出的情报研究课题和科研生产与经营管理部门/人员直接或间接提出的委托性情报研究课题。领导和上级主管部门/人员下达或提出的情报研究课题,是领导和上级主管部门/人员,在科研生产和经营管理的规划制定和决策论证中,针对遇到的各种各样问题,直接下达给情报研究机构的指令性情报研究课题,或由情报研究人员主动或被动搜集来的随机性情报研究课题。

2) 按内容分类

情报研究课题,按研究的具体内容可以划分为对有关战略和政策问题的情报研究,对重大动态或事件的深入研究,对一类事物基本情况(系统性与总结性)的研究,对未来发展的预测评估研究,对国内外或不同国家情况的对比和对策性研究,当然也包括对上述情况的综合研究。

对有关战略和政策问题的情报研究课题,一般包括对重大战略和政策问题的研究与对重大战略和政策文件的分析,是对国外航空发动机及燃气轮机技术、产品和产业发展重大方针政策、发展战略、综合性的规划与计划、相关作战理论以及重大动向等的研究。其要从宏观角度,系统且深入地研究问题,要形成明确的观点、得出明确的结论,甚至要提出有针对性的启示和建议,目的是为领导和经营管理人员提供决策支撑。

对重要事件(动态)分析的情报研究课题,主要是对航空发动机及燃气轮机技术、产品和产业发展有影响的重要或重大事件(动态)进行的分析研究。其不仅要对事件本身的最新情况进行正确且全面地反映,还要站在战略高度对其所处的背景、呈现的某些动向、体现的某些特点规律、可能产生的影响、可能得到的启示等进行深入分析研究,要有针对性地提出自己的见解,为领导和经营管理人员提供决策参考和借鉴。

对一类事物系统性、总结性的情报研究课题,包括对航空发动机及燃气轮机的一类技术、产品和产业、一个方面的工作和管理的分析研究,等等。分析研究的内容,包括发展情况、对它的评论、对经验教训的总结、对存在问题和弱点的分析等。这一类情报研究课题要求针对性强,即针对问题、针对实际需要,系统研究某一类事物的发展、某一方面的做法等,分析其特点,总结其经验教训,有针对性地提出启示,为领导和经营管理人员在考虑相应问题和进行有关问题决策时提供参考。

介绍和评论有关管理、技术与方法的情报研究课题,主要是对航空发动机及燃气轮机技术、产品和产业发展以及管理方面出现的一些新概念与新技术、一些新型号、一些有重要影响的产业变化等进行的分析研究,目的是让用户了解和掌握有关航空发动机及燃气轮机的新技术、新产品的发展情况。这类情报研究课题,要把技术、产品和产业发展以及管理的新进展叙述清楚,并分析其可能产生的重要影响,以引起领导和经营管理人员的关注和重视。

另外,情报研究课题,按所属领域,可以划分为领导与经营管理人员进行管理决策所需的宏观课题和科研生产人员进行技术研发所需的微观课题;按所属内容范围,可以划分为技术、管理、经济和市场等方面的情报研究课题。

情报研究课题选择与确定,是严格按照科学研究和社会实践的规律,把用户的情报需求转变成情报研究课题的题名和内容(研究的对象、目标和方向)的一项工作。

2. 工作标准

情报研究课题选择与确定的标准一般包括有关主动/被动情报研究课题比例的标准和情报研究课题选择与确定的客观标准。

1)主动/被动情报研究课题比例标准

主动情报研究课题,主要基于对用户过去积累的经验、用户目前所处的情境和用户未来可能面临的情境的感知与解读,也基于对国外情报研究内容的把握与判断。在形式上,来源于对领导讲话和文件精神的内容的感知与挖掘,来源于对有关科技情报的阅读与积累,来源于其他情报研究课题的衍生、扩展、转移,来源于专家的指导和咨询,来源于学术与专业的交流等。在内容上,来源于世界航空发动机及燃气轮机技术、产品和产业的重要发展动向、出现的问题或重大事件、呈现的研究热点、出现的新理论或新概念及未来可能的发展趋势。

主动情报研究课题是建立在情报研究人员掌握和积累了相关研究领域的大量情报且能够较好把握某一学科或领域的发展动态、存在问题、解决办法和发展趋势的基础之上,一般范围较宽,战略性较强,侧重于方向,注重于事物的横向联系和综合分析与比较。因而,这类情报课题具有很好的前瞻性和针对性,特别是立题后的研究工作也容易开展,容易取得丰硕的研究成果。其通常没有用户的积极主动配合,并在很大程度上取决于专深的情报业务技能、宽广的相关领域知识,取决于情报研究人员眼勤多看、耳勤多听、手勤多记、脑勤多思的较高敬业精神,取决于情报研究人员能否有打破砂锅问到底的探奇心和大胆创新的精神,还取决于情报研究人员能否从别人认为平淡无奇的现象中捕捉到好情报研究课题的强烈意识。也就是说,主动情报研究课题最能体现情报研究人员的素质、水平和功力,能够发挥情报研究工作的优势。

被动情报研究课题大多系指令性和随机性任务,有领导和上级主管部门/人员下达的,也有科研生产与经营管理人员直接或间接提出的,具有任务急、内容要求明确且具体等特点。其中涉及全局的宏观性情报研究课题多关系到单位重大规划和决策的制定与实施,一般具有战略性和先导性,具有耗时长、难度大、成本高等特点。涉及局部的微观性情报研究课题,一般范围较窄,战术性强,更多地侧重于方法,往往使所研究的问题向纵深发展,侧重于硬科学性质的课题。对于被动情报研究课题,应遵循当前与长远相结合的原则,选择那些重大的具有关键性或共同性的课题;无论其要求是非常明确还是比较模糊,情报研究机构和人员都要认真领会需求意图,形成可以实施的主要研究目标、内容和计划,征得用户同意后,再组织实施。

对于情报研究机构而言,主动和被动情报研究课题的开展比例并不固定,但是主动情报研究课题都要确保一定比例。一般来说,主动情报研究课题应放在首要位置,但应充分考虑课题的重要程度,分出轻重缓急,优先选择领导关心的、影响全局的、科研生产与经营管理急需的、核心领域的、世界前沿的课题。对于被动情报研究课题,情报研究人员要进行形式上的整理、归纳和粗略的分析,以使课题明确化,如初步明确其目的、意义、要求、内容、难度、费用和完成期限等,必要时还应该与领导和上级主管部门/人员共同确定课题研究内容。最后,无论是被动情报研究课题,还是主动情报研究课题,都要明确研究目的,包括明确课题由何领域的何人提出,在什么背景下提出,要解决什么问题,要服务于哪些领域或人员等。

2) 课题选择与确定的客观标准

情报研究课题选择与确定在客观上要以课题分析为基础,以立题的必要性、研究的科学性、实施的可行性和成果的效益性为判断标准,以准确地满足用户情报需求为最初和最终目的。

第一,立题的必要性。

所谓必要性,是指达到一定目标所需的(不可或缺的)条件和因素。情报研究课题选择与确定一般遵循以下要求:需求明确且重大或重要和预期成果确有现实意义与学术价值。

需求明确且重大或重要。正如恩格斯所说:"社会上一旦有技术上的需要,则这种需要就会比 10 所大学更能把科学推向前进。"基于用户经营管理与科研生产需要的需求,是最富有生命力的情报研究课题的来源。要分析情报需求所属领域的重要程度,如核心领域、重要领域和一般领域;分析情报需求所处的技术水平,如世界前沿、国内领先、国内先进;分析情报需求预期发挥作用的程度,如战略作用、战役作用和战术作用;分析情报需求的用户角色,如核心决策人员、高层管理人员、一般经营管理人员,又如核心技术人员、高级技术人员、一般技术人员;分析情报需求的紧迫程度,如目前经营管理或科研生产近期需要、中期需要和远期需要。在"按需定题"时,要正确处理好战略需要与战术需要、长远需要与当前需要、现实需要与潜在需要之间的关系,必要时要牺牲战术需要、当前急需和现实需要,以确保选择与确定能够满足战略性的、长远性的、有重大潜在价值的情报需求的课题。不论是经营管理,还是科研生产,都要讲求可持续发展,带有方向性和预测性的情报研究课题应该放到重要的位置。一般来说,科研生产人员急需的战术性情报研究课题,通常产生于科研生产人员正在进行的科研生产过程之中,通常时间耗费短、成本花费低,人力投入少,却能很快体现出情报研究工作的作用和价值,要抓紧时间及时安排;如果不及时安排,必然会错过最佳服务时间,以后即使给予了很好的安排,也将因过时而不再具有社会效益和经济效益。

预期成果确有现实意义与学术价值。预期形成的情报研究产品,符合国内外的现状与发展趋势,对于现实的经营管理与科研生产中遇到的问题具有现实的参考与借鉴价值,如起到情报研究工作固有的"耳目、尖兵、参谋和智囊"作用;所研究的内容在理论上或实践上具有不同程度的创新和学术价值。具体体现在以下方面:①"从头说",即没有人研究过,没有人关注过,没有人涉足过或深入探索过,这类情报研究课题很少;②"重新说",即别人研究过,但研究的结果错了,需要重新研究,这类情报研究课题也不多;③"接着说",即别人研究过,但研究得不全面、不透彻、不穷尽,需要继续补充研究,这类情报研究课题较多;④"重复说",即别人研究过,需要重复研究,这类情报研究课题一般没有什么价值,但是由于相对新颖的问题,往往也时常开展,但最好要充分借鉴前人的成果和产品,以省时和省力。

第二,研究的科学性。

科学性是判断事物是否符合客观规律或事实的标准。情报研究课题的科学性是指以科学思想为指导,以客观事实为依据,置身于当时的科学技术背景下,确保目标适当、内容准确、指标恰当、方法专业。

研究目标适当主要体现在情报研究产品的层次性和及时性。层次性,即针对不同的需求提供原始情报、编译情报、基本情报、预测情报和对策情报,针对不同层级的用户,提供不同内容和不同长度的产品;及时性,即无论什么类型的情报需求,都必须确保满足用户的时间要求,只能提前或按时,决不能滞后。

研究内容准确,主要体现在以下方面:具有针对性,符合用户的真实需求,特别是解决用户迫切需要解决又尚未解决的科研生产和经营管理问题;具有客观性,真实可靠地反映课题的国内外现状、未来发展趋势;具有先进性,紧紧围绕技术领域出现的新发现、新思想、新学科、新技术、新材料和新产品。

研究指标恰当主要体现在技术指标的完整性、可量化和可考核。

研究方法专业主要体现在情报研究工作中采用适当的情报学的方法开展专业的情报研究,解决目前大多采用朴素的思想开展情报研究工作的窘境。

第三,实施的可行性。

实施的可行性是指情报研究课题应与自己的主观和客观条件相适应,即以已经具备的或经过努力可以具备的条件为依据。情报研究机构或人员,通常面对的是一个较大用户群和经常变化的情报需求,要想满足这些需要,就要正确认识和度量自身具备的或通过努力可以获得的主观与客观条件,特别是资料、人员、平台和方法等主客观条件。

实施的可行性首先取决于情报研究工作的基础——资料。如果没有资料,任何情报研究都无从谈起,这也就是俗话所说的"巧妇难为无米之炊"。资料从加工程度上分为原始资料和经过别人或者自己亲手整理加工的资料。前者主要指档案、原始文献、会议记录、统计报表、调查笔记和实物图片等;后者主要指摘要、目录、索引、分类剪报、资料笔记和读书卡片等。特别要研究和借鉴他人的情报研究报告,以其全部或部分作为自己的研究起点。其好处是:一是可以站在他人的肩膀上,避免重复劳动;二是可以从中发现不足,确认自己的创新,从而确定自己研究的特色或突破点。资料从掌握程度上分为已有资料和待搜集资料。已有资料包括情报用户已经掌握的资料和情报研究人员已经掌握的资料,特别是已开展的相关情报/科研生产工作取得的有关成果。待搜集资料,也称初步检索得到的资料线索和确定可以搜集到的资料。资料从重要程度上分为核心资料、关键资料和一般资料。无论是哪类资料,都要在情报研究课题意义很大和研究的时机很好的基础上,分析和论证数量是否足够、质量是否可靠、新颖性如何,要尽可能选择资料容易获得、资料较多且核心或关键资料足够的课题。对于资料没有或者只有极少、或国内已经有人选择并研究过的课题,应当考虑放弃或调整研究方向和角度。对于资料较多但核心或关键资料很少、或国内已经有人选择并研究过的课题,就不要勉强开展研究,应当转而进行资料积累。对于核心或关键资料较多且国内没有人选择并研究过的课题,应当确定课题,但是需要考虑是否应在选题范围、完成期限或费用上作出相应的改变,如缩小选题范围、延长完成期限、开展联合研究等。

实施的可行性也取决于情报研究人员的数量与水平、情报研究机构的应用平台和应用的辅助研究方法等。如果情报研究人员数量不足、专业水平不高，课题可能难以完成；或者即使能够完成，也可能很难保证及时性、高质量和好效果。如果情报研究的平台和辅助研究方法目前不具备或不够先进，并且在不久的将来也不可能具备，课题的专业性和效率可能就难以保证，课题完成的及时性和质量就可能难以保证。由于人力、平台和方法等主观和客观条件的限制，针对情报研究课题的难易、大小、急缓和深浅，需综合权衡确定。对于规模较大的关键课题，可以考虑将整个课题化大为小，逐步深入，各个击破，形成既相互独立又相互关联的分层次、分等级的系列课题；对于规模较小的课题，可以将既相互独立又相互关联的一系列小课题按层次和等级集成为一个规模较大的课题。对于难度较大的课题，可考虑联合多家机构合作完成；对于难度较小的课题，可考虑独立快速完成。

第四，成果的效益性。

效益是某种活动所要产生的有益效果及其所达到的程度，是效果与利益的总称，一般分为经济效益和社会效益。经济效益是人们在社会经济活动中所取得的收益性成果。社会效益是在经济效益之外的对社会生活有益的效果。情报课题的选择与确定同样要讲究经济效益和社会效益，特别是社会效益，这不仅是选题的重要原则，也是评价情报研究成果的重要依据。注意时机，掌握火候，在瞬息万变的众多需求中将价值重大的情报需求及时准确地转化为情报研究课题，并快速提供情报研究产品，以期取得明显的效益，是课题选择与确定的关键。价值重大的情报需求可能来自：领导机关亟待解决而又举棋不定的问题；科技领域需要决策而又尚未决策的问题；公众普遍关注或忽视的问题；正需论证的技术途径；正在孕育着而又可能获得应用的重大技术；有可能获得明显经济效益而亟待开发的产品或技术等。如果情报研究机构或人员能够抓住时机从中选择与确定课题，并及时拿出有说服力的研究成果和产品，就如"及时雨""雪中炭"，可以做到事半功倍，取得很好的经济与社会效益。如果没有抓住时机将其选择与确定为课题，特别是也没有及时拿出有说服力的研究成果和产品，就可能成为"放马后炮""做事后诸葛亮"，必然是事倍功半或劳而无功，无法取得好的经济与社会效益。

另外，依据自身特点，情报研究机构和人员应当发扬自己的优势，把着眼点放在与本领域全局有关的问题上。抓住情报研究的重心与方向，可以侧重于选择那些综合的、动态的、共性的、急需的、重大的、有关发展战略和方针政策等具有战略意义的研究课题，同时尽量避开自己的不足，不专注于科研生产与经营管理人员更擅长的过窄的专业和过细的课题，并且搞多专业、多学科的协作，搞好情报研究机构与用户的联合，则可能另辟蹊径，独树一帜。

3. 工作实践

中国一些情报研究专家学者对情报研究课题选择与确定进行了较多的研究。

张昌龄等将用户需求搜集与研究分为问题提出、课题分析、初步调查、开题论证和报告撰写等阶段。贺德方等将用户需求搜集与研究分为确定课题题名和制订研究计划两个阶段。包昌火等将用户需求搜集与研究分为课题提出、课题分析、初步调查、拟订方案、课题论证和课题审批等阶段。查先进等将用户需求搜集与研究分为课题提出、课题分析与论证、课题选定、课题计划、组织实施和检查等阶段。总结情报研究课题选择与确定的特点与规律,结合中国航发沈阳发动机研究所的工作实际情况,情报研究课题选择与确定以情报需求搜集结果为输入,以课题分析与论证、课题评审与确定、课题分配与需求反馈为主要活动,以开题论证报告为输出。其中课题分析与论证是核心。

1) 课题分析与论证

课题分析与论证,在需求研究和初步检索的基础上,课题参与人员形成开题论证报告,课题评审人员针对开题论证报告对情报研究课题的必要性、科学性、可行性和效益性等方面进行分析与论证。课题参与人员包括情报研究人员、审核与审定人员、情报需求用户、情报专家和技术专家等。课题评审人员包括课题的利益相关人、技术专家和情报专家等。开题论证报告就是以书面方式向有关领导和专家汇报课题选择与确定情况的报告,一般包括课题提出的背景(理由和意义)、预期研究目标(成果与效益)、研究内容、技术指标、已有条件和存在的问题(资料、工具与方法)、课题进度安排、课题组成员及分工和课题经费预算等。开题论证报告的好坏,不仅关系到课题能否被有关方面所接受和支持,而且通过充分讨论和集思广益,还可以使课题的选择与确定更加正确与完善。开题论证报告并不是对每一课题都是必需的,有些小的课题,因为内容不太多、费时不太长、工作量不太大,可以不用提交开题论证报告,仅凭上级主管部门下达的课题任务书、用户提交的委托书和书面承诺就可以开展课题研究工作。

充分考虑课题提出的背景(理由和意义)。应以简洁而清晰的文字阐明课题服务对象、课题来源、课题提出背景(受什么启发而开展此项研究)和原因(为什么要研究这一课题)、课题拟解决的主要问题以及研究成果可能取得的效益(研究它有什么价值)等。

充分考虑预期研究目标(成果与效益)。确定课题的创新(新旧)程度属于以下哪种情况:"从头说"的课题;"重新说"的课题;"接着说"的课题;"重复说"的课题。无论是哪类课题,都要列出已经掌握的信息和已经开展的情报研究,并分析与研究其对课题的支持作用,再对比分析课题可能提升的内容、解决的问题和达到的目标。

应论述课题完成后所产生的直接经济效益和间接经济效益、社会效益。对于经济效益的预测应说明预测的依据和方法,并尽可能量化。对预期成果应用前景从"可用、管用、实用"等方面论述。

　　充分考虑情报课题的研究内容。其是否符合国内外现状,是否是未来发展趋势,是否是热点或前沿,是否具有先进性。研究内容首先应围绕研究目标展开到技术层面,最好形成目标的结构化分析框架;其次逐层逐项说明课题需重点突破的关键技术(主要研究内容)和技术指标。研究内容应完整、合理且可行,并与研究目标保持一致。技术指标应完整、可量化和可考核,并说明与国外、国内及目前应用指标相比具备的先进性。当课题包含子课题时,必须说明子课题数量和各子课题的内容。目标的结构化分析框架有利于后续的信息检索与搜集,有利于保持分析的前后一致,有利于分析时寻找相似与差别,有利于课题参与人员信息共享和交流。

　　充分考虑信息多寡与优劣。情报研究人员,对原始资料和经过别人或者自己亲手整理加工的资料,已有资料和待搜集资料,核心资料、关键资料和一般资料,从数量、质量和新颖程度方面进行调查分析,进一步确定课题开展的可能性。论述已经掌握的与课题相关的核心和重要信息,重点论述相关领域以往开展情报研究课题的情况。特别是调查分析自己或他人相似的研究成果,这有助于确认已有信息和弥补空白信息,有助于完善观点框架要素(提纲内容)和研究路线图。

　　充分考虑人员数量与能力。对情报研究人员的数量与能力(技术能力、职称、职级)等条件进行调查分析,结合情报产品的进度、产品的形式(原始情报、编译情报、基本情报、预测情报和对策情报)等,进一步确定开展课题的可能性。

　　充分考虑可采用的平台与方法。通过对情报研究机构已经具备或可以具备的平台和辅助研究方法等进行调查分析,进一步确定开展课题的可能性。

　　充分考虑课题进度安排、课题组成员及分工、课题经费预算等。工作计划是行动的指南和纲领,是课题任务全面而系统的筹划和安排。一般来说,课题越大、时间越长、参加的单位和人员越多,就越需要一个周密而详细的计划。拟定工作计划,要按"六何"(5W1H)分析法明确研究内容、研究目标、产品形式、工作节点和工作团队(负责人、参与人)等内容。课题组长应根据自身的特点和课题研究的需要对课题任务进行具体的分工。分工一般先按单位分工,如主要承担单位应完成什么、协作单位应完成什么。这种分工不仅直接影响到后续的利益分配,而且关系到单位之间的合作关系能否实现。在单位分工的基础上,还应当将分工进一步细化到课题组每一位成员,具体来说就是根据课题组每一位成员的能力和知识结构(如专业、特长、语种和兴趣爱好等),给课题组每一位成员分配一些合适的、具体的研究内容,如谁负责采集数据、谁负责翻译外文资料、谁对数据进行计算机处理、谁负责撰写课题成果报告等。只有责任清、任务明,才不会在后续的操作过程中发生扯皮现象。同时应注意,分工并不是分家,所有的课题组成员都应自觉地统一到课题组中,服从组织调度,加强各成员之间的联系和合作。

　　2)课题评审与确定

　　课题评审与确定实质上是对开题论证报告的评审,一般在遵循主动课题与被动课题比例适当的基础上,重点从必要性、科学性、规范性、可行性和效益性等方面进行系统论证和综合评价。情报研究课题评审与确定的评审表如表 3-4 所示。

表 3-4　情报研究课题评审与确定评审表

课题名称				
负责人		参加人		
时　间	提出时间与希望完成时间			
立题必要性	研究学科	交叉学科□	渗透学科□	本体学科□
	研究领域	核心领域□	重要领域□	一般领域□
	研究水平	世界前沿□	国内先进□	国内领先□
	研究状态	无人问津□	少人研究□	众人研究□
	研究程度	新做□	已有改进/否定□	已有集成□
	预期作用	战略作用□	战役需要□	战术需要□
	紧迫程度	急迫需要□	现实需要□	长期储备□
研究科学性	主要目标	适当□	较适当□	不适当□
		全面□	较全面□	不全面□
	需求定义	准确□	较准确□	不准确□
		全面□	较全面□	不全面□
	现状分析	准确□	较准确□	不准确□
		客观□	较客观□	不客观□
	研究方法	选择合适□	需调整□	需增加□
研究规范性	报告内容	要素全□	要素较全□	要素不全□
		描述准□	描述较准□	描述不准□
实践可行性	资料充分性	来源或数量多□	来源或数量一般□	来源或数量少
	资料准确性	核心资料□	间接资料□	外围资料□
	资料专业性	关键数据□	相关数据□	外围数据□
	人员数量	数量充足□	数量刚好□	数量不足□
	人员能力	能力胜任□	能力够用□	能力不足□
	人员时间	时间充足□	时间够用□	时间不足□
成果效益性	社会价值	有指导作用□	有借鉴意义□	有参考价值□
	效率效益	大幅改进效率成本□	改进效率成本□	有助于改进效率成本□
	质量效益	大幅提高质量□	提高质量□	促进提高质量□
综合评审意见	结　论	继续开展□	完善后开展□	终止□
	建议修改内容:			

续　表

意见落实情况				
评审成员				
评审组长	日期	年　　月　　日		
修改完成日期 （修改完成后交评审组长）		年　　月　　日		

情报研究课题选择与确定，既有横向比较，也有纵向分析，带有强烈的综合性。经过系统论证和综合评价后，符合必要性、科学性、规范性、可行性和效益性等原则的课题一般不会只有一个，这就需要进行筛选和确定。即对这些需求进行正确的取舍、合理的扩大或者缩小、适当的加深或者变浅、科学的集成与分解。对于一些课题，可能还需要与显性用户、潜在用户、高层领导、技术专家进行多轮沟通与反馈，必要时还要重新进行分析研究和论证，以提高课题的使用价值，渐臻完善。另外，在保证及时满足科研生产与经营管理需要的同时，要有长线的课题，以便于情报研究人员长期跟踪、深入研究。

3）课题分配与需求反馈

情报研究课题选定之后，就要进行课题分配、计划制订和结果反馈。

情报课题分配，一般按照情报研究工作的程序将整个课题研究活动分为几个阶段，并提出各个阶段预计完成的时间和拟实施的步骤。

在需求确定与分配后，无论是否承接，都要根据体系要素和对口原则明确课题承接人。特别是，需求搜集人或课题承接人在确立课题后必须将承接和不承接的信息向情报用户反馈。对于推迟用户所要求的进度和不承接的课题，也无论情报用户是谁，都需要恰当地解释。

3.2.3　信息检索与搜集

马克思指出："研究必须充分地占有资料，分析它的各种发展形式，探寻这些形式的内在联系。只有这项工作完成以后，现实的运动才能适当地叙述出来。"因而，找到并充分占有情报研究所需的信息，是开展情报研究工作的依据和基础。没有信息，就无法进行情报研究；没有足够的信息，就不能很好地进行情报研究；没有足够可靠且准确的信息，就无法进行合格的情报研究；没有足够新颖且重要甚至关键的信息，就无法进行深入且全面的情报研究，也就是"巧妇难为无米之炊"。因而，信息检索与搜集是情报研究工作之基，是情报研究工作顶顶重要、不可逾越且不能不做实的工作。信息来源没有更全，只有更多，多么丰富都不为过。

1. 定义

英国著名学者维克利（B. C. Vickery）认为：信息检索是从汇集的文献中选出特定用户在特定时间所需信息的操作过程。

美国著名信息专家兰卡斯特（F. W. Lancaster）认为：信息检索是查找某一文献库的过程，以便找出那些某一主题的文献。信息检索与搜集是从信息集合中找出所需信息的过程[34]。

张琪玉认为：情报检索是对情报或信息进行组织和存储，并根据用户的需要从约定的情报或信息集合中找出相关信息的过程，全称是"情报存储与检索"或"信息存储与检索"，又简称为"信息检索"[35]。

郑建程认为：信息采集是信息采集者根据特定的目的和需求，从信息源中查找并获得有关信息的过程[15]。

李玲认为：信息获取是采用各种途径和方式，从信息源中广泛收集与所需要的内容相关的各种信息的过程[15]。

张昌龄[10]认为：信息检索，又称情报检索。广义的信息检索是指信息的存储和检索（查找）的过程。也就是说，是将知识、信息进行描述、加工、有序化，建立数据库，以及从数据库中查寻特定的所需信息的过程。文献检索，也称书目检索，是信息检索的一种类型，是指将文献按一定方式存储起来，然后根据用户的特定需要查出相关文献的过程。

王细荣[35]认为：信息检索是指依据一定的方法，从已经组织好的有关大量信息集合中，查出特定的相关信息的过程。

综上所述，信息检索与搜集，是根据特定情报需求，从适当来源（他国、本国、本单位和外单位等）、适当渠道（馆藏、数据库和网络资源等）和适当载体（纸质、电子和磁带等）的原生信息源中，采用合适的检索方法与策略检索到开展情报研究课题所需的信息线索，并通过适当方式（购买、订购、下载和复制等）获取所需的信息的过程。

2. 工作标准

张昌龄[10]将文献检索与搜集的工作标准总结为：针对性、系统性、计划性、协调性、时间性和经济性。

叶鹰等[36]将文献检索与搜集的工作标准总结为：针对性、全面性、系统性、新颖性、可靠性、科学性和计划性。

查先进[11]将文献检索与搜集的工作标准总结为：全面性、系统性、针对性、新颖性、可靠性、科学性和计划性。

总结国内外专家学者的观点，结合中国航发沈阳发动机研究所的工作实际情况，情报检索与搜集的基本标准主要包括全面性、准确性、新颖性和适时性。

全面性是指信息的检全率要高。要检索与搜集到强相关的、一般性相关的及弱相关的信息；要检索与搜集到一些正相关和负相关的信息；要检索与搜集到国内的和国外的、本地区的和其他地区的、本单位的和竞争对手的信息;要检索与搜集到包括历史和现实的连续性较强的信息;要检索与搜集到包括科技、经济、政治、文化、社会和生态环境等多方面的信息。其目的是保证信息的科学、客观、系统和全面。这样,信息检索与搜集的范围一般要从宽从广,即对那些不能确定有用但很可能有用的信息都要搜集,至少要记录来源以便以后需要时可以找到。

准确性是指信息的检准率要高。要检索与搜集到与课题的研究目的相吻合的信息,特别是真正相关(特别是强相关)的、信息密度大的、权威程度高的和信息价值高(所搜集的信息所反映的事实和所提的论点是客观的、真实的,没有夹杂信息搜集人员主观意志和个人情感因素)的信息。

新颖性是指尽可能检索与搜集课题所归属领域最先进的研究成果,包括新理论、新动态和新技术等。新颖包括绝对新颖(指在当时所处的领域里是最新的)和相对新颖(指相对于特定课题所涉及的特定用户及特定需求而言是新的)。

适时性是指检索与搜集的情报能够在适当的时间满足用户的要求,包括及时和准时。

3. 工作实践

张昌龄[10]将信息检索与搜集的工作流程分为以下步骤:分析需求类型、制定检索策略、编写检索式、调整检索策略、实施查找步骤、检索结果处理和检索收费等。

刘绿茵[37]将信息检索与搜集的工作流程分为检索准备、实际检索和检索结果整理评价三个阶段,分为以下步骤:分析检索课题、制订检索策略、确定检索工具/途径/方法、实施检索和输出检索结果。

查先进[11]将信息检索与搜集的工作流程分为需求分析、检索策略构造和文献信息或文献线索查找三个步骤。

包昌火等[13]将信息检索与搜集的工作流程分为分析课题实质、制订检索策略、查找文献线索和索取原始文献。

王细荣[35]将信息检索与搜集的工作流程分为课题分析、选择检索工具、确定检索途径、选择检索方法、辨别文献来源和索取原始文献。

张海涛等[38]认为信息检索与搜集的工作流程包括分析信息需求、选择检索工具、分析概念及其关系、抽取关键词、构造检索式、检索式与标引记录匹配、信息数据库、检索结果集、相关性判断、获取所需信息和输出。

还有的学者认为信息检索与搜集的工作流程包括分析信息需求、选择检索系统、确定检索途径与方法、制定检索式、提交检索系统和输出检索结果。

总结国内外情报检索与搜集的特点与规律,结合中国航发沈阳发动机研究所情报研究工作的实际,信息检索与搜集工作一般以开题论证报告为输入,以选择检索与搜集的方法和途径、确定检索词、选定文献信息、实施信息检索与搜集、初步整理资料为主要活动,以初步整理的资料为输出。其核心是信息检索与搜集。

1) 选择检索与搜集的方法和途径

信息检索与搜集的方法和途径主要包括文献检索法和文献调查法,而文献检索法又包括浏览检索法、系统检索法和循环检索法等,其中系统检索法又包括内容特征法和外部特征法等。而文献调查法包括实地法、会议法、访谈法、问卷法和样本法等。信息检索,大多在文献检索法和文献调查法中选择文献检索法,再在文献检索法的浏览检索法、系统检索法和循环检索法中选择。

第一,文献检索法。

文献检索法一般包括浏览检索法、系统检索法和循环检索法等。

其一,浏览检索法,也称直接检索法或直查法,是指不利用检索系统或检索工具,对非正式出版的文献以及新到图书、期刊和其他原始文献或宣传资料进行直接且广泛的浏览或阅读,以获取文献信息的方法。浏览检索法不仅可以搜集到系统检索法和追溯检索法延迟的时间内产生的新文献,还可以搜集到一部分不为检索工具或参考文献收录的非正式出版的文献,如新闻图片、商业广告、公司文件等;还可以直接判断文献信息的针对性和实用性。但是其也存在明显的缺点,即存在很大的盲目性、分散性和偶然性,无法保证文献检索的效率和全面性。因而,其在文献信息数量激增的今天只适用于课题单一、文献相对集中的检索,已经不是信息检索的常用方法。

其二,系统检索法,也称普查法,是根据课题研究的需要,以手工或计算机检索系统为基础,以目录、索引、文摘、文献指南、数据库等检索工具为检索手段,以描述文献内容特征或外部特征的检索标识[如分类号、主题词(关键词、自由词)、著作者、机构、书(刊、篇)名等]为检索突破口,查找和获取所需的文献和文献线索,再通过阅读标题、文摘或全文筛选出所需的文献和文献线索的方法。系统检索法的优点是系统性强、可靠性高、查全率高、针对性较强且检索效率高,只要方法得当,往往可以事半功倍,可以在短时间内获得大量满足课题需要的文献或文献线索。系统检索法又分为内容特征检索法和外部特征检索法。

(1) 内容特征检索法一般包括主题检索和分类检索两种。主题检索是按文献的信息内容,利用主题检索语言检索文献信息的途径。其基本过程,是明确所要查询的目的和要求,确定检索问题的主题词(受控词或关键词)及其涉及的学科或主题范围、地域范围、语种范围、时间范围、信息类型和资源性质等。检索词是用户或检索人员检索时输入的字、词、字符或短语,用于查找含有它(它们)的记录,对提高检索效率和检索结果至关重要。检索词一般从主题词、关键词、自由词中选择。主题词是从题名或论文中选出经过规范化的一个或几个词,一般比较严格地从主题词表或叙词表抽取。因为词表是数据库文献标引和检索必须共同遵守的检索语言工具,使用主题词检索,可以使标识文献和标识提问的检索语言一致,这样会大大提高检索效果。主题词检索方法最适用于特性检索,特别是对边缘学科、新生学科的检索更为有效。关键词是指那些出现在文献的标题(篇名、章节名)、关键词、摘要或正文中,对表达文献主题内容具有实质意义的词语。它一般没有词表,更接近于人的自然语言,被看成非规范化的主题词。因为这种词不能充分反映出文献的内容,所以,关键词检索随意性大,不受限制,但查全率较低,必须先把有关的同义词同时考虑进去才能确保检索到所需的全部文献线索。自由词取自文章篇名、文摘和有自由词索引的字段。使用自由词检索的主要优点是:可任意选词,允许有较大的弹性;专指性强,查准率较高;能及时使用新产生的各类名词和各类专指词。与主题词相反,自由词能及时检索到最新概念的各类文献。使用自由词检索的主要缺点是:没有总称和总容量,故不能检索宽广概念;不能解决同义词、近义词和词间关系,故查全率低。分类检索是按文献的信息内容,利用分类检索语言,检索文献信息的途径。其基本过程为:首先分析提问的主题概念,选择能够表达这些概念的分类类目(包括类名和类号);其次,按照分类类目的字顺,从分类目录或索引中进行查找,进而得到所需的文献信息。分类检索的实施,需要使用各种分类目录或索引,如分类目次、分类索引等。分类检索的效率,在很大程度上,取决于所采用的分类语言的性能特点及其编制质量。

　　(2)外部特征检索法,是利用文献的外部特征来检索文献信息和/或文献线索的方法。文献的外部特征主要包括责任者、题名和序号等常见外部特征,也包括文献的出版类型、日期、地址、国别和语种等特征,还包括分子式、地名和人名等。只有根据课题的需要,选用相应的检索途径,才能获得相关的文献。责任者途径又称著者途径,是利用著者(个人或机构)目录和著者索引,按照已知的文献著者姓名或名称检索文献信息的途径。文献责任者是指对文献信息内容负责或做出贡献的个人或团体,包括个人著者、团体著者、编者和翻译人员及专利权人等。由于同一责任者的文献往往具有一定的逻辑联系,以已知课题相关责任者为线索,可以迅速准确地查到特定的资料,可以系统、连续地掌握责任者的研究水平和研究方向,一般具有非常高的查准率。题名途径就是根据已知的图书、期刊和报告等文献名称来查找文献的检索途径。文献题名是文献的标题或名称,是表达、象征、隐喻文献内容及特征的词、短语或句子。题名途径原理简单、简便易行,是最直接、方便的检索途径。其需要利用各种题名目录或索引,如书名目录、篇名索引、期刊目录等。序号途径是借助某些文献所特有的编号来检索文献信息的检索途径。文献序号是指文献的编序号码或标识号码,如专利号、报告号、合同号、资助号、文摘号、国际标准图书编号、标准文献的标准号和电子元件型号等。许多文献具有唯一的或一定的序号。利用序号途径进行检索,需要利用各种序号的编码规则和排检方法,如专利号索引、报告号索引和标准号索引等。引文途径法,也称追溯检索法,是根据有关课题最新的成果报告或述评文献所列出的参考文献(引文),索取其文献原文或文献线索,再从这些文献原文的参考文献中进一步索取文献原文或文献线索,以此类推,便可获得有关课题的早期文献或文献线索,随着追溯检索层次的加深,文献将像"雪球"一样越滚越大。其优点是:检索结果的系统性强;在没有或缺乏检索工具的情况下也能获取不少对口的文献;检索者也可以根据实际检索情况及时控制文献线索的数量。其缺点是:参考文献经常存在着严重的"参而不用,用而不参"的弊端,可能造成较大的漏检率和误检率;追溯的时间越久远,获得的文献内容越陈旧;不适合内容广泛的综合性、大型课题。

其三,循环检索法,又称为综合检索法,是综合运用追溯检索法和系统检索法的检索方法。具体地说,它既利用一般检索工具检索书刊,又利用文献后附的参考文献进行追溯,分期分段地交替使用,直到获得满意的相关文献为止。循环检索法兼有系统检索法和追溯检索法的优点,可以查得较为全面而准确的文献,是实际中采用较多的方法。

第二,文献调查法。

文献调查法是有目的、有计划、有系统地搜集有关研究对象社会现实状况或历史状况资料的方法,是综合运用历史研究、观察研究等方法以及谈话、问卷、个案研究、测试或试验等科学方式,对有关社会现象进行有计划的、周密的、系统的了解,并对调查搜集到的大量资料进行分析、综合、比较和归纳,借以发现存在的问题,探索有关规律的研究方法。文献调查法具体包括实地调查法、会议调查法、访谈调研、问卷调查和抽样调查等。

实地调查法,是现场考察、调查、询问、样品搜集等情报搜集活动的总体,直感性强、原始数据多、形式多样。

会议调查法,由调查者主持会议,依据事先准备的调查提纲,向与会者提出问题,展开讨论,从中提取调查对象的观点和看法。该方法有利于集思广益和摸清问题,但易受人际关系和权威人士的影响。为了达到调研的科学性和缜密性,调查研究提纲的拟定必须有的放矢,要根据调研的基本内容,针对要解决的问题,以提问的方式来拟定;要根据想获得的最新信息,针对课题研究中的某些观点、见解和提出的建议来拟定。另外,参加各种专业会、研讨会、规划会、报告会、鉴定会、展览会、交易会、信息发布会等,也是获取有关信息的重要途径,是会议调查的另一种重要方式。

访谈调研法(又称访谈研究法),是通过面谈口问的形式向受访者做调查。口头采访可获得丰富多彩的最新信息,针对性强,反馈迅速。为了达到预期目的,调查对象必须按典型性(代表性)、专业性和权威性等要求进行选择,以保证客观性和公正性。选择的受访者可以包括:已经积累和掌握有关资料的科研生产人员和经营管理人员;已经积累和掌握有关资料或线索的一些情报研究机构或情报研究人员、文献人员;为完成某一紧急任务而突击积累有关资料或线索的一些情报研究机构或情报研究人员;已经完成过该课题的一些情报研究机构或情报研究人员。

问卷调查(又称函询法)。通常将设计好的采用统一格式并有明确调查内容与要求的调查表或问卷寄给调查对象,由调查对象自己来完成问题的答案。问卷调查的调查范围可大可小,调查标准化、简单易行、易于量化、费用较低,一般用于需求和趋势调查。但问卷调查的回收率往往较低,调查项目覆盖面有限,无法掌握被调查人回答问题时的心态。

抽样调查法,是从总体中依据一定规则抽取部分样本观察和了解,并以样本特征推算总体特征值的一种调查方法。抽样的方法有两种:一是随机抽样,即按随机规律从总体中抽取一定样本,它能较客观地反映调查结果的精确度;二是目的抽样,即有意识地选择若干具有代表性的样本,在省钱、省力、省时的情况下能够取得相对满意的结果。抽样调查的一般程序包括确定调查目的和精确度、确定样本计量单位、样本抽取、问卷设计、数据搜集、数据整理和分析。其中关键步骤是样本抽取。

文献调查法除能完成某些有用文献信息的搜集外,有时也能意外地获取有价值的非文献信息。例如,在调查过程中,与各个方面的人员打交道,可能会发现有关专家或某件实物的信息,以此为线索,可以找到这些专家,并通过与之交流获取口头信息;可以向有关组织索取(或购买)实物,以获取实物信息。可见,文献调查法在信息搜集中有着很重要的地位,情报研究人员也必须精于此道。

2)确定检索词

经过需求分析与研究和课题选择与确定,情报研究人员已经弄清课题需要检索与搜集的学科或主题范围、地域范围、语种范围、时间范围、信息类型、资源性质等外部特征,也已经弄清课题需要检索与搜集的国内外相关技术的历史、现状和未来发展趋势等内容特征,特别是国内外的哪些文献、哪些事例、哪些数据等。也就是说,已经对需要的情报研究内容心中有数。接下来,就要借鉴以前的情报成果和参考检索前已经掌握的线索,根据现有检索工具的功能,开展外部特征、内容特征和文献统计的分析,有针对性地选择每一特征的合适检索词。

第一,明确内容特征,并确定检索词。

根据选择的检索途径和课题的内容与主题概念,从主题词表或叙词表中选择检索词。有关航空发动机方面的主题词,可借助《航空发动机常用主题词表》或《航空科技资料主题词表》《国防科学技术叙词表》、国家军用标准 GJB 2103A—97《航空燃气涡轮动力装置术语和符号》和《美国国家航空航天局叙词表》等来选择。

根据选择的检索途径和课题的内容与主题概念,从文献篇名、文摘和有自由词索引的字段中提炼出最具代表性和指示性的自由词作为检索词。

根据选择的检索途径和课题的内容与主题概念,从文献篇名或论文内容中提炼出最具代表性和指示性的关键词作为检索词。

根据选择的检索途径和课题的内容与主题概念,从可用的分类目录或索引,如分类目次、分类索引等中,选择能够表达这些概念的分类类目(包括类名和类号)作为检索词。

第二,明确外部特征,并确定检索词。

根据选择的检索途径和课题的主题概念与外部特征,确定相关的责任者(个人著者、团体著者、编者和翻译人员、专利权人等)、题名(已知的图书、期刊和报告等文献名称)、序号(如专利号、报告号、合同号、资助号、文摘号、国际标准图书编号、标准文献的标准号、电子元件型号等),确定文献的出版类型、日期、地址、国别、语种等特征,有时也需要确定分子式、地名、人名等。

根据对课题的掌握,确定初选文献。一般来说,反映课题最新成果的文献、权威机构出版的文献以及知名专家学者撰写的文献、综述或述评类文献是首选的目标。初始文献的选择可参考以下 4 种方法。

一是专家咨询法,即通过向专家咨询获取。

二是经验法,即凭借情报研究人员多年的实践经验选择,但限于情报研究人员的专业知识能力,往往效果不太好。

三是系统检索法,即先利用检索工具试查一批文献,然后从这批文献后面所附参考文献中筛选出来。

四是混合法,它是专家咨询法、经验法和系统检索法的有机结合。

毫无疑问,第四种方法最能提高初始文献的选择效果。

3)选定文献信息源

文献信息源是一个广义的概念,一般指人们在科研生产与经营管理等社会实践活动中借以获取文献的来源,是整个情报研究活动的前提和基础。其包括文献信息发生源,如科研院所、生产企业、市场营销部门、政府机构、高等院校、图书馆、信息中心等各类信息及其产生和持有机构;也包括文献信息记录源,即保管、拷贝、传播和开发利用信息的某种物质载体或传输通道,如图书、期刊、报告、产品样本等。

根据载体的不同,文献信息源通常分为以下类型:印刷型文献;缩微型文献;机读型文献;声像型(影片、录音带、录像带等)文献;口头情报(从有关人员的介绍、讲座、咨询中获得的)。

根据发售途径和获取难易程度的不同,文献信息源可分为以下类型:白色文献;灰色文献;黑色文献。

根据编辑出版形式的不同,文献信息源还可以分为以下类型:图书;期刊/报纸;科技报告;会议文献;专利文献;标准文献;产品样本等。

根据占有程度的不同,文献信息源通常分为以下类型:自建文献信息源;商用货架文献信息源;开放式文献信息源等。

文献信息源的选择原则是无论多么多都不为过,也就是没有更全,只有更多。在选择文献信息源时,主要依据以下内容。

(1) 发行机构,来源于哪些国家的哪些机构的可选资源,如自建数字档案馆资源、自建数字图书馆资源、半自建知网镜像资源、院校共享数据库资源、互联网竞争情报系统资源、互联网咨询与研究机构(院校、情报研究机构)的信息资源、互联网搜索引擎资源、互联网重要网站资源等。

(2) 收录范围,包括哪些文献类型、哪些时间范围、哪些地域范围等。

(3) 收录内容,包括哪些信息内容、更新频率、出版规律等。

(4) 使用费用,是免费的,还是收费的。

(5) 检索功能,是否提供初级检索、高级检索和专家检索等不同检索选择,支持哪些检索技术,帮助功能、容错功能、检索过程中的建议等。

4) 实施信息检索与搜集

信息检索的主要目的是在最短的时间内获得最满意的检索结果。

检索式(query, formula, profile, statement)也称检索提问表达式,是检索策略的具体体现,是要求检索系统执行的检索语句。最简单的检索式由一个检索词(字段标识有时被省略)构成,复杂的检索式由多个检索词和字段名通过关系算符(包括逻辑算符与位置算符)连接而成。构造检索式时,要充分利用搜索工具支持的检索运算、允许使用的检索标识、各种限定,这是进行有效检索的基础。

需要特别说明的是,许多用户在信息检索时往往只对检索问题中的每一个概念用一个检索词表示,这样很容易造成漏检。避免产生此类错误的最有效的做法是:对于检索问题中的每一个概念,尽可能全面地列举表达该概念的同义词、近义词、相关词甚至上位词、下位词,并在它们之间用布尔逻辑运算符 OR 连接起来,形成一个子检索式。再用适当的布尔逻辑运算符把所有子检索式连接起来,构成一个总检索式,即"积木型"(build block)检索式。

第一,截词检索(truncation/wildcats)。

截词检索,是指在检索标识中保留相同的部分,采用相应的截词符代替可变化部分。检索中,计算机会将所有含有相同部分标识的记录全部检索出来。截词符大多用"?"或"＊"表示,在一般情况下,"?"代表0至1个字符,"＊"代表0至多个字符。根据截词符在检索词中的位置,可分为前截词、中间截词和后截词。

第二,邻近检索(proximity search)。

邻近检索有时又被称为位置限制检索,是采用一些特定的位置算符来表达检索词与检索词之间的顺序和词间距的检索。其依据是:文献记录中词语的相对次序或位置不同,所表达的意思可能不同;同样一个检索表达式中词语的相对次序不同,其表达的检索意图也不一样。

第三,字段限制检索(field limiting)。

在信息检索过程中,为了提高查全率或查准率,需要将检索范围限制在特定的字段中,即字段限制检索。一般而言,将一篇文献中主要用来表达文献内容特征的字段称为基本索引字段(basic index fields),如篇名、文摘、叙词、自由词、关键词。叙词和自由词都是代表文献主题内容的词语,但前者选自各个数据库的专用词表,属规范化词语;后者则选自原始文献,属不规范的自然语言。在数据库基本索引字段中,叙词和自由词包括单词和词组,联机检索主要就是通过基本索引字段中的单词和词组来检索有关文献记录。常用的基本索引字段及其代码:AB = Abstract 或文摘;DE = Descriptor 或叙词;ID = Identifier 或自由词;KW = Keyword 或关键词;TI = Title 或题名。字段限制检索虽然能够通过限定检索词所处的字段使检索结果在一定程度上进一步满足提问要求,但无法对检索词之间的相对位置进行限制。

第四,布尔逻辑检索(Boolean logic)。

逻辑检索是一种比较成熟、较为流行的检索技术,逻辑检索的基础是逻辑运算,绝大部分计算机信息检索系统都支持布尔逻辑检索。

逻辑"与"用 AND 为运算符,表示概念的联合。检索词 A、B 若用逻辑"与"相连,即 A AND B,则表示同时含有这两个检索词才能被命中。

逻辑"或"(逻辑乘)用 OR(或+,或 1)为运算符,表示概念的限定。检索词 A、B 若用逻辑"或"相连,即 A OR B,则表示只要含有其中一个检索词或同时含有这两个检索词的文献都将被命中。总之,逻辑"或"是通过 OR 连接同义词、近义词、相关词或同一术语不同表达方式的一种逻辑。

逻辑"非"用 NOT(AND NOT,BUT NOT)为运算符,表示概念的排除。检索词 A、B 若用逻辑"非"相连,即 A NOT B,则表示被检索文献在含有检索词 A 而不含有检索词 B 时才能被命中。NOT 可以缩小检索范围,但必须慎用,只有当确信要从检索结果中排除一个术语或短语时才用它,否则,会将有用的资料排除在外。

布尔逻辑运算符的运算次序为:逻辑"非"→逻辑"与"→逻辑"或";若有括号,则括号优先,这同算术运算中的四则运算相似。大多数网络信息检索工具都支持布尔逻辑运算,但各自采用的表现形式不尽相同:有的用 AND,OR,NOT(有的工具要求用大写,有的要求用小写,有的则大、小写均可);有的以符号(·、+、-)代替,有的可支持"&""︱""!"符号操作;有的直接把布尔逻辑运算符隐含在菜单中,如 Lycos,Google 的默认运算符是布尔逻辑"与"。

此外,还可以采用短语检索(phrase search)、自然语言检索(natural language search)、多语种检索(multi-language search)、模糊检索(fuzzy search)、加权检索(term weighting search)、音形一致的检索(phonetic search)、词根检索(stemming search)等。

因为检索策略通常不能一次性构造成功,所以此步骤一般是先做试验性检索,然后根据检索结果对检索策略进行调整和优化,可能包括上位词检索、下位词检索、同位词联想检索、同位词否定检索、外部特征关联检索等,实现扩大范围检索和缩小范围检索。

当检索结果为零或太少时,就需要扩大检索范围。在检索词的选择方面,可以使用布尔逻辑"或"连接表达某一概念的同义词、近义词或相关词,降低检索词的专指度,如使用较普遍的词代替不常用的词,或改用上位词;减少布尔逻辑运算符AND 连接的最不重要的检索词;去掉布尔逻辑运算符 NOT 及其连接的检索词;取消某些限制,如文献类型、出版年、语种等;使用分类号进行族性检索;使用截词检索以检索出某词的单复数形式、英美单词拼写差异、同根词或者含有某几个字母组合的所有单词;利用某些检索工具提供的"自动扩检"功能进行相关检索;对于查全率要求高的检索课题,不妨使用多个检索工具;使用信息资源的整合平台检索来自不同提供方的各种数据库。

当检索结果太多或不相关时,就需要缩小检索范围。其方法包括:使用逻辑"与"连接更多的关键词;使用布尔逻辑"非"把不需要查找的关键词排除在检索结果之外;使用位置限制的检索;使用字段限制检索;采用短语检索进行精确检索;当某一缩略语有多种全称时,同时使用缩写与全称,利用检索工具的进阶检索功能进行二次检索;限制查询范围,如类目的分类范围、地域范围、时间范围、网站类型范围、文件类型(PDF、PPT、WORD 等)。

对于一些检索课题,若检索结果满足用户需求,可以很快给予答复或提供检索结果,也可以根据用户需要继续索取原始文献。检索结果提供方式包括显示、复制、打印、下载、E-mail 发送、输入到参考文献管理软件或个人信息管理软件等,输出形式包括目录、题录、文摘、全文或自定义形式等,还可以对检索结果进行有选择性的输出。原始文献的索取,还需要辨识文献特性,包括文献类型、来源、出版物名称等,然后查找原始文献的收藏单位,可通过借阅、复制或网上传递等途径获得,也可以通过常规下载、代理下载和爬虫下载等获得。

当然,信息的检索与搜集,目前最好立足于外源采集平台和内源采集平台进行。外源采集平台最好采用小知识本体对多来源、多机构、多渠道的数据采集。内源采集平台是由科研院所自身对包括内部与外部的所有信息进行整合的平台,要实现对来自竞争情报系统、外网点对点数据库、外网重要网站数据、外网搜索引擎等多渠道的他国、本国、本单位、外单位(咨询与研究机构、院校、情报研究机构)等多来源信息的搜集,要实现对馆藏数据库和内部网络数据的搜集,要实现对纸质、电子、磁带等多载体信息的搜集,进而实现全面、及时、准确的搜集,并对搜集的数据进行去重、过滤与清洗,达到多源数据融合。更重要的是要借鉴一些情报专家、技术专家以前的情报成果,学会"站在他人的肩膀上工作"。

5) 初步整理资料

情报研究工作通常是集体合作的工作,信息搜集多由众人分头进行。这些由不同的人经过不同的途径、使用不同的方法搜集来的原始信息大多数是分散的、零星的,有些甚至是片面的、不准确的。要反映事物的特征、本质和内在联系,必须进行初步的筛选,并进行形式整理,使之条理化。形式整理基本上不涉及信息的具体内容,而是凭借某一外在依据,进行分门别类的处理。

第一,初步筛选。

首先对信息或情报线索进行初步筛选。① 剔除假资料,去掉相互重复、陈旧过时的资料;② 从研究任务的观点评价资料的适用性,保留那些全面、完整、深刻和正确地阐明所要研究问题的一切有关资料,以及含有新观点、新材料的资料。

第二,分类整理。

首先,要按承载信息的载体进行分类整理,如纸张(卡片)、磁盘、光盘、缩微品、视听品、实物等,以满足不同载体的性质、特点和保管、存储要求。

其次,要根据其使用方向进行分类整理。对搜集到的面向某一具体课题的结果要按研究内容进行分类整理,以便后续开展情报研究。对同时搜集到的与情报研究机构或人员目前或未来可能课题有关的信息,也应当分门别类处理,进行日常积累。

最后,要按信息的跟踪与积累体系,对搜集到的信息或情报线索,根据内容线索或部分要点进行粗略的分类和整理。在分类整理过程中,具体分多少类、分哪些类以及如何归类,没有一个统一的模式,一般根据课题或情报研究机构的性质和所搜集的信息内容而定。分类越细,要求所涉及的信息内容越深,则难度越大,所以一般只粗略地分成几大类。

3.2.4　信息鉴定与整理

信息鉴定与整理是情报研究工作必须进行的基础性工作,也是积累信息的一项经常性工作。通过各种方式搜集和获取的原始信息,大都是杂乱无序且真假混杂的,难以直接作为分析和研究所利用的素材。只有经过整理,才能将信息从无序变为有序;只有经过鉴别,才能将真正有价值的高质量信息筛选出来,将无用或不良的信息过滤掉。这两个过程通常交替进行,没有明显的先后之分,而且随着一个过程的深入,另一个过程也进入到更深的层次。其共同作用的结果是使所搜集到的信息成为有序且有用的信息,区分出核心资料、主要资料、次要资料和无用资料,并纳入体系以便进行分析和研究。因而,信息的鉴定与整理对于开展深入的情报研究非常关键。

1. 定义

信息鉴定与整理,是指根据课题的目的和要求,通过阅读(浏览、泛读、精读、整体阅读等)和摘记(记录、摘录、札记等)等方式对初步整理的信息进行消化,从外部特征、内容特征和文献统计特征对信息进行评判,并整理与区分为核心资料、主要资料、次要资料和无用资料,以开展课题分析和研究以及纳入体系进行后续开发与利用。

2. 工作标准

信息鉴定与整理的要求:根据可靠性、先进性、适用性区分核心资料、主要资料、次要资料和无用资料。

1) 可靠性

信息的可靠性一般指情报研究人员选用信息的真实性、完整性和科学性。其一般从文献的外部特征和内容特征来鉴别。文献的外部特征包括:文献类型、文献的密级、所处研究阶段、文献的发表时间、文献作者身份、文献所属研究机构、文献出版单位的权威性与影响力、文献引文的权威性和被引用率等。文献的内容特征包括:应用和验证、逻辑性、客观性和与已掌握情况对比等。信息的可靠性可以从文献的外部特征来鉴别,但是更要从文献的内容特征来鉴别。其搜集的信息所载的事实、数据、论据、论点等必须是如实的调查所得,不是道听途说或添油加醋的结果,没有夸大或缩小的现象;所反映的问题必须全面,抓住事物的本质等。

2) 先进性

先进性,是与原有基础相比的一个相对概念。信息的先进性,体现在其所载的信息,是及时反映目前进展和前沿发展的客观且新颖的信息,是创新地提出新理论、新观点、新假说、新发现等特征的科学信息。信息的先进性可以从文献的外部特征和计量学特征进行评价和鉴别,更主要的是从文献的内容特征进行评价和鉴别。文献外部特征包括文献作者所属区域、文献类型、文献出版机构、文献发表时间、文献研究内容所属的阶段等。文献内容特征体现在理论、实践、应用和效益等方面。文献计量学特征体现在文献引用频率、转载和报道频率、文献半衰期等。

3) 适用性

信息的适用性,是指原始信息符合用户需要的程度和对情报研究人员及情报用户在理论与实践上可利用的程度,也就是俗话所说的对口。原始信息的适用性评价通常是在可靠性和先进性评价的基础上,根据主观的研究需要或环境、应用条件或效果等适用性要求对客观信息进一步筛选。研究需要或环境主要体现在研究的领域与学科、研究目的和预期作用等方面。应用条件或效果主要体现在应用的方向和应用的效果等方面。

3. 工作实践

总结国内外信息鉴定与整理的特点与规律,结合中国航发沈阳发动机研究所情报研究工作的实际情况,信息鉴定与整理一般以初步整理的信息为输入,以信息整理、信息鉴定、分类整理等为主要活动,以核心资料和主要资料为输出。其中以信息鉴定为核心。

1) 信息整理

信息整理是情报研究工作中对信息的初级组织,是在形式整理基础上的进一步深化,是从内容角度对信息的再处理,通常包括对信息内容的理解和揭示。

第一,对信息内容的理解。

信息内容因其表现形式不同而采用不同的理解方式。对于以文字、数字和图形信号为表达形式的原始信息,情报研究人员通过阅读和摘记的方式进行接收和处理。对于承载富有动感的声音、图像或实物的声像型和实物型信息,情报研究人员通常采用收听或观摩的方式进行接收和处理。

阅读是人类处理文字、数字和图形信号以获取信息的重要手段,是认识客观世界的重要方法。研究表明,在阅读过程中,人既是信息的领悟者,又是信息的加工者。阅读通常分为浏览、泛读、精读、整体阅读四个相互衔接的阶段。

浏览又称翻阅是快速扫描文献信息的一种阅读,目的是发现有价值的信息。它常用于文献扫描和素材取舍中,主要用于查重、剔旧和去杂等,将筛选出来的信息留待再读。浏览不是一字一句地抠,不需逐段逐页地读,伸手拿来,随便翻翻,瞄瞄标题,品品细目,捕捉关键词,对于感兴趣的部分看个大略,发现有价值的信息做个标记。

泛读又称略读是慢速扫描信息的一种阅读,其目的是确定信息的重点。泛读是对筛选出来的信息进行了解全貌、不求甚解的阅读,目的是确定该信息与本专题研究是否确实有关,确定哪些章节、段落、图表中的事实、数据和观点等有价值,以便为精读做准备。在泛读时,一般也无须通读,而是通过标题,了解文献主题;通过文摘,了解文献内容;通过引言、结论,了解文献的背景、目的和结果;通过图表、数据、关键词,确定精读的章节、段落和部位。

精读又称选读是在泛读基础上有重点的和理解性的一种阅读,目的是深入且准确地理解信息有用部分的内容,掌握要旨,并给予适当的评价。在精读时,既不像浏览那样走马观花,也不像泛读那样粗枝大叶,而要逐章逐段、边读边想,必要时还应字斟句酌、反复琢磨,力求做到透彻理解、融会贯通。精读时一般也不一定都需要通读全文,而只对需要阅读的部分认真通读,划出重点,必要时加以剪贴、摘录、整理和批注。

整体阅读是快速阅读信息的一种阅读。它在精读的基础上,按篇名、作者、内容、事实、数据、观点、心得体会 7 个方面,将信息的各部分贯通起来,并进一步由此达到把握信息主题思想和检查精读过程中是否有失误的目的。另外,针对情报研究课题的阅读,应讲究阅读顺序,通常可以先读基本情报,后读最新情报;先读中文,后读外文;先读图书,后读期刊;先读综述,后读专论;先读重点,后读相关,以便做到由浅入深,从易到难,从一般到特殊,有效地选择和吸收与本课题有关的信息。

收听或观摩是理解富有动感的声音、图像等声像信息和实物信息的一种手段。

收听或观摩在本质上与阅读没有什么两样，一般也要反复进行，而且一次比一次深入。例如，对于承载信息的实物，我们可以通过第一次很简单的观摩获取其色泽、轮廓、造型或结构方面的粗泛信息，初步判断其是否有价值；通过第二次观摩寻找我们感兴趣的部位；通过第三次观摩获取感兴趣部位的详细信息；等等。一般来说，收听或观摩越细致、次数越多，信息内容的挖掘程度就越深。

第二，对信息内容的揭示。

不论是阅读还是收听、观摩，所理解的信息都只是存在于人脑中。为了便于情报研究人员在信息分析阶段利用，通常还要对所理解的有价值的信息予以揭示，即以某种便于利用的方式体现或展示出来。

摘记，也就是边读边划边写，是揭示信息内容最常见的方式，如对原始信息作标记、眉批、摘录（译）或摘要、单元化和札记等。边读边划的好处：巩固记忆、集中思想、突出重点、便于重读；反复勾画、不断深化、逐步浓缩、形成螺旋上升，取得更好的阅读效果。边读边写的好处：帮助理解、启发思路、产生联想、激发创造、反复批注，可以升华创新。这种在文献中画线圈点和在眉头写体会批语相结合的办法，既可加深理解和记忆，又可留下自己的思想和问题，既简便又实用。除摘记外，对于声像信息可以采取剪辑、配画外音和解说词等方式揭示其内容；对于实物信息，可以在适当的位置贴上醒目的标签或配上说明文字，还可以利用现代技术制作人工模型等方式揭示其内容。

标记就是对文献中的重点、难点、精彩处等画上各式各样的记号。

眉批就是在文献的空白处记下自己扼要的见解、体会、评语、质疑、注释和添补等。

摘录就是记下原始文献中的重要事实、数据和观点，不要断章取义，不要改动原意，并应注明出处，以便备查和引证。

摘要就是把原文的基本内容或重要信息在理解的基础上用简明扼要的文字加以概括，适合于对中心思想和精华部分提纲挈领地掌握。

单元化就是将文献中的有关信息内容分解成若干单元，然后将每个单元的信息分别记到各自的卡片或活页上，或者将不同文献中的信息内容相同的单元记入同一张卡片或活页。一篇文献往往包含许多内容，将不同内容记到同一张卡片上，可能不便于分类和存储。

札记就是随时记下自己阅读时的心得体会和各种联想。记下"踏破铁鞋无觅处，得来全不费工夫"的素材信息，即在意料之外的文献中发现需要的信息内容；记下瞬时产生、稍纵即逝的思路、念头和想法；记下看到的和听到的新苗头、新概念、新知识、新线索；记下阅读中形成的构思和框架等，作为之后研究的启示和先导。

信息整理方法依据具体情报研究课题或根据情报研究机构性质的不同而不同。① 根据信息内容的特点，注重各种事实或观点的比较，包括矛盾的事实或观点的剖析、不同事实或观点的列举、相近事实或观点的归并、相同事实或观点的去重等。② 对于涉及大量有关联的事实和数据,可采用图表方式整理;对于一些重要的特别是连续性数据,最好在进行比较、鉴别、换算、订正和补遗之后采用相应的统计表和图形来整理,以便于直观地观察和分析其变化特征。③ 信息的整理,应注明原始信息的出处,札记应当有明显的标记,以防与原始信息相混淆。

2) 信息鉴定

信息鉴定是在信息整理的基础上,通过阅读和摘记等方式对已经选定的信息进行深入消化,根据课题的目的和要求,从外部特征、内容特征和统计特征,对信息的可靠性、先进性、适用性等进行评判,区分为核心资料、主要资料、次要资料和无用资料。

实际上,在信息形式整理阶段,情报研究人员已经对原始信息价值进行了初步评价,对明显重复的信息进行了去重,对明显陈旧的信息进行了剔旧;在信息内容整理阶段,对信息内容进行了消化与较深入的理解等。也就是说,信息鉴定阶段并不仅仅贯穿于信息整理过程,而是可以向前延伸到信息搜集阶段,向后延伸至情报研究的传递和利用阶段,并对这些阶段都具有显而易见的影响。

第一,可靠性。

信息的可靠性是情报研究的重要基础。其要从外部特征来鉴定,但是更要从内容特征来鉴定,还可以从统计特征来鉴定。一般可以将显然可靠的部分保留,将显然错误的部分除去,再分析剩下的那些既不能肯定又不能否定的部分。分析时,可以先从"不可靠推定"着手,直到怀疑消除为止。

对搜集到的原始信息,首先要进行类型、来源、作者、所处研究阶段、密级、发表时间等外部特征审查和评价。

根据文献类型评价,专利、标准文献的可靠性比一般书刊的高,产品说明书的可靠性比产品广告的高,专题型文献的可靠性比新闻型和动态型文献的高。

根据文献所属研究机构评价,官方来源文献的可靠性比私人来源文献的高,专业机构来源文献的可靠性比一般社会团体来源文献的高,著名学府、著名科研机构文献的可靠性一般较高。

根据文献作者身份评价,知名专家、学者及其他科研生产人员撰写文献的可靠性一般比实业、商业、新闻界人士撰写文献的高。

根据文献出版单位的权威性与影响力评价,著名高校、权威出版机构出版的可靠性较高,严肃的通讯社、报刊、网站等传媒出版机构的可靠性一般要高一些。另外,由事件主体直接提供的信息,一般真实性、可靠性较高。

根据所处研究阶段评价,最终报告的可靠性比进展报告的高,正式标准的可靠性比试行标准或标准草案的高。

根据文献的密级评价,密级越高,可靠性越高,机密性信息的可靠性比公开信息的高,但比绝密信息的低。

根据文献的发表时间评价,越新发表的文献,越要谨慎判断其可靠性。

对搜集到的原始信息,要进行应用和验证、逻辑性、客观性和与已掌握情况对比等内容特征审查和评价。

根据应用和验证情况评价,已实际采用或被实践检验证明能达到预期目的的信息可靠性高。

根据逻辑性评价,文献本身论点鲜明、论据充分、数据翔实、逻辑结构严谨,即:信息所反映的情况、事实、数据、观点、结论是一个顺理成章的有机整体,则可靠性高。如果文献内容本身出现矛盾或违背常理,则其可靠性就要更加谨慎地评价。

根据客观性评价,文献本身观点、论据、事实、数据真实准确,则可靠性高;道听途说或夸大与缩小,则可靠性低。

根据与已掌握情况对比评价,与所掌握的基本情报对比,或与有关的手册、年鉴等工具书的相关内容对比,符合性好的文献的可靠性相对高。

另外,从统计特征鉴定,可以根据引文的权威性和引用度来评价。引用(或参考)文献的权威性越高,则可靠性也越高。引用、转载和报道率高的文献可靠性相对高,报刊与学者评价的文献可靠性相对高。

第二,先进性。

信息的先进性是情报研究的价值保证。其要从信息的外部特征、信息的内容特征和文献计量学特征进行评价和鉴别。

(1)从信息的外部特征,对搜集到的原始信息,一般根据作者所属区域、类型、出版机构和时间要素等进行审查和评价。

根据作者所属区域评价,各地区或部门的基础条件、文化传统、宗教习惯、社会政治制度、生产力发展水平等方面的差异性,决定了反映这些地区或部门现实状况和水平的文献信息的先进性也参差不齐。例如,美国航空、航天领域的研究水平比较先进,相应地反映其的相关文献信息一般也是先进的。

根据类型评价,如进展中的研究项目、会议文献预印本、申请专利说明书等较为先进,一般图书则缺乏先进性。

根据出版机构评价,权威出版机构出版的文献水平较高,所含信息的先进性强。

根据时间要素评价,最近发表文献的先进性一般比较早发表的强。正在进行中的项目的试验小结、刚刚更新的数据库以及新近发表的专利文献、研究报告、上市公司文件、会议文献等所含信息的先进性较强。

(2)从信息的内容特征,对搜集到的原始信息,一般根据理论、实践、应用和效益等进行审查和评价。这是因为,情报研究采用的信息往往是对同一事物或同一产品的性能、数据、观点和评价的不同表述,应该分析或整合出具有代表性的信息,这样完成的研究报告才会具有先进性。

在理论上,在某一领域原有基础上,是否提出了新原理、新观点、新假说、新发现、新产品、新工艺、新方法、新发展;是否对原有的理论、原理、方法或技术加以改进和完善;是否对原有的理论、原理、方法或技术进行了集成性创造等。

在实践上,是否提出了新设计、新结构、新方法。

在应用上,是否开创了应用新领域,是否提高了性能,是否突破了现有水平。

在效益上,是否产生了较好的经济效益、社会效益和环境效益。

(3) 从信息的统计特征,对搜集到的原始信息,一般根据引用率和文献半衰期等进行审查和评价。文献的引用频率、转载和报道频率越高,文献的先进性越强。文献半衰期越快,文献资料的先进性越差。文献半衰期是描述文献老化速度的一个指标,意指某学科现在尚在利用的全部文献的一半是在多长一段时间内发表的,这与该学科一半文献的失效所经历的时间大体相当。

第三,适用性。

信息的适用性是情报研究工作取得实际效果的保证。任何信息都是在一定条件下发生的,条件相似,其适用性一般较强。因而,信息的适用性一般根据客观信息与情报研究课题的主观研究需要或环境、实际应用或应用效果等方面的相似性进行评价和鉴别。

在情报研究课题需要或环境方面,研究的领域与学科相同或基本相同的信息的适用性强,相似的信息的适用性较强,不一致但相关的信息只能参考或借鉴或根本没有借鉴价值;研究内容相同或基本相同的信息的适用性强,相似的信息的适用性较强,不一致但相关的信息只能参考或借鉴或根本没有借鉴价值;研究目的和预期作用相同或基本相同的信息的适用性强,相似的信息的适用性较强,不一致的信息只能作为借鉴或根本没有借鉴价值。

在情报研究课题实际应用方面,相同或基本相同的信息的适用性强,相似的信息的适用性较强,不一致的信息只能借鉴或根本没有借鉴价值。

在情报研究课题应用效果方面,信息提供的结构、数据、材料、工艺等,可以直接应用或参考,能够解决当时、当地存在的问题,具有产生明显的现实的经济效益、社会效益和环境效益的,是很适用的;能够对解决当时、当地存在的问题加以启发和引导,具有产生经济效益、社会效益和环境效益的,是适用的;能够解决国民经济和社会发展的长远需要的问题,未来具有经济效益、社会效益和环境效益的,也是适用的。

3) 分类整理

对经过鉴定整理后的信息,根据课题的不同需要,按事实、数据、观点,技术、产品和产业,科研生产与经营管理,空中、地面、海洋,国别,机构,时间跨度等进行适当地组合,并加以分类、集中和比较,得出一个方面、一类产品、一种技术的由来、发展和趋势,找出它们之间的相互关系,从而形成一个比较系统的、多向的(或横向或纵向,或纵横交叉)、动态的信息集合。其具体做法,就是在紧紧把握课题的目的和要求的前提下,对信息鉴定与整理阶段形成的文摘信息进行大致的分析和构思,将信息鉴定与整理阶段确定的那些评论性、关键性的核心资料的信息集中起来进行深入的、反复的研究和分析,找出它们之间的相互关系,按照不同的要求进行排列组合,形成一个比较系统的整序框架。

经过鉴定与整理的信息,依据可靠、先进、适用的程度,按信息的跟踪与积累体系进行分类整理,区分出核心资料、主要资料、次要资料和无用资料,并纳入产品体系结构,作为素材积累或形成情报产品,当然最好是建成档案或存入数据库。将核心资料和主要资料,作为原始情报提供给用户,在全所范围和/或情报研究机构内部共享;将优先选择的文献进行翻译,形成编译情报;将最新的进展,撰写为动态情报;将核心资料和主要资料作为基本情报、预测情报和对策情报研究工作的基本素材。

3.2.5　情报翻译与编译

翻译作为一种双语转换活动,涉及人类大脑中最复杂的认知过程,是一项复杂的脑力劳动。情报翻译与编译是科研生产的重要组成部分,更是情报研究工作中非常重要的一项内容,与情报研究工作的各个环节无不紧密相连。其结果,可作为独立的情报研究产品,如译文集、译著、手册和图书等,也可作为情报研究的素材,即作为研究国内和国外现状和未来发展趋势的补充,对科研生产和经营管理等具有非常重要的技术保障和决策支撑作用。其质量在一定程度上决定着情报研究工作的整体质量和水平。因而,无论是用在情报研究报告中,还是其本身作为翻译与编译产品,如果不准确,不但不可能起到应有的作用,而且会起到误导的作用。

1. 定义

翻译是把一种语言文字的意义用另一种语言文字表达出来,包括从母语转换成外语和从外语转换为母语。情报翻译从本质上来说就是翻译,其遵循翻译的原则和规律、方法和技巧。

按来源,情报翻译可以分为自拟翻译与指定翻译。自拟翻译,是情报研究人员根据科研生产与经营管理的难点、热点、前沿、趋势等,并结合自身积累的资料拟定的专题翻译或动态翻译;或者是情报研究人员为进行深入的情报研究而进行的专题翻译。总的来说,由情报研究人员自拟的专题翻译系统性更强,也就是说更有利于情报研究工作有计划地开展。指定翻译,是情报研究人员针对领导或其他科研生产与经营管理人员提出的需求而进行的翻译。由科研生产和经营管理人员提出的需求针对性更强,时效性更强些。

按文献类型,情报翻译可以分为对动态进行翻译、对专题进行翻译和对专著进行翻译。

按形式,情报翻译可以细分为翻译、摘译、节译和编译。翻译,是把一种语言文字的意义用另一种语言文字表达出来。节译,又称选段翻译,是采用一种语言把另一种语言的文献的一段或一节或一部分表达出来,其内容不完整,但是要完全忠于原文。摘译,是采用一种语言把另一种语言的文章的要点和主要内容表达出来,是对大意和主要内容的翻译,不一定完全等同于原文,但内容相对节译要完整。编译,采用一种语言把另一种语言的文章的大致意思表达出来,可以删减和增补,是翻译和编写的结合。

按程度,情报翻译流程可以分为翻译、校译、审校、清稿和终审等,翻译又包括翻译和自校。翻译是经过粗读、细读与精读原信息等过程,在准确、透彻地理解原信息的基础上,完成语言的转换,通常还包括自校过程。自校是翻译人员在译文初稿完成后间隔一段时间(时间可长可短,如果任务要求不急,则时间稍长些),按所译语言的习惯,通读译文,对照原信息对自己的译文进行逐字逐句的检查和修改。校译是在自校完成后,翻译人员将译文交给翻译水平更高、经验更丰富、能发现翻译人员的疏漏和谬误的人员进行翻译质量的检查,从而提高译文质量的过程。校译人员的职责是帮助翻译人员提高译文质量,尽量减少或消灭译文中的错与漏,对其校译后的译文负责。审校是对译文质量带有权威性的审定,是对翻译人员和校译人员工作的最终把关。审校时要按照既定的质量和形式要求对译文进行审定,如果审校人员认为翻译人员和校译人员达不到这些要求,应提出修改意见,甚至提出重新翻译或不采用该译文的意见。审校人员应确保译文的精密、准确、恰当,不使用户对译文产生偏离原词、原意的理解,对译文负有把关的责任。清稿是指翻译人员对校改的地方逐词逐句地研究,吸取校译人员的长处,以提高自己的翻译水平和译文质量。对校改的词句有不明白或不同意见时,翻译人员应先查阅工具书,认真研究后与校译人员讨论,甚至共同请更有经验的同志或多找几位同行进行研究讨论,形成统一意见。清稿应完全体现校译后的译文状况,不得有任何更改。翻译人员这时如觉得需要再做新的改动,应取得校译人员的同意。终审(终校、统校)一般在由多人合作翻译、校译和审校的大型重要资料出版或发表之前进行。终审人员对译文负有最后把关的责任,除负有审校职责外,还应负责整个译文的整体性和统一性。

2. 工作标准

情报资料翻译的总体要求是内容准确(信)、语言规范(达)、译文通畅(雅)。

1) 内容准确

情报资料的内容,一般是指作者所描述的事物、事实,说明的事理,以及在描写或说明时所表露的思想、感情色彩及风格等。翻译人员必须逐字逐句地将情报资料包含的内容采用所要求的语言忠实地、完整地、准确地、科学地表达出来,不能有所歪曲,既不能削弱,也不能加强。

2）语言规范

译文语言必须符合规范要求,按照语言习惯用词造句,采用规范的语言和标准的符号,努力杜绝文理不通、逐词死译和生硬晦涩等现象,以求通俗易懂。汉语修辞,去掉不必要的词语,修改上下文不连贯的地方,保证数字、引语、人名、地名、时间等无错误等。术语定义应准确,同一术语在同一专业范围内,在上下文中要统一,但同一术语也可因专业不同而含义不同。

3）译文通畅

情报资料的语言往往因内容的不同而不同,也往往因人而异,在语言的运用上都会有各自的特点。翻译人员应善于根据原始情报资料的特点,明确且层次清楚地表达内容。

3. 工作实践

情报翻译与编译是一项高难度技术工作,工作流程已经得到广泛且长期的验证,基本一致。结合中国航发沈阳发动机研究所情报研究工作的实际,情报翻译与编译一般包括分析与分配、译前准备、实施翻译、实施校译等主要流程。

1）分析与分配

对于自拟翻译与指定翻译,指定负责人或翻译人,向任务的来源或使用单位或个人,详细了解有关任务的情况（包括背景、目的、质量要求、时间要求、形式要求等）、统计工作数量、分析任务难度和质量、分配任务（包括制订计划、督促检查和协调项目）等。

第一,对工作数量进行分析。

根据拿到的需要翻译的全部或部分情报资料,粗略地估计出全部情报资料的总翻译字数,包括是否有公式和图表,以及公式和图表所占的比例等,初步确定需投入的人力。

第二,对任务难度进行分析。

根据拿到的需要翻译的全部或部分情报资料,估计翻译工作的难度,包括所属专业性、作者来源等,以确定投入的人力。在情报资料所属内容专业性方面,一般偏理论的相比偏实践的难些,而两者相比综合类的都偏难些。一般来说,专业性强的情报资料术语和理论知识以及结构分析等是不容易理解的,翻译的难度相对大些,需要翻译人员多学、多问、多思考。在作者来源方面,采用母语撰写的情报资料或知名公司/机构的情报资料,相对容易些;相反则难些。

第三,对任务质量进行分析。

根据任务的来源单位或使用单位或个人的要求,明确是公开出版、内部使用,还是自己使用,并确定质量要求。公开出版的译文,译文要达到"信、达、雅",质量要求最高;内部使用的译文,相对来说,对一些细枝末节（如参考文献、人名、地名、图表规范化等)的内容,可能质量要求低些;情报研究人员自用的译文,自己能看懂,能让他人明白,符合中国人语言逻辑就可以了,质量要求最低。

第四,对任务进行分配。

根据任务的数量、难度、质量和交付要求,翻译与编译任务的负责人,明确翻译的工作数量和质量要求;确定能够胜任翻译任务的主要人员和必要的辅助人员,将每项翻译任务分配给翻译人员,并明确各阶段的时间节点(译前准备、翻译、校译、审校)。计划制订后,要严格按照计划跟踪检查;如果在计划实施的过程中发生未预估到的情况,如任务难度预估不足、翻译人员增加其他任务、翻译人员能力估计不足,要及时协调,以调整计划。

2)译前准备

译前准备一般包括术语准备和语料准备等。

第一,术语准备。

任务负责人,在翻译前可利用翻译软件或人工统计等方式实现高频词提取,建立专用术语库,保证全书或全稿中名词、术语,以及人名、地名和机构名的翻译统一。如果情报资料中已经有术语表,则可作为一部分术语库内容。

第二,语料准备。

语料准备只限于情报资料本身的准备,需要尽可能地将所有的情报资料电子化、识别成可翻译的文字;如果是网上下载的网页格式的情报资料,需要将其转换成 word 版;需要统一情报资料中的图表的标注、编排方式;需要统一情报资料章节的格式。

3)实施翻译

翻译,一般分为阅读、翻译和自校等环节。

第一,阅读。

在动手翻译前,要对情报资料进行 3 阶段阅读,即通读、细读和精读。

通读是从头到尾的通读,中间不要停顿,不认识的单词、不懂的语句都不要管,只管往下读。读完一遍后,如果这时能抓住原文中心思想、主要论点和论据,就开始第二阶段阅读。如果不行,那就再来一遍或两遍。

细读要慢一些,中间要时不时地停下来,对在关键地方卡住的词、短语和句子进行标记,并通过查阅词典和参考书或请教别人,记录下得到的答案。这个阶段是学习阶段,主要是解决疑难问题,通过查阅资料和/或请教专业人员等方式把不懂的概念和不理解的原理弄懂。一遍不行,就两遍、三遍,直至把整篇文章读懂。

精读要着眼于加深对原文的理解,同时解决遗留的细小问题。这一阶段,是细嚼慢咽的阶段,是品味的阶段。在这一阶段,要仔细琢磨每个词、每句话在文中的意思,要注意上下文关系。对一些把握不准的词和句,要细心分析比较,认准它们的含义,力求准确无误地理解原文。这是做好翻译工作和情报研究工作的基础。

第二,翻译。

翻译人员遵照作者的意图和思想,组织文字表达出来。

第三,自校。

自校是翻译人员对自己的译文进行全面检查和修改。在技术方面,要对照原文一字一句地进行检查,检查是否忠实、准确、科学地表达了原文的科技含义;在汉语修辞方面,检查词句是否通顺,上下句是否连贯;最后再与原文对照一遍,看看在汉语润色的过程中是否有以词害意的地方。另外,自校最好在译文初稿完成后间隔一段时间进行。

4) 实施校译

校译(互校)是翻译人员将完成的译文,交由校译人员进行翻译质量检查。翻译人员完成译文后,主观上似乎已无改进的余地,但客观上必定有一些待改进之处,甚至错译的地方。这就需要换一个人对译文进行全面的审视。所以,校译是借助他人之力提高译文质量。一般来说,校译人员的翻译水平应该更高,经验更丰富,能发现翻译人员的疏漏和谬误之处,为其改正,从而在提高译文质量的同时,帮助翻译人员提高技能。

审校是对译文质量带有权威性的审定,是对翻译人员和校译人员工作的最终把关。审校一般是代表单位/机构进行的。作为单位/机构,对译稿有一定的质量要求和形式要求。审校人员的工作就是要使译文达到这些要求,如果审校人员认为翻译人员和校译人员达不到这些要求,可以提出修改意见,甚至提出不采用该译文的意见。这时审校人员主要对其所代表的单位负责。

在校译和审校等环节,可以按表3-5的内容对译文的翻译过程和翻译质量进行检查或评审。

表3-5　翻译过程和翻译质量评审表

翻译篇名/标题:		
翻译、校译、审校、审定人员:		
准确性	完整性	译文完整,无原文语意缺失(　　) 译文基本完整,有少许原文语意缺失(　　) 译文存在大量原文语意缺失(　　)
	忠实性	译文严格尊重原文事实(　　) 基本按照原文事实翻译(　　) 回避不易翻译文字,掺入主观臆测成分(　　)
	科学性	专业内容理解、专业知识运用与表达到位(　　) 专业内容理解、专业知识运用与表达较到位(　　) 专业内容理解、专业知识运用与表达不太到位(　　)
		否定句/从句/长句等句型、语态、词类等处理得当(　　) 否定句/从句/长句等句型、语态、词类等处理较得当(　　) 否定句/从句/长句等句型、语态、词类等处理不太得当(　　)

续　表

	生僻词句	未采用生僻、不易懂词语(　　) 采用了一些生僻、不易懂词语(　　)
规范性	专业术语	专业术语翻译规范一致(　　) 专业术语翻译不规范不一致(　　)
	量和单位	量和单位统一规范(　　) 量和单位不统一规范(　　)
	意义	意义明确(　　) 意义较明确(　　) 意义不太明确(　　)
通畅性	层次	层次清楚,行文简洁,一目了然(　　) 层次基本清楚,行文少有令人费解词句(　　) 层次不太清楚,翻译腔严重(　　)
	语言	行文简洁,一目了然(　　) 行文少有令人费解词句(　　) 翻译腔严重(　　)
翻译进度 综合评价		
翻译质量 综合评价		

3.2.6　情报分析与集成

情报分析与集成,实际上是针对情报研究的目的和要求,通过对搜集、整理、鉴别后的国内外原生信息进行分析、综合、提炼、推理等,使原生信息得到激活且增值和由原生信息创造出"新情报"的过程。认识研究对象,从分析开始,以集成结束,分析中有集成,集成中有分析,通过分析和集成完成对研究对象的把握。情报分析与集成最能体现情报研究人员的智慧与情报研究成果的科学性和创造性,直接决定情报研究工作成果水平,是情报研究工作的灵魂和核心。

1. 定义

情报分析与集成,针对情报研究的目的和要求,对核心资料、主要资料所载的事实、数据、信息和知识等进行去重消冗和去粗取精,挖掘其本身的情报;对原始情报的各个属性、各个部分、各个方面进行深入细致的审查、推敲和判断,探索错综复杂的众多现象相互之间的关系,并将信息的各个属性、各个部分和各个方面按一定的目标集成为一个统一且有机的整体,归纳、提炼、推理出具有共同性或趋势性的特征和规律,总结得出新观点和新认识;运用逻辑的、数学的或直觉的方法,研究或预测未来发展趋势,总结得出新趋势和新态势;对以上新观点和新认识、新趋势和新态势进行解释和评估,按一定的目标组织所要阐明的观点与论据,并结合实际情况集成得出新建议和新方案等。

2. 工作标准

情报分析与集成的工作要求主要体现在创造性、科学性和服务性,其核心是创造性。

创造性主要体现在综合性、预测性和对策性。综合性,发现某些客观存在的事实或规律,总结得出新思想、新认识、新观点和新见解。预测性,运用逻辑的、数学的或直觉的方法,研究或预测未来发展趋势,总结得出新趋势和新态势。对策性,按一定的目标组织所要阐明的观点与论据,并结合实际情况集成得出新思路、新建议、新方案、新举措、新对策等。

科学性主要体现在客观性、系统性和积累性。客观性,具体体现在占有和提供的信息的数量充足、时间新颖、内容可靠,不能采用虚拟的或以假乱真的信息作为论据;分析要采用合适的经过验证的定量方法和克服认知偏见的思维模型,全面准确地反映客观实际;情报研究的结果或论点符合客观事物情况及其发展规律,决不能为了迎合任何人的主观愿望和要求而故意主观地选择信息与形成观点。系统性,具体来说就是使大量无序的信息有序化、使零乱的信息整体化、使分散的信息集成化、使不同层面的信息串联化、使不同时空的信息整体化。积累性,主要体现在信息的积累性和情报研究知识与经验的积累性两个方面。

服务性主要体现在针对性、适用性和适时性。针对性,准确地把握用户提出、委派和下达的需求,并紧紧地围绕其开展工作。适用性,准确理解用户需求的目标和内容,并以其为焦点开展工作,集中解决困惑用户的一些难以解决的重点问题和核心问题。适时性,也称时效性,具体体现在完成情报研究课题的按时性,提供情报研究课题研究成果的及时性,以及情报研究课题研究内容所体现的时代性。

3. 工作实践

总结国内外情报分析与集成的特点与规律,结合中国航发沈阳发动机研究所情报研究工作的实际,情报分析与集成一般以核心资料和主要资料为输入,以情报分析、情报集成等为主要活动,以情报研究结果为输出。

1) 情报分析

情报分析是对经过初步整理的素材进行深入细致的审查、推敲和判断,并从中找出新情况、新特点、新理论、新经验、新启迪等的过程。

情报的分析和再创造并无统一的规律可循,应根据不同情报研究课题的目的/要求和所掌握的有关国内外情况,采取不同的分析和研究方法。过去,其主要采用定性分析;目前,提倡采用定性分析与定量分析相结合的方法。因为经量化的概念,会使论据更可靠、更有说服力。当然,有些情报研究课题只要应用定性分析就可以阐述清楚,则不必牵强附会非要进行定量分析。有些复杂问题也很难进行量化处理,而且定量分析时如果数据欠全、欠准,经过定量分析后虽然数据一大堆,但往往说明不了问题。因此,在分析研究中应始终把握以定性分析为主,定量分析为辅,结合起来相辅相成。

情报分析可以采用概念分析与判别法、内容分析法、多元分析法、多角度分析方法、对比分析方法和专家调查法等,对原始情报按属性、部分、方面等进行分解、审查和判断,探索错综复杂的众多现象相互之间的关系,从整体和全过程的角度按照一定的目标组织和描述具有共同性或趋势性的特征和规律,进而形成自己的新观点、新建议、新方案、新对策。这为科技情报研究工作提供了新的科学手段。

在大数据环境下,可以采用机器学习、数据统计、神经网络等方法,将原来的"死数据"变成"活情报";采用各种科学分析模型、方法和工具,对采集到的各种类型数据进行计算机辅助分析或基于计算机的智能化分析,发现复杂事件之间的微妙相关关系,实现由传统的随机采样型情报研究向多源全样本情报研究的转变,特别是利用人类智慧完成预测性分析和前瞻性判断,形成有观点、有建议、有方案和有对策的创造性情报研究产品[39]。

2) 情报集成

情报集成是针对情报研究课题的目的,运用逻辑的、数学的或直觉的方法,对经过分析的各种素材所载有的新知识与新信息等进行融合、提炼和推论的再创造,挖掘和描述具有共同性或趋势性的特征和规律;并在此基础上,提出自己的意见、观点、建议、方案、对策。这是情报研究过程的深化,是情报研究的核心所在。

融合是根据已知的信息将各种因素融合为一体,使其产生质的飞跃的研究过程。在实践中,融合通常采用两种方式:一种是将不同角度、不同深度,甚至不同准确度的零星信息集中起来,加以整体化的系统研究,概括出相对完整、准确、有层次和有深度的信息;另一种则是广泛研究同类信息内容,吸取各方的精粹,并进行归纳和整理,进而形成新的情报。

提炼通常包括共性提炼、特性提炼和典型提炼等。共性提炼是指从反映同一事物但不同时间、不同空间或不同性质的信息中找出相同特点、步骤、方法和规律,通常应用于技术政策研究、经验教训研究、管理科学化研究等。特性提炼是指从反映同一事物以及相似状况的信息中,从空间、时间的性质或状态角度找出不同的特点、步骤、方法和规律,通常应用于宏观研究、工艺设备研究、技术发展、产品研制、市场研究等。典型提炼是从反映同一事物但时间、空间、性质、状态等存在某种差异的信息中,选择出一种或少数几种与目标事物具有类似的特点、条件并可用来仿效借鉴的信息,通常应用于科技政策和技术发展的情报研究等。

推论通常包括预测性推论和判据性推论。预测性推论是一种根据过去推论未来的研究方法,是情报研究中的一种代表性方法。它既可用于国家、地区、部门、机构的未来发展预测,也可用于技术、产品、产业的发展道路和发展趋势的研究。判据性推论是在同一时间条件下根据已知事物判断未知事物的研究方法,即解决"现在究竟怎样"的问题。它是情报研究非常重要的方法,通常应用于有关商业竞争、应用前景、战术技术等研究。

情报分析与集成的核心研究内容包括以下4个方面。

(1)针对用户的特定对象,通过研究对象所面临的形势和环境等外源信息,深刻且系统地挖掘和揭示其内在关系和规律,科学地预测其发展趋势,并集成和提炼出有启示性的新认识、新思想、新观点、新见解和新论断。

(2)针对用户所关注的问题,特别是难点问题和矛盾的观点,全面且客观(防止片面性)地分析其主要症结和可能产生的影响,论证出对解决问题有价值的新思路、新对策、新方案、新举措和新建议。

(3)针对用户所关注的问题,特别是重点和决策问题,运用科学理论和定性定量分析方法,分析出解决问题的主要矛盾和症结,提出解决问题的有价值的新佐证和新依据。

(4)针对用户所研究的领域,总结和挖掘在新技术应用、新产品研制中尚未发现与尚未认识的重要问题,提出新的预警情报。

3.2.7　情报撰写与评审

情报撰写与评审是创造精神产品的过程。按照认识论理论,先有认识,再有表述;先有资料,再有撰写。

情报研究报告的谋划与拟定,是将情报研究过程所取得的认识,采用书面语言准确且全面地表述的过程,实际上是一个谋篇布局过程,就是运用逻辑思维和弹性思维经过理性的概括和科学的抽象,理清研究脉络和思路,运思构想情报研究报告的篇章结构,提炼并明确研究的总观点、分论点与论据。提纲是情报研究报告的纲要、核心和要点,是写好情报研究报告的保证。撰写情报研究报告之前,首先拟定提纲,有助于保证全局在胸、思路明晰、文脉贯通、逻辑正确、重点突出、选料合理、全篇均衡,做到"言之有理、言之有序、言之有物"。另外,拟定好提纲,可能避免论据与论点偏离或脱节、论据与论点不合或前后矛盾、层次条理不清、逻辑关系失当、内容比例失调等,减少情报研究报告修改量,甚至避免返工。总之,正如北宋时期晁补之的形象比喻:"与可画竹时,胸中有成竹"。

情报研究报告撰写,是将情报研究过程积累的资料,采用科学的方法和手段进行记录、总结的过程,是情报研究内容形成和研究成果取得的过程。它有助于情报研究人员本身反复琢磨与推敲,使飘浮、抽象、混乱的思维清晰化、具体化、条理化,进而更加缜密;有助于情报研究人员本身及时发现、补充和修正不足,进而使情报研究成果和报告更加完善;可以供科研生产和经营管理人员参考借鉴,汲取经验和教训,从而避免重复已经做过的工作。

1. 定义

情报研究报告的撰写与评审,是在掌握情报研究需求、开题论证报告描述内容、国内外发展现状、情报分析与集成结果等的基础上,通过立意、构思、表意完成情报研究报告谋划和提纲拟定,并根据拟定的提纲完成资料选择与运用、内容的推敲和形式的编辑,最终完成情报研究报告的撰写与评审。

2. 工作标准

情报研究报告撰写与评审的工作标准体现在拟定提纲的科学性,体现在情报研究报告的科学性、规范性,还体现在情报研究的服务性。

拟定提纲的科学性,首先体现在整体性上,即主题要贯穿全文,文体结构要顾及全部要素和思路,能够纲举目张,提纲挈领,体现情报研究报告的基本架构,达到宏观结构完整统一;其次体现在条理性上,即逻辑清晰、脉络分明、系统连贯,层次之间过渡和衔接自然得体,每一部分能为中心论点服务,达到中心论点与分论点的和谐统一;再次要突出重点,各部分的比例分配恰当,篇幅的长短合适,全篇均衡,便于资料的组织利用(取舍)和作用发挥;最后要表意准确,语言简明扼要,具有概括力和表现力。

情报研究报告的科学性主要体现在所搜集和选定信息的广度、精度和深度,所采用论据的充分性、真实性、准确性、匹配性,所开展研究的先进性和创新性,所得出论点的准确性和客观性,所得出结论的规律性、预测性和对策性。

情报研究报告的规范性,体现在报告要素齐全且符合要求,包括标题、作者、机构、摘要、关键词、引言、正文和结论等;体现在结构层次要分明;体现在语言文字应保证语法正确,用词准确(术语正确且统一、无病语、无病句、无错别字),语言通顺,文字简洁,标点正确;体现在技术要素应保证插图和表格、数学式和化学式、量和单位、数字与外文字母、标点符号及各种人工语言符号、参考文献著录的正确与规范;体现在排版的美观上。

情报研究的服务性,主要体现在针对性、适时性和适用性。

3. 工作实践

总结国内外情报撰写与评审时特点与规律,结合中国航发沈阳发动机研究所情报研究工作实际,情报研究报告的撰写与评审一般以需求描述内容、开题论证报告、国内外发展现状、情报分析与集成结果等为输入,以提纲拟定、资料选择与运用、内容推敲与完善、初稿编辑、报告评审与完善为主要活动,以情报研究报告为输出。

1)提纲拟定

在课题需求、课题现状调研结果、开题论证报告和分析与集成结果都已经完成后,需要通过立意、构思和表意完成情报研究报告提纲的拟定。

第一，立意。

"意犹帅也"，已是老生常谈的道理。立意，即运用理性思维和科学抽象的方法对资料进行研究，经过理性的概括和科学的抽象，提炼并确定情报研究报告的论点。理性思维越深化，概括得就可能越全面，论点的价值就更高；科学抽象越成熟，对事物的本质认识越深透，论点的论证就可能越充分，越严密，理论色彩就越浓。立意，统帅着情报研究报告的构思和表意，解决"言之有理"的问题。

情报研究报告提纲的立意，在某种程度上就是确立论点，通常包括中心论点和分论点。中心论点是统帅情报研究报告的论点，是作者对研究对象理性概括和科学抽象得出的总判断。分论点是构成中心论点的各个部分、各个方面的各个判断，是中心论点的论据。

第二，构思。

构思，是围绕立意对情报研究报告结构进行运思构想的艰苦过程，目的是解决"言之有序"的问题，好比盖楼房首先要设计蓝图。结构是情报研究报告各组成部分的总体布局、各组成部分的次序和全部资料的具体安排，包括层次、段落、过渡、呼应、开头和结尾等内容，居于表现形式之首，直接关系到情报研究报告的撰写质量。其具体工作包括对论证方法的选择、对篇章结构的设计和对资料的选择加工。

拟定情报研究报告提纲，要根据中心论点的需要，勾画出情报研究报告结构的大块图样（划分为几个大的部分），安排好各大组成部分的逻辑关系，把经过归纳、整理和选择的资料合理地分配到各大部分，完成对各部分论点的论证。在这一过程，需要重点研究三个问题：现有资料是否足以支持论点；每一资料是否都能用来证明这一部分的论点；本部分在确立论点的基础上能否充分利用这些资料。当然，绝不是拼凑和堆砌资料。

在各部分小框架完成后，再对各部分之间的逻辑关系重复审查一遍，并对各部分之间的过渡做出安排，使各部分结合得浑然一体。一般来说，中心论点与分论点之间的关系，是主从关系。每一个分论点都必须从属于中心论点。各分论点之间的关系，常见的是并列关系和推进关系。并列关系，即各分论点是中心论点的其中一个组成部分，各分论点之和等于中心论点。推进关系，即分论点之间的关系是环环相扣，有严密的排列顺序和严谨的内在逻辑。上一个分论点是下一个分论点的基础或前提，下一个分论点是上一个分论点的进一步论述。通过一个又一个分论点的论证，一步一步把中心论点说清说透。推进关系的形式较为多样，有时间线索的演进论证，有由浅入深的层层递进，还有由面到点的逐步集中，以及层层剥笋的向内推进等。

第三，表意。

表意，也就是反复推敲和精准表述论点，并完成情报研究报告提纲的拟定。

提纲，就是按照一定的逻辑关系逐级展开的、由序号和文字组成的许多级标题。提纲分为单句式提纲和摘要式提纲。单句式提纲就是采用能表达完整意思的单个句子将该部分内容概括出来,一行一行排列显示全文骨架。单句式提纲的优点是简明扼要,一目了然;缺点是概括过于扼要,只能作者自己了解,别人不一定能明白,而且时间长了,自己也有可能模糊不清。摘要式提纲就是用简明的语言将每层每段大意概括出来。这种提纲比单句式提纲费时费力,对情报研究报告布局不如单句式提纲清晰。提纲的粗细与思考问题的深度成正比,问题考虑得愈深,提纲就愈细。如果提纲写到第 3 级、第 4 级,而且在每一级下,不仅有标题,还有准备用的例证、数据、精辟的议论等,依据这样的提纲撰写情报研究报告,基本上是一个文字整理和加工的过程。一般来讲,耗费在拟定提纲上的大量时间,将会从实际撰写过程得到补偿。

情报研究报告提纲表意,首先要认真推敲并精心设计标题、小标题等论点句,确保表意清晰明确、论证科学。其次要根据主题的需要按照合理的逻辑关系采用序号和大小标题分层级勾画出情报研究报告的结构。一篇好的情报研究报告,每一部分分开时可以独立成章,各部分结合时又浑然一体。

当然,情报研究报告提纲拟定并不是一次完成的。拟写提纲与收集、整理和研究资料,几乎是同步进行的。这里说的"几乎同步",是因为情报研究人员毕竟搜集阅读资料在前,之后才能由博而简,从感性上升到理性,最后才能得出自己的观点和拟定初步提纲。但是,这个初步提纲的进一步细化,却又是反复阅读和研究资料的结果。所以说,拟定提纲的过程,是一个贯穿于整个撰写准备阶段的连续动态过程。在报告提纲初步拟定后,还要全面检查、推敲、完善,做必要的增删。首先,要推敲题名是否恰当,是否合适。其次,要推敲提纲结构是否合理,具体包括:围绕所要阐述的中心论点,检查划分的部分、层次和段落是否可以充分说明问题,是否合乎道理;检查各层次、段落之间的联系是否紧密,过渡是否自然得体。再次,要推敲论据是否合理,具体包括现有资料是否足以支持论点;每一资料是否都能用来证明这一部分的论点;在已经确立论点的基础上能否充分利用这些资料。最后,要对提纲总体布局进行检查,对每一层次中的论述进行"微调"。对于重大或重要或具有挑战性的课题,一般应进行情报研究报告提纲的评审。

2) 资料选择与运用

情报研究报告的所有论点都需要采用论据说明,而论据的基础是资料,因而资料在某种程度上决定情报研究报告的质量与水平,也就是俗话说的"巧妇难为无米之炊"。

在撰写情报研究报告时,选择与运用资料应依据以下原则。

第一,尽量选择和运用真实且准确的资料。

在撰写情报研究报告过程中,选择和运用的资料真实且准确,证据就准确可靠,就会使情报研究报告说服力强;反之,证据就会不足甚至不真实准确,就会造成情报研究报告空洞、乏味,说服力弱。

撰写情报研究报告,对于直接资料/第一手资料,应科学归纳并且尽可能多地选择和运用,因为这种资料是作者亲自通过调查或科学实验得到的资料,没经过他人之手,可靠性大,论证力强。同时也要重视从文献资料中得到的或由他人提供的间接资料/第二手资料和作者对直接资料与间接资料加以整理、分析、研究而形成的发展资料。对于间接资料,在选择和运用时,必须在深入分析、全面理解和仔细核对的基础上合理取舍,充分考虑资料内容的可靠程度、来源的准确程度、引文与原著的一致程度、历史资料的局限性等,避免断章取义,更不能歪曲原意。对于发展资料,在保持原有资料客观性的基础上,力求避免由于主观因素可能造成的偏见与失真。对于别人的论著,若要引用,一定要按原著本意来引用。如果要引用的资料很长而只能引用其中的一部分,可将没有引用的部分概要说明,但务必分清引文与作者对引文的解释两部分的界限,表明哪些是别人的观点,哪些是自己的见解。

第二,必须选择和运用充分的资料。

撰写情报研究报告,必须要有充分的资料才能有足够的论据证明论点,才能将问题论述清楚,才能导出可靠的结论。不掌握充分的资料,就会出现"证据不足",论证不清,难以推导出可靠的结论。因而,根据主题和论点的需要,在查阅和搜集有关资料时,必须尽可能充分选择和运用有关问题的资料,特别是精心选择能说明问题并具有代表性的重要资料。当然,强调资料要充分,并不是愈多愈好,而是要求资料经过剪裁取舍,用得少而得当,能充分有力地说明问题。

第三,必须选择和运用符合论点的资料。

撰写情报研究报告,必须选择和运用符合论点的资料,保证对论点进行全面、充分、准确和具有创造性的论证。

撰写情报研究报告,要对资料进行全面、客观的分析。对于能充分表达论点的关键资料甚至核心资料,必须紧紧抓住,尽可能多地采用;对于不痛不痒的与主题无关的一般性资料,则不论来得多么不容易也不要采用,即使采用了修改时也应割舍。选择和运用资料,必须避免为了强求符合而掐头去尾,只截取与自己观点相吻合的部分;必须避免为了说明观点正确而以点代面,在没有掌握必要资料的情况下找出个别事例或数据来论证;必须避免为了说明自己的观点而歪曲实情,随便夸大某一方面和否定其他方面。

3) 内容推敲与完善

情报研究报告的撰写,有两种方法。第一种方法,是经过深思熟虑,大胆落笔,从头到尾,不间断,一气呵成。这样能使文气贯达、思路顺畅。第二种方法,是根据情报研究报告的层次结构,一部分一部分地撰写、推敲、加工修订,全文各部分写完后,再合并起来通读,最后统稿完成。这需要对内容进行精心的推敲与完善。

情报研究报告的撰写要做到收放自如。所谓收,就是在观点、结论、论据与资料等方面要围绕情报研究报告的中心思想与主题,不能随心所欲地修正、改变和无限地发挥。特别是要把研究成果客观准确地表述出来,一般不宜使用夸张、拟人等修辞手法,并注意逻辑关系的通顺。所谓放,是对语言和资料进行反复修改。初稿还只是个"胚胎",应尽可能写得丰厚一些,尽可能多多采用与主题有关的资料,再逐步删减优化。在论证过程中以及层次结构的安排上,可根据主题表达的需要做一些必要的调整。

在撰写初稿时,主要章节和重要观点的论证,应旁征博引,资料翔实;次要章节的资料即使丰富,也要忍痛割爱,做到突出主题,以免喧宾夺主。初稿完成后,要逐章逐节地推敲,检查重要内容有无遗漏、关键问题是否阐述清楚、各部分之间有无重复。对于重要问题和重要观点,尤其要反复推敲。对于多人合作集体撰写的大型情报研究报告,更要检查在论点与论点、论点与论据、论据与论据之间有无分歧和矛盾。如果发现问题,应该充分讨论,深化认识,统一思想,完成进一步修改和优化。对于个别一时难以作出明确结论或回答的问题,可在报告中加以说明,留待以后继续研究。

4)初稿编辑

情报研究报告初稿的编辑是对初稿进行加工和润饰的工作,是进一步提高报告质量,使内容更准确、逻辑更清晰、文字更通顺、版式更标准、格式更规范,增强报告的表达效果,保证报告的科学性,提高文章的可读性,是情报研究工作之妆。

高质量的情报研究报告不仅是撰写出来的,更是反复编辑与修改出来的。正如古人所云:"反复推敲出佳句,精心修改得华章""为求一字稳,耐得半宵寒""章之明靡,句无玷也;句之清英,字不妄也""文约而旨丰,词简而理周"。修改定稿是撰写情报研究报告的最后一道工序。情报研究报告初稿,只能算是半成品,在内容、文字和形式上往往存在疏漏、重复、错误、用词不当等问题。

在初稿完成之后,需要反复通读与美化,对情报研究报告初稿做到字斟句酌,对主题、观点、结构、数据等内容进行增补、删除、调整、修改和润色。纠正文字错误,讲究语言修辞,校核数据图表,统一标记符号,对语言文字、技术要素进行规范和统一。对自认为好的一些观点与资料和一些精彩的语言,必须依思想内容与主题表现的需要而定,不可敝帚自珍,妨碍和干扰主题的表现。正如契诃夫所说:"写作的技巧,其实并不是写作的技巧,而是删掉写得不好的地方的技巧。"也如海明威所说:"当你舍弃了你知道虽不错但留下来不见得好的事物后,才知道自己写得好。"

情报研究报告的基本格式主要分为前置部分、主题部分和后置部分。其中,前置部分包括题名、作者署名、摘要、关键词;主题部分包括引言、正文、结论、致谢、参考文献;后置部分包括附录、注释、作者详细信息等。情报研究报告内容要符合结构严密合理、表达正确流畅、说理清晰明白和逻辑严谨科学的要求[40-45],撰写和编排格式也要符合国家标准 GB 7713—87《科学技术报告、学位论文和学术论文的编写格式》的明确规定。

第一,情报研究报告的题名。

题名是情报研究报告的眉目。有人说,人美美在眼睛,文美美在题名。这说明题名的作用很大,一个好的题名,往往会给情报研究报告添辉增色,能唤起用户阅读的兴趣和愿望。

情报研究报告的题名是报告的总纲,是反映报告最重要内容的最恰当、最简明的词语的逻辑组合。

内容准确。题名应准确地表达情报研究报告的中心内容,恰如其分地反映研究的范围和达到的深度,不能使用笼统的、泛指性很强的词语和华而不实的辞藻。

语言精练。题名在文字表达上要符合现代汉语的语法、修辞和逻辑规则,做到结构合理、语序正确、措辞准确、详略得当,使用户印象深刻,便于记忆。GB 7713—87 规定,题名一般不宜超过 20 字,英文题名应与中文题名含义一致,一般以不超过 10 个实词为宜。因此,在保证能准确反映"最重要的特定内容"的前提下,题名字数越少越好。使用简短题名而语意未尽时,或系列工作分篇报告时,可借助于副题名以补充情报研究报告的下一层次内容。正题名标示整体范围,副题名标示具体内容或阶段性结果。

检索便利。题名所用词语必须有助于选定关键词和编制题录、索引等二次文献,以便为检索提供特定的实用信息。

认读容易。题名中应当避免使用非公知公用的缩略词、首字母缩写字、字符、代号等,应尽量避免使用公式。

第二,作者署名。

情报研究报告作者署名的意义和作用:作为拥有著作权的声明;文责自负的承诺;便于用户同作者联系。

作者系在报告主题内容的构思、具体研究工作的执行及报告撰写等方面的全部或局部上做出主要贡献的人员,能够对报告的主要内容负责答辩的人员,是报告的责任者。报告的作者应同时具备两项条件:① 参加题名的构思与设计,资料的分析和解释;② 参加报告的撰写或对其中重要学术内容作重大修改。署名作者可以是个人作者、合作作者或团体作者。合作作者的排列顺序应由所有作者共同决定,每位作者都应该能够就报告的全部内容向公众负责,但第一作者对所撰写的论文享有第一权利,并要负第一责任,尽第一义务。团体作者可采用该团体的名称署名。译文应同时注明原作者和翻译人员。

第三,摘要。

摘要是以提供文献内容梗概为目的,不加评论和补充解释,简明确切地记述情报研究报告重要内容的短文。它是一篇情报研究报告的精华缩减版,并拥有与情报研究报告同等量的主要信息,即不阅读情报研究报告的全文,就能获得必要的信息。

在摘要形式上,不同类型报告的摘要有所差异,但总体来讲有以下 3 种形式:① 背景+问题+主要结果/结论,这类摘要通常以一两个句子介绍所研究内容的背景情况,接着以一两个句子陈述存在的问题,然后以研究的主要结果/结论作为结尾;② 背景+问题+展开式论点,这类摘要除只陈述一般性质而不指出具体结果外,其余和前一类摘要相同;③ 背景+问题+方法/程序+结果/结论,这类摘要在陈述背景和问题之外,还总结获得研究结果/结论的程序及方法,并以研究结果/结论作为结尾。

在摘要的内容上,要做到以下 4 个方面。① 要素完整。其应该准确地表述情报研究报告的目的、方法(方式)、结果和结论,应该客观、真实,切忌掺杂作者的主观见解、解释和评论。目的主要包括研究、研制、调查等工作的前提、目标和任务,也包括所涉及的主题范围;方法主要包括所采用的原理、理论、条件、对象、材料、工艺、结构、手段、程序等;结果主要包括实验与研究的结果、数据,被确定的关系,观察结果,得到的效果等;结论主要包括结果的分析、研究、比较、评价、应用,提出的问题,今后的题名、假设、启发、建议、预测等。同时还可以包括不属于研究、研制、调查的主要目的,但就其见识和情报价值而言也是重要的信息。② 格式规范。叙述用第三人称(被动语态),不得用第一人称作主语,忌用本报告、作者等。采用规范化的名词术语,对于尚未规范化的,以采用一次文献所采用的术语为原则。如新术语尚无合适的中文术语译名,可使用原文或译名后加括号注明原文。使用法定计量单位,并正确、规范地书写文字和标点符号。不应出现首先、最后、主要和次要等修饰词。不得使用一次文献中列出的章节号、图号、表号、公式号以及参考文献号等。不要使用图、表,以及相邻专业的用户尚难以清楚理解的缩略语、简称、代号。如果确有必要,在摘要首次出现时必须加以说明。英文摘要避免采用从句开头,应采用过去时态叙述研究工作,现在时态说明作者得出的结论。题名需要注意第一词不可用冠词(The, A, An, And, etc.),同时尽量少用缩写词(必要时需在括号中注明全称,也尽量少用特殊字母和希腊字母),简单并且不要与文中第一句话重复。③ 内容精练。摘要要求简明扼要,排除在本学科领域方面已经成为常识的内容,不得简单地重复报告篇名中已经表述过的信息。④ 结构严谨。一般不分或力求少分段落;忌发空洞的评语,不作模棱两可的结论。没有得出结论的报告,可在摘要中作扼要的讨论。

第四,关键词。

关键词是情报研究报告的文献检索标识,是表达情报研究报告主题概念的自然语言词汇,是情报研究报告的一个组成部分,列于摘要段之后。

关键词的标引应按 GB 3860—83《文献主题标引规则》的规定,在审读题名、摘要、引言、层次标题、结论,特别是在审读文献的基础上,逐篇对情报研究报告进行主题分析,然后选定能反映情报研究报告特征内容,通用性比较强的关键词。首先要从综合性主题词表(如《汉语主题词表》)中选取规范性词(称叙词或主题词)。对于那些反映新技术、新学科而尚未被主题词表录入的新产生的名词术语,亦可用非规范的自由词标出,以供词表编纂单位在修订词表时参照选用。要强调的一点是:一定不要为了强调情报研究报告主题的全面性,把关键词写成内容全面的短语。

第五,引言。

引言也称前言、序言、概述和绪论等,作为情报研究报告的开篇,引言中提出要研究的问题,引导用户阅读全文。

引言一般应包括以下 3 项内容。

(1)研究的理由、目的和背景。包括问题的提出,研究对象及其基本特征,前人对这一问题做了哪些工作,目前研究的热点、存在哪些不足;希望解决什么问题,解决该问题有什么作用和意义;研究工作的背景是什么等。

(2)理论依据、实验基础和研究方法。如果要引出新的概念和术语,则应加以定义和阐明。若是沿用已知的理论、原理和方法,只需提及一笔,或注出有关的文献。

(3)预期结果。情报研究报告的预期结果要表明其地位、作用和意义、应用前景等,一般情报研究报告的结果要写得自然、概括、简洁、确切。

情报研究报告的引言既要写出上述 3 项内容,又要能起到吸引用户的作用,其撰写应做到以下几点。

(1)开门见山,不绕圈子。引言应一起笔就切题,不能铺垫太多,篇幅应根据研究内容的需要来确定,一般为 300~500 字。

(2)言简意赅,突出重点。引言不能写成摘要的放大版,对公知的、文献中已有的不必细写,应简明地突出研究的背景、方法的优缺点和预期结果等内容;引言的内容应该与结论相呼应,引言中提出的问题,在结论中就要有解答。

(3)尊重科学,实事求是。在引言中综述文献时,引文不能与原文或原意不符;表述作者研究成果的意义和评价他人的成果时,一定要实事求是,不能吹嘘自己,也不能贬低别人,不能采用一些夸大性的词语,如"首次指出……""首例……""为×××××奠定了基础""为×××××指出了方向""为××××提供了理论依据"等。

第六,正文。

正文是一篇情报研究报告的核心。对正文部分撰写的总要求是:明晰、准确、完备、简洁。

正文撰写的总体思路和结构安排应当符合"提出论点,通过论据来对论点加以论证,最后得出结论"这一共同要求。正文撰写一般可以采用以下两种形式:一种是将科学研究的全过程作为一个整体,对有关各方面作综合性的论述;另一种是将科学研究的全过程按研究内容的实际情况划分为几个阶段,再对各阶段的成果依次进行论述。

标题是情报研究报告每一层次的内容的概括。和题名一样,所用短语和词组要简明、恰当。标题的逻辑性要强,应当与情报研究报告的题名有逻辑关系。同一级标题应当反映同一层次的内容。同一级标题还应讲究排比这种修辞方法,用词的结构相同或相近,意义相关,语气一致。相邻两级标题的文字不宜重复。

第七,结论。

结论或结束语或讨论等,是整篇情报研究报告的最后总结。其基本原则是:能够得出结论的,写结论;得不出结论,但是有结果的,可以写成结束语;或者干脆采用"讨论""建议",作为结论的段落。

结论应该是对各个分论点的升华和提炼,对整篇报告规律的总结,不应该写成正文中各段小结的简单重复,要准确、完整、明确、精炼。情报研究报告结论的形式一般包括:总结式结论,最常用,即"总而言之"式;分散式结论,极少采用,即"分段总结"式;断言式结论,较常用,即"胸有成竹"式;讨论式结论,较多采用,特别是假说、讨论、综述、评述性报告,即"参考启发"式;辩驳式结论较为常用,分为商榷式、反驳式和辩护式。

第八,致谢。

任何一项研究课题往往需要与他人合作或借助他人帮助。因此,当研究成果以研究报告形式发表时,作者应当对他人的劳动给予充分肯定,并对他们的帮助表示感谢。致谢的对象是不够署名条件,但对研究成果确有贡献者,具体包括以下人员:协助研究的人员;提出过指导性意见的人员;对研究工作提供方便的机构或人员;资金资助项目或类别(但不宜列出得到经费的数量);在报告撰写过程中提出建议、给予审阅和提供其他帮助的人员;给予转载和引用权的资料、图片、文献、研究思想和设想的所有者;等等。

特别需要注意的是,对被感谢者不要直书其姓名,而应冠以敬称,如"某教授""某博士"等学术头衔,尤其要注意不可把他们的工作单位和姓名写错。表示感谢的词语要体现诚恳的态度和热忱的心情,不能使人有轻浮、吹嘘的感觉。

第九,参考文献。

参考文献是指为撰写或编辑情报研究报告而引用的有关文献信息资源,是论著的重要组成部分,也是情报研究的起点和基础。

按规定,在情报研究报告中,凡是引用前人(包括作者)已发表文献中的观点、数据和资料等,都要对它们在文中出现的地方予以标明,并在文末(致谢之后)列出参考文献。这项工作叫作参考文献著录。被列入的参考文献应该只限于那些作者亲自阅读且在报告中引用的公开发表的文献。私人通信、内部讲义及未发表的著作,一般不宜作为参考文献著录,但可用脚注或文内注的方式,以说明引用依据。但是,很遗憾,存在有意无意地对明明引用了文献的地方(如引用他人的观点、数据、文字、图表等)未作任何标注的情况。"无论直接还是间接引用,凡从他人作品中得来的资料和观点都必须注明出处,否则即为抄袭。"这应该引起高度重视。

参考文献著录的意义和作用主要包括以下方面。

(1)体现科学文化的继承性和发展历史。科学技术以及科学技术研究工作都有继承性,今天的研究成果或研究工作一般都是前人研究成果或研究工作的继续和发展,因此,报告中涉及对研究的背景、理由、目的等的阐述,必然要对过去的工作进行评价。

(2)尊重和保护他人的著作权。报告报道的研究成果虽然是作者自己的,但在阐述和论证过程中免不了要引用前人的成果,包括观点、方法、数据和其他资料。对引用部分加以清楚的标注,不仅表明了报告作者对他人劳动的尊重,而且也免除了抄袭、剽窃他人成果的嫌疑。

(3)精练文字,缩短篇幅。报告中需要表述的某些内容,凡已有文献所载者不必详述,只在相应之处说明见哪篇或哪些篇文献即可。这不仅精练了语言,节省了篇幅,而且避免了一般性表述和资料堆砌,使报告容易达到篇幅短、内容精的要求。

(4)方便用户快速、准确地找到引用信息的出处,实现有效的信息资源共享。用户通过著录的参考文献,可方便地检索和查找有关文献资料,以对报告的引文有更详细的了解。

(5)有助于其他情报研究人员进行情报研究和文献计量学研究。如:通过引文分析对期刊的学术影响力(应用总被引频次、影响因子、即年指标、他引率等数据)做出客观公平的评价。

(6)有助于建立科学公正的国家自然科学评价平台和社会科学评价平台。

参考文献著录一般分为文内参考文献和文后参考文献著录。文内参考文献标注采用顺序编码制时,按正文中引用的文献出现的先后顺序用阿拉伯数字连续编码,并将序号置于"[　]"中。同一处引用多篇文献时,将各篇文献的序号在一个"[　]"中全部列出,序号间采用","。如遇连续序号,序号间标注起止号"-"。多次引用同一著者的同一文献,只需编1个首次引用时的序号;每次的引文页码不相同时,将页码置于"[　]"外(当"[　]"在行文中时,页码置于"[　]"的上角标处),文献表中不再重复著录。

示例:张三[1]指出……李四[2,3]认为……形成了多种数学模型[7,9,11-13]……

示例:李五等[4]15-17……赵六等[4]55认为……根据文献[4]101-105……

示例:已有不少论述[1,3][2]156-160……文献[2]199-201和[5,6]都指出……

文后参考文献的著录按国家质量监督检验检疫总局和国家标准化管理委员会发布的最新版《文后参考文献著录规则》进行。该标准规定了各个学科、各种类型出版物的文后参考文献的著录项目、著录顺序、著录用符号、各个著录项目的著录方法以及参考文献在正文中的标注方法。其方法有顺序编码制和著者-出版年制。前者根据正文中引用参考文献的先后,按作者、题名、出版事项的顺序逐项著录;后者首先根据文种(按中文、日文、英文、俄文和其他文种的顺序)集中,其次按参考文献作者的姓氏笔画或姓氏首字母的顺序排列,同一作者有多篇文献被参考引用时,再按文献出版年份的先后依次给出。

参考文献著录使用的标志符号

新标准规定,文后参考文献表著录使用的标志符号为前置符("（　　）""［　　］""/""-"除外),即标志符号置于著录项目或著录要素的前面。在这里,标志符号仅仅借用了中文标点符号,在著录参考文献时,它们已没有了标点符号的本来功能。

".",用于题名项、析出文献题名项、其他责任者、析出文献其他责任者、版本项、出版项、出处项、专利文献的"公告日期或公开日期"项、获取和访问路径以及著者-出版年制中的出版年前。每条文献的结尾可用"."号。

":"用于其他题名信息、出版者、引文页码、析出文献的页码、专利号前。

","用于同一著作方式的责任者、"等""译""et al""Jr"等字样、出版年、期刊年卷期标识中的年和卷号。

";"用于期刊后续的年卷期标志与页码、同一责任者的合订题名前。

"//"用于专著(汇编、会议文集等)中析出文献的出处项前。

"（　　）"用于期刊年卷期标识中的期号、报纸的版次、电子文献更新或修改日期以及非公元纪年的出版年。

"［　　］"用于文献序号、文献类型标识、电子文献的引用日期以及自拟的信息。

"/"用于合期的期号间及文献载体标识前。

"-"用于起止序号和起止页码间。

文献类型不同,标识代码也不同,如表 3 - 6 所示。

表 3 - 6　文献类型和标识代码

文献类型	专著	会议录	汇编	报纸	期刊	学位论文	报告	标准	专利	数据库	计算机程序	电子公告
标识代码	M	C	G	N	J	D	R	S	P	DB	CP	EB

下面介绍专著、专著中的析出文献、期刊中的析出文献、专利文献和电子文献5 大类文献的著录格式。

其一,专著。

专著是指以单行本或多卷册形式在限定期限内出版的非连续出版物,包括图书、学位论文、科技报告、标准、会议文献等。其著录格式如下。

［序号］主要责任者.题名:其他题名信息［文献类型标识］.其他责任者.版本

项(第 1 版不标注). 出版地：出版者,出版年：引文页码. 获取和访问路径(联机文献必备).

图书

格式：

[序号] 作者. 书名[M]. 其他责任者. 版本(第 1 版不标注). 出版地：出版者,出版年：起止页码.

示例：

[1]   A. H. 勒菲沃,D. R. 鲍拉尔. 燃气涡轮发动机燃烧[M]. 刘永泉,等译. 3 版. 北京：航空工业出版社,2016：2 - 8.

[2]   李孝堂,侯凌云,杨敏,等. 现代燃气轮机技术[M]. 北京：航空工业出版社,2006：1 - 18.

[3]   赵学功. 当代美国外交[M/OL]. 北京：社会科学文献出版社,2001：11 - 14 [2014 - 06 - 11]. http://www.cadal.zju.edu.cn/book/trySinglePage/33023884/1.

学位论文

格式：

[序号] 作者. 题名[D]. 保存地点：保存单位,年.

示例：

[1]   梁春华,王占学,曹茂国. 提高战斗机发动机推重比的关键技术和方法综合分析[D]. 西安：西北工业大学,2011.

[2]   刘殿春,董玉玺,程明,等. 双环预混旋流燃烧室流动特性研究[D]. 沈阳：沈阳发动机设计研究所,2009.

科技报告

格式：

[序号] 作者. 题名[R]. 报告题名及编号,出版年.

示例：

[1]   JOHNSON J E. Variable cycle engine developments at General Electric, 1955—1995[R]. A97 - 15033, 1997.

[2]   BRIAN D K, DIPAN K B. Aerodynamic test results of controlled pressure ratio engine (COPE) dual spool air turbine rotating rig [R]. ASME 2000 - GT - 632, 2000.

标准

格式：

[序号] 起草责任者. 标准名称：标准编号[S]. 出版地：出版者,出版年：引文页码.

示例：

　［1］　全国量和单位标准化技术委员会.量和单位：GB3100—3102—93［S］.北京：中国标准出版社,1994.

　［2］　全国信息与文献工作标准化技术委员会出版物格式分委员会.图书书名页：GB/T12450—2001［S］.北京：中国标准出版社,2002.

会议文献著录格式

格式：

　［序号］责任者.题名［C］//会议（或会议录）名称.地点：会议主办者,出版年：起始页码.

示例：

　［1］　刘红霞,姚博.吸附式式风扇/压气机设计与试验技术研究［C］//中国航空学会动力专业分会叶轮机专业委员会.中国航空学会动力分会叶轮机专业委员会第十七届学术交流会文集.厦门：中航工业沈阳发动机设计研究所,2014：178 - 182.

其二,专著中的析出文献。

这里的专著包括论文汇编、会议文集等。其著录格式如下。

格式：

　［序号］析出文献主要责任者.析出文献题名［文献类型标识］.析出其他责任者//专著主要责任者.专著题名.出版地：出版者,出版年：析出文献的页码［引用日期］.获取和访问路径.

示例：

　［1］　王继鸣.科技期刊的现状以及科技期刊体制改革与发展探讨［M］//第九届中国科技期刊发展论坛执委会.中国科技期刊新挑战：第九届中国科技期刊发展论坛论文集.杭州：浙江大学出版社,2013：186 - 188.

　［2］　何敏洋,邓少春,龙振军.某型发动机扩包线设计技术研究［C］//第十七届推进系统气动热力学专业学术交流会论文集（上册）.贵阳：中国航空学会动力分会推进系统气动热力学专业委员会,2019：65 - 69.

　［3］　ROZNER E,NAVDA V,RAMJEE R,et al.NAPman：net work-assisted powet management for WiFi devices［C］//Proceedings of the 8th international conferice on mobile systems,applications,and services.San Franeisco：ACM,2010：91 - 106.

其三,期刊的析出文献。

格式：

　［序号］析出文献主要责任者.析出文献题名［J］.刊名：其他刊名信息,出版年份,卷号（期号）：起止页码［引用日期］.获取和访问路径.

示例：

　［1］　陈斌,梁春华,邹志鹏,等.情报研究定义的统计研究［J］.情报理论与实

践,2019,42(3):20-23,106.

[2] 梁春华,李彩玲,刘晓瑜,等.情报研究定义公式的探讨——从安达信咨询公司知识管理推衍[J].情报理论与实践,2019,42(3):17-19,84.

其四,专利文献。

格式:

[序号]专利申请者或所有者.专利题名:专利号[文献类型标识P].公告日期或公开日期[引用日期].获取和访问路径.

示例:

[1] 赵春生,金文栋.一种可调收敛喷口直径的测具:ZL200910224221.6[P].2013-02-20.

[2] 赵春生,金文栋,徐速.一种轴对称矢量喷管偏转标定的测具:ZL201210441884.5[P].2015-05-13.

[3] 赵春生,徐速,金文栋.一种新型多方向喷管装配车:ZL201310343020.4[P].2017-02-01.

其五,电子文献。

格式:

[序号]主要责任者.题名:其他题名信息[文献类型标识/文献载体标识].出版地:出版者,出版年(更新或修改日期)[引用日期].获取和访问路径.

示例:

[1] 王明亮.关于中国学术期刊标准化数据系统工程的进展[EB/OL].http://www.cajcd.edu.cn/pub/wml.txt/980810-2,htmI,1998-08-16/1998-10-04.

[2] 万锦坤.中国大学学报论文文摘(1983—1993)[DB/CD].北京:中国百科全书出版社,1996.

[3] METCALF S W. The Tort HaII air emission study[C/OL]//The intemational congress on hazardous waste,Atlanta MArriott Marquis HoteI Atlanta,Georgia,June 5-8,1995:impact on human and ecological health[1998-09-22].http://atsdrl.atsdr.cdc.gov,8080/cong95,html.

第十,附录。

附录是论文主体的补充项目或附件,不是必要组成部分。它在不增加文献正文部分的篇幅和不影响正文主体内容叙述连贯性的前提下,向用户提供论文中部分内容的解释、说明,以及提供有关数据、曲线、照片或其他辅助资料,如计算机的框图和程序软件等。

附录部分一般包括如下一些资料:

(1)比正文更为详细的理论根据、研究方法和技术要点,更为深入的叙述,建议可以阅读的参考文献题录,对了解正文内容有用的信息等;

（2）由于篇幅过长或取材于复制品而不宜写入正文的资料；

（3）不便于写入正文的罕见珍贵资料；

（4）一般用户并非必须阅读，但对本专业同行很有参考价值的资料；

（5）某些重要的原始数据、数学推导、计算程序、框图、结构图、统计表等。

附录部分一般要求：

（1）附录与正文一样，编入连续页码；

（2）附录段置于参考文献表之后，依次用大写正体 A，B，C……编号，如以"附录 A""附录 B"做标题前导词；

（3）附录中的插图、表格、公式、参考文献等的序号与正文分开，另行编制，如编为"图 A1""图 B2""表 B1""表 C3""式（A1）""式（C2）""文献［A1］"；"文献［B1］"等。

5）报告评审与完善

情报研究报告的评审，首先评审课题的服务性，包括针对性、适时性、适用性和时代性等；其次要评审课题的科学性，包括信息精度、广度和深度，研究论据是否全面充分，研究论点是否正确全面，研究结构（层次和段落）是否合理，研究结果是否客观，研究结论是否正确；最后评审课题的规范性，包括情报研究报告内容要素是否齐全合规，内容是否准确恰当等。情报研究报告评审表如表 3-7 所示。

表 3-7　情报研究报告评审表

名　称				
负责人		参加人		
时　间	提出时间与希望完成时间			
研究的 服务性	针对性	紧密结合□	一般结合□	较差结合□
	适时性	提前完成□	及时完成□	滞后完成□
	适用性	效益好□	效益较好□	效益一般□
	时代性	情报超前□	情报现需□	信息陈旧□
研究的 科学性	信息精度	精确可靠□	模糊待考证□	明显错误□
	信息广度	全面广泛□	较全面广泛□	不全面广泛□
	信息深度	准确深入□	较准确深入□	不准确深入□
	研究论据	全面充分□	较全面充分□	不全面充分□
	研究论点	正确全面□	较正确全面□	不正确全面□
	研究结构	合理□	较合理□	不合理□
	研究结果	客观□	较客观□	不客观□
	研究结论	正确□	较正确□	不正确□

续　表

研究的规范性	科研报告内容	要素全□	要素较全□	要素不全□
		描述准□	描述较准□	描述不准□
	科研报告要素	齐全合规□	较齐全合规□	不齐全合规□
	摘　要	规范□	较规范□	不规范□
	结构层次	分明□	较分明□	混乱□
	逻辑性	强□	较强□	一般□
	语言表达	洗炼流畅□	较洗炼流畅□	较晦涩□
	技术阐述	技术表达准确□	技术有错误□	重要技术有错误□
	参考文献	规范□	较规范□	不规范□
综合评审意见	结　论	继续开展□	完善后开展□	终止□
	建议修改内容：			
意见落实情况				
评审成员				
评审组长		日期	年　　月　　日	
修改完成日期 （修改完成后交评审组长）			年　　月　　日	

经过评审之后,若通过(包括直接通过和改进后通过),一般需要根据课题评审意见进行修改和完善情报研究报告,形成情报研究报告终稿,后续继续开展情报研究报告撰写;若没通过,则该课题不开展。

3.2.8　情报评价与改进

情报研究产品的核心是情报研究人员在体力劳动和脑力劳动中运用集体智慧创造出来的新知识。情报研究产品,首先是人类社会劳动成果的重要组成部分,具有价值属性;其次是为了满足用户需求而实施的,通过传递和应用可以产生像全生命周期成本降低、管理决策改进、研发质量提升、研发风险降低等影响或收益,具有使用价值。情报研究产品的评价就是对情报研究产品的内在价值(产品本身质量和所提供的内容)和使用价值(用户的吸收利用效果)进行衡量和评判,也是对情报研究各个工作环节及其产生的最终结果的总体评价,是整个情报研究工作不可缺少的必要组成部分。它既可能是对本情报研究课题的评估和定论,又可能是本情报研究课题的深入与扩展,还可能是全新的情报研究课题的开始。

采用正确的评价指标体系,对情报研究产品做出实事求是的客观评价,有利于在情报研究工作的各阶段和各环节科学地总结及吸取形成的经验与及时地发现存在的疏漏、缺陷以及问题,进而完善情报研究工作体系;有利于及时发现情报研究产品本身存在的疏漏和不足,提高情报研究的针对性,更好地满足用户需求,体现情报研究工作价值的同时增加情报研究人员的被认同感;有利于情报研究产品显性和隐性(潜在)的使用价值在某种程度上得到揭示,更有效地发挥情报工作的固有作用,使情报研究人员感到自己的工作得到社会的承认;有利于对情报研究机构和情报研究人员工作质量进行考核,为情报研究人员的工资调整和职称评定提供参考依据,在一定程度上能鼓励那些水平较高而且勤奋工作的人,稳定和发展壮大情报研究人员队伍,调动和激发情报研究人员的积极性与创造性;有利于向社会宣传情报研究成果的效果,增强社会的情报意识,提高社会对于情报工作的重视。

1. 定义

《中国情报学百科全书》编辑委员会:情报研究产品评价,是由专门机构和专家按照规定程序与标准对情报研究产品进行评审、鉴定所做出的结论。产品评价的依据是情报研究计划任务书、委托任务书、合同或协议。评价的内容包括研究产品的价值、科学性、创新性、难度和对科技进步的推动作用等。评价重点是研究产品的实用价值、质量和对推动科技进步的作用。

情报研究产品的评价实质上就是对情报研究产品的内在价值和使用价值进行衡量和评判的过程,包括即时评价和最终评价。

即时评价是指产品交付用户使用或以某种方式面世后,随即或稍后进行的一种评价。这种评价的依据主要是产品本身的质量、所提供内容的内在价值和可使用价值以及用户对产品的初步反映,而不要求考察产品可能产生的最终效果。即时评价适用于任何已经生产出来的产品的评价,并且可以与分析预测工作的日常管理相联系,作为考核分析预测人员工作质量和机构运行效率的一个参考依据。最终评价是对产品使用后产生的最终效果进行的一种长远评价。这种评价的重点不是产品本身的质量、所提供内容的内在价值和可使用价值以及用户的初步反映,而是产品使用后给科技、经济、社会和环境带来的最终影响和后果。由于情报研究产品使用后产生的最终效果通常需要很长一段时间才能产生,而且总是隐含于它所服务的科技、经济等活动所产生的最终效果之中,难以分离和测度,最终评价一般是很困难的。

综合以上论述,并结合中国航发沈阳发动机研究所情报研究工作的实际,情报研究产品的评价与研究,就是由情报用户和情报专家系统或机构,按照一定的程序,采用科学的方法(定性评价、定量评价和半定量评价),对照确定的评价指标,对情报研究各个工作环节及其产生的情报研究产品的价值(产品本身质量和所提供的内容)与使用价值(用户的吸收利用效果)进行即时和/或最终评审与鉴定。

2. 工作标准

情报评价与改进是对内在价值和使用价值的综合评价,是涉及反映内在价值和使用价值的许多相互联系又相互影响的指标的一项复杂系统工程。这就需要按一定的结构将这些指标设计成一套具系统性、科学性和可操作性的评价体系。

情报研究产品的使用价值是情报研究工作的最终目的和核心评价标准。其体现在捕捉信息中的有用情报,形成各种符合需要的情报产品,为用户提供或者协助提供解决问题的方案,满足用户各种各样的情报需求。因而,情报研究人员无论采取什么手段,也无论采用什么技法,获取并提供的情报能够满足用户需求才真正体现其价值和作用。也就是说,无论是一个数据、一张图片、一段文字等原始情报,或是较低层次处理的动态情报或编译情报,或者是较高层次的基本情报、预测情报、对策情报,对他们使用价值的评价标准是相同的,只是其难易程度和技术水平存在区别。从这个意义上讲,无论是黑猫还是白猫,抓住老鼠就是好猫。情报产品以内容的使用价值为核心,多么优质都不为过。因而,衡量情报研究产品的标准,不是情报越新越好,不是情报越多越好,也不是情报越深入越好;因为情报再新、再多、再深入,如果针对性不好,用户拿到后不管用、不好用,也就满足不了用户情报需求。其使用价值主要体现在:创造性上,需形成新观点、得出新预测、提出新建议;服务性上,要满足适时性和适用性。

情报研究产品的内在价值是情报研究工作更高的追求和目标。情报研究人员对情报研究产品的内在价值必须有更高的追求,不仅要追求通过提供信息满足用户情报需求,更要追求通过提供情报服务直接解决或协助解决用户所面临的问题。也就是说,情报研究人员不仅要向用户提供实现"知"的低层次原始性、编译性和基本性的情报产品,更要向用户提供得以"行"的高层次预测和对策情报研究产品,更好地满足用户情报需求。这是情报研究的应有境界。实现这样的目标,进入这样的境界,则情报研究人员和情报研究机构才实现了真正的创造,将以全新的面目出现在情报用户面前,将受到前所未有的欢迎和重视。其内在价值具体体现在:创造性上,需形成新观点、得出新预测、提出新建议;科学性上,信息全面准确新颖、研究的难度大深度深、产品内容准确深入系统;服务性上,需求的针对性强、内容的客观性好;规范性上,要满足其全部要素。

另外,情报研究产品评价应包括即时评价和最终评价。即时评价为最终评价奠定基础,最终评价又为即时评价提供验证。在实践中,不同的产品有不同的特点,应注意即时评价与最终评价相结合,具体问题具体分析。例如,有些产品价值隐蔽性大,因而即时评价难,所得结论可靠性不大;有些产品具有长远的战略性意义,但在相当长一段时期内难以投入使用,或者投入使用后难以迅速见效,因而最终评价难,结果要么无法评价,要么评价的结论可靠性不大。

3. 工作实践

总结国内外情报评价与改进的特点和规律,结合中国航发沈阳发动机研究所情报研究工作实际,情报评价与改进一般以情报产品为输入,以评价准备、评价实施、结论研究、后续改进等为主要活动,以情报研究报告评估报告和/或后续产品研发需求为输出。

情报评价与改进,是根据工作标准按内在价值和使用价值制定合理的情报服务效果检查单,由主管领导、情报专家对情报产品的内在价值进行即时评价与反馈,由用户对情报产品的使用价值进行即时评价与反馈。在大数据环境下,可以通过数据展现与可视化技术,以传统的形式或易于理解且生动形象的方式提供给恰当的用户,用户通过系统和用户之间的界面完成对情报产品的即时评价与反馈。然后,由情报研究人员对评价意见进行统计分析,形成综合评定意见和综合分析报告。

1) 评价准备

评价准备一般包括内在价值评价准备和使用价值评价准备。

内在价值和使用价值评价准备首先要制订用户情报研究报告价值评价单(表3-8),并定期或不定期发放,进行用户或情报研究人员的评价与建议征求。其次评价人员要对用户效果反馈单进行回收、统计和分析。

表 3-8　情报研究报告价值评价单

名　　称						
类　　型	动态研究□　基本情报□　预测情报□　对策情报□					
评价人		单位:		日期:　　年　　月　　日		
服务性	针对性	重要决策性的或重大技术问题□		决策性的或重要技术问题□		情况介绍或一般技术问题□
		抓住了问题的关键,紧密结合用户需求□		有一定的针对性,基本结合用户需求□		内容较泛,较差地结合用户需求□
	客观性	信息客观□		信息较客观□		信息不客观□
		分析客观□		分析较客观□		分析不客观□
		结论论点明确,论据较充分□		有明确观点和一定数据的论据□		有初步的看法和推测□
	适时性	全面满足需求□		满足部分需求□		未满足需求□
		提前完成□		及时完成□		拖期完成□
	适用性	决策支撑□		解决技术问题□		一般性参考□
		经济效益很好□		经济效益较好□		经济效益一般□
	时代性	信息超前,用户未掌握□		补充已有信息□		信息滞后□
意见建议	后续工作,需要调整、修改、规范、核对、增加、论证……					

2) 评价实施

主管领导和项目主管一起,以统计分析结果和综合报告为基础,进行关于研究效果分析和发扬成绩与弥补不足措施的研究。

3）结论研究

面向全体情报研究人员,发布科技情报研究效果的分析结果和发扬成绩与弥补不足的措施。

综合报告内容样式:

(1)反馈单发出和回收的份数;

(2)反馈单涉及的单位和人员数量及其类别;

(3)用户的总体满意度(百分比)和总体评价;

(4)情报产品所发挥的作用;

(5)情报产品的质量、水平;

(6)用户的建议;

(7)情报研究人员的自我评价和对用户评价的看法;

(8)情报研究取得成绩与存在不足的原因分析;

(9)用户指出的问题汇总和相关措施制订;

(10)发扬成绩和弥补不足的措施。

4）后续改进

情报研究报告是研究工作主要的终结方式之一,直接关系到研究成果的交流和使用效果。如果一项研究工作进行得很深入,在研究过程中所得到的启发和认识很深刻,所提出的方案或建议很新颖且很适用,但研究报告撰写得不全面、不精炼、不规范,表达得不准确、不生动,便会大大降低研究成果的使用价值。

总结航空发动机情报研究工作各个流程的标准和工作实践,可以发现:做好情报研究工作,要以需求搜集与研究为源,达到全面、准确和深入;要以课题选择与确定为始,达到必要、科学、可行和适时;要以信息检索与搜集为基,以信息鉴定与整理为梁,达到全面、准确和快速;要以情报分析与集成为魂,达到满足针对性、准确性、先进性和适用性要求,更要达到创新和创造;要以情报撰写与评审为主,达到准确、正确、规范和美观;要以情报评价与改进为果,确保高质实用。另外还需要以技法为辅,达到高效、科学和专业。

3.3　产品层次三层体系

情报研究产品是指按照用户的情报需求,情报研究人员经过情报研究过程形成某种形式的情报载体。由于情报研究工作范围和采用的方法的广泛性以及用户情报需求的多样性与多变性,情报研究产品的类型也呈现多样化的特征。中国情报研究界对情报研究产品类型划分的角度很多,尚未达成共识。

查先进根据内容及其制作特点,将情报研究产品划分为消息类产品、数据类产品和研究报告类产品。消息类产品常见的形式有快报和动态两种;数据类产品类型很多,如手册、汇编、指南、要览、年鉴、数据库、数据集、数据图表等;研究报告类产品主要包括综述性研究报告、述评性研究报告、预测性研究报告、评估性研究报告和背景性研究报告。

张昌龄将情报成果或产品归纳为:动态报道(快讯、快报)专题名录、综述、述评、论述、专题报告、可行性报告、手册、指南、年鉴、译文集、论文集等。有的学者将其分为综述、述评、专题报告、学科总结、情况反映类成果和系统资料类成果。有的学者将其分为综述性研究报告、述评性研究报告、预测性研究报告和数据性资料。有的学者将其分为动态简报、水平动向报告、综述、述评、预测报告、可行性研究报告、专题调研报告、背景报告、专用数据集或数据库以及建议、对策与构想报告等。

综合上述观点,情报研究产品,按时间分为快报(一个月以内)、月报、年报;按记录形式分为文字型、数据型、图片型、混合型;按研究深度分为原始情报、编译情报、基本情报、预测情报、对策情报等。基本情报,按时域可以分为动态基本情报和全时域基本情报,按信息表现形式可以分为文字混合型基本情报、数据型专题数据手册、图片型专题图册等。

3.3.1　概念

中国航发沈阳发动机研究所依据多年的工作实践,按原始情报、编译情报、基本情报、预测情报和对策情报建立情报研究产品的层次体系。

1. 原始情报

原始情报,又称一次情报、原文情报,是实现对事实、数据、信息和知识的情报感知与发现。

原始情报产品,就是情报研究人员根据用户情报需求,利用情报和信息技术/方法/工具/平台,对各种可能情报源的事实、数据、信息和知识进行检索与搜集、消化、分析、筛选、整理与编辑,最后以一次文献为表现形式出版的新情报集合。

原始情报产品,按内容可以分为专题性原始情报和综合性原始情报。

专题性原始情报有非常明确的指向,明确针对一个问题或一个专题或一个事件的多篇一次文献的集合。这些一次文献存在必然的联系,缺少一篇或几篇,就会使专题不够系统和完整。其理想情况是包括固有的相互联系的所有方面的一次文献,现实情况是包括几乎所有方面或重要方面的一次文献很难做到。专题性情报一般包括动态性专题原始情报和全时域专题原始情报。

综合性原始情报没有非常明确的指向,一般针对一个机构或行业等的多个问题或多个专题或多个事件的多篇一次文献的集合。这些一次文献可以有必然的联系,也可以没有一点联系,有谁没谁对整体没有影响或影响不大。其理想情况是包括一个时间段有关一个机构或行业整体的所有一次文献,现实情况是包括几乎所有方面或重要方面的一次文献不可能做到。综合性原始情报一般包括动态性综合原始情报和全时域综合原始情报。动态性综合原始情报是最近一段时间多个问题或多个专题或多个事件的动态情报的集合。全时域综合原始情报是全时间段多个问题或多个专题或多个事件的经典文献的集合。

原始情报产品,按时域可以分为动态性原始情报和全时域原始情报。动态性原始情报,一般是针对一个或多个问题或专题或事件正在发展和变化的多篇一次文献的集合。这类原始情报,按时间包括快报(一个月以内)、月报、年报等,主要提供研究对象目前进展和发展动态,可以是一事一报,即专题性动态原始情报;也可以是多事一报,即综合性动态原始情报。全时域原始情报,一般是针对一个或多个问题或专题或事件的整个时间段的多篇一次文献的集合。这类原始情报,针对一个问题或专题或事件的,就是专题性全时域原始情报;针对多个问题或专题或事件的,就是综合性全时域原始情报。

2. 编译情报

编译情报是把一种语言文字表达的情报资料通过翻译、摘译、编译转换成另一种语言文字的情报。

编译情报按时域可以分为动态编译情报和全时域编译情报;按内容可以分为专题性编译情报和综合性编译情报;按体例大小可以分为文集编译情报和专著编译情报。在具体实践中,其一般有动态编译情报、专题编译情报、综合编译情报和专著编译情报。

动态编译情报,是对某一机构或某一领域关心的所有方面正在发展和变化的所有动态情报的全面搜集、整理、分析和研究,并对单篇或多篇关键情报进行翻译或摘译或编译形成的动态性编译情报。动态编译情报可以是一事一报,也可以是多事一报,没有具体约束。

专题编译情报,是明确针对某一专题或问题,将经过跟踪、整理、分析与研究确定的某一篇或多篇关键情报进行翻译或摘译形成的专题性情报。专题编译情报可以是精选后的专题原始情报中文献的译文,一般是一事一报,不可以是多事一报。

综合编译情报,是针对某一机构或某一领域关心的多个专题的情报资料进行全面搜集、整理、分析和研究,并对其中的某些篇关键情报资料进行翻译或摘译成的综合性情报。它一般是多事一报。综合性编译情报多数是精选后的综合原始情报中文献的译文,如行业动态编译情报和×××经典文献译文集。

专著编译情报,是对某一领域或某一机构或某一专题关心的专著进行跟踪与研究,并对其中的关键专著进行翻译或摘译形成的编译情报。

3. 基本情报

基本情报是针对某一机构或某一领域、某一事件或某一问题等,到目前为止基本发展情况的综述性报道。

根据情报的时域特性,将基本情报划分为动态基本情报和全时域基本情报。

1)动态基本情报

动态基本情报,一般是对研究对象(某一学科/领域、某一事件/问题等)到目前为止的一定时期内或一个阶段有重要价值和/或重要影响的动态信息的全面跟踪、搜集、整理和研究,从片面的、分散的、零散的动态情报中分析和综合,形成的有关研究对象到目前为止的整体发展动向,并以研究报告为载体进行展现。动态基本情报一般包括特定领域/学科的动态基本情报和特定事件/问题的动态基本情报。

特定领域/学科的动态基本情报,是情报研究机构和人员对其所负责的某一研究领域/学科的动态情报(包括新进展、新苗头、新动向和新趋势)进行长期监视、跟踪和研究,综合分析形成的基本情报,供领导部门、有关单位和有关人员参考。其内容一般包括:① 所负责研究领域/学科出现的政策、规划、计划等管理方面的重大变化;② 所负责研究领域/学科已有技术取得的重要突破或进展,所出现的新概念、新技术;③ 所负责研究领域/学科已有产品取得的重要突破或进展,所出现的新产品;④ 所负责研究领域/学科已有和新研产品部署与使用等方面取得的重要进展和做出的重大调整。

特定事件/问题的动态基本情报,是对某一重大事件/问题(如有关国家政策调整、战略调整以及飞行器与其动力发展等方面的重要事件)的监视、跟踪、研究、综合而形成的基本情报,供领导部门、有关单位和有关人员参考。这类基本情报,不仅要在事件进行过程中不断跟踪研究,而且要在事件结束或告一段落时及时进行全面系统的分析研究。其一般包括可能给航空发动机发展带来影响的军事作战体系、军事战术需求等一些重要事件的跟踪研究,也包括对各种飞行器与其动力在论证中出现的某一重大决策、在研制过程中出现的重大调整、在使用过程中出现的某一故障等的跟踪研究。

2)全时域基本情报

全时域基本情报,是在对原始情报与动态情报进行综合分析与研究的基础上,归纳、整理并形成的有关研究对象发展历史和到现在为止(或在此之前)的发展现状的全面、系统、完整和准确的描述,包括研究对象有关国际的、国内的和自身的外部特征、内在特征、存在问题、固有规律及与其他事物的相互联系和相互影响的情况。其是反映研究对象过去已有状况的静态情报,是确定的和相对固化的综合性情报。

4. 预测情报

预测情报,也称预测评价情报或预测评估情报,是由优秀的情报研究专家,基于对国内外相关事实、数据、信息和知识广泛搜集与综合分析,以及基于对动态情报和基本情报进行深入评估,通过对被研究对象的关键成果、关键技术、技术水平、不同观点、发展动向、发展规律和存在问题等进行严密的分析和总结,采用定量与定性的预测方法,科学地(多学科、多视角、多要素)预先推测、判定被研究对象将来可能会发生和出现的某种或多种主要发展趋势和发展态势(包括研究对象的意图、可能的发展变化以及可能产生的影响),以服务于有关部门发展战略、中长期规划、管理政策的制订和科技和装备项目的立项。这类情报研究报告的基本作用是使用户对该研究的发展现状、发展趋势和存在问题获得较深刻认识,以较准确地把握住研究方向。

5. 对策情报

对策情报,就是针对特定的复杂对策问题和决策需求,情报研究人员通过对某一学科或某一专业技术领域进行信息连续收集、跟踪,并在对国内外的原始情报、动态情报、基本情报、预测情报进行纵向、横向或综合对比分析的基础上,从事物的客观发展过程,总结、揭示事物的发展特点、客观规律及特殊表现,从而提供可借鉴、可参考的新意见、新建议、新计划、新规划、新方案等的情报研究报告。

3.3.2　作用与地位

1. 原始情报

原始情报是情报研究工作的一个重要组成部分,是情报研究工作基础的基础。其便于情报用户在较短的时间内全面了解到相关专题的包括最新进展的全面信息,其作用主要体现在:一是为情报用户提供最新动态,发挥“尖兵”作用,为情报用户提供先导层面的新思路、新策略、新建议等,启动创新和决策思路;二是为情报用户提供全时域的全面信息,发挥“耳目”作用,为情报用户提供先知层面的新理论、新方法、新技术、新观点等,启迪创新和决策思维。其共同为进行更深入的情报研究提供情报基础。

2. 编译情报

编译情报是情报研究工作的一个重要组成部分,是帮助用户克服语言障碍而开展的基础性情报工作。编译情报的作用,除与原始情报相同的“尖兵”和“耳目”作用外,还具有通过语言转换实现方便非本语种人员利用、节省用户(科研生产与经营管理人员)和情报研究人员的时间等作用。编译情报是基本情报、预测情报和对策情报的基础。

3. 基本情报

1)动态基本情报

动态基本情报是为科研生产与经营管理机构和人员提供的用于及时了解和掌握相关研究领域的最新发展动态的情报。其以全面跟踪和占有国内外有关动态信息为基础,以综合分析研究为核心,具有篇幅短小且内容丰富的特点。动态基本情报,除与原始情报和编译情报具有相同的“尖兵”和“耳目”作用外,还具有“参谋”的作用。

动态基本情报以之前形成的全时域基本情报为基础,是对之前形成的全时域基本情报的适时补充和完善,是对之前形成的预测情报和对策情报的检验与验证,还是之后开展的预测情报和对策情报的基础,使情报研究人员对所研究领域的掌握越来越全面,越来越系统。

2）全时域基本情报

全时域基本情报是情报研究产品中最基本的形式,是使情报研究工作效率与质量提高必不可少的保障。全时域基本情报浓缩了大量原始文献的同类信息,可以说是科学研究工作的前期劳动,对科研生产与经营管理人员和情报研究人员尽快了解所关注学科或技术领域的全面情况,包括发展历史、目前进展、发展水平、存在问题、社会价值、经济价值等具有重要的"尖兵""耳目"和"参谋"的作用。

全时域基本情报以之前形成的全时域基本情报和动态基本情报为基础,是对之前形成的预测情报和对策情报的检验与验证,还是之后开展的预测情报和对策情报的基础。其主要作用体现在以下两点。

（1）基本情报是高质完成深层次情报研究的基础。

基本情报,虽然不是解决某一个具体问题的,但是是做好深层次情报研究的基础。任何事物的发展变化都有它自身的规律,新的动态是在原有基础上的变化,只有掌握了全时域基本情报,才能知道哪些信息是新的,理清它的来龙去脉,知道事物到底发生了哪些变化以及变化的原因和影响,做到不仅知其然,而且知其所以然。只有掌握全时域基本情报,动态研究才能深入;只有掌握全时域基本情报,加上动态情报,才能更好地分析和预测未来发展趋势,形成预测情报;在掌握全时域基本情报、动态情报和预测情报的基础上,结合用户的实际,才能更好地开展更高层次的情报研究,形成对策情报。全时域基本情报掌握得越多、越全面,分析研究就越深入,得出的结论就会越可靠,反应的速度才能越快。

（2）全时域基本情报是快速完成深层次情报研究的基础。

全时域基本情报研究工作是情报研究中的经常性、基础性工作,只有"日积月累、持之以恒",才能把这方面的工作做好。高层次的情报研究工作往往是随机且紧急的,服务形式是书面的或口头的。如果全时域基本情报做得好,原始文献积累得好,历史情况总结和论述得好,面对新的情报研究课题对信息的检索、搜集、分析与研究只是拾遗补阙,不仅可以使对一次文献的检索、搜集、阅读、整理的时间大大缩短,而且可以使对情报分析、归纳与综合的时间显著缩短,势必使情报研究工作进度大大加快,进而使服务的及时性显著提高。相反,如果全时域基本情报做得不好,信息的检索、搜集、分析与研究一切从零开始,势必费时费力,情报研究的进度都将大受影响。

4. 预测情报

美国情报分析家罗伯特·克拉克直截了当地指出：叙述过去的事件,不是情报分析,那是历史。最高级形式的情报分析是对可能发生的情况进行预测的结构性思考(structured thinking),真正的情报分析总是预测性的。1999 年中央情报局在《情报用户指南》中称"情报是对我们周围世界的认知与先知。"美国中央情报局情报教材《情报分析人员的思维与表达》规定情报分析人员应明确情报课题,预测事态发展,帮助决策者领悟问题的实质,上报真实情况,对情报需求作出反应,对情报素材作出评估,以确定其重要性、可靠性和准确性。不能预测事态发展趋势的情报产品,充其量只是一些事实的堆砌,不可能为决策者驱除战争迷雾,不可能真正满足决策者对情报的需求。

预测情报是在系统、全面地掌握科学且可信的依据信息的基础上,深刻认识研究对象的发展历史、目前进展、存在问题和未来计划,根据内在发展规律和未来所处的环境,采用科学和创造思维,预先推测/判断未来情景,得出未来的发展趋势、发展态势、发展方向、将来可能发生和出现的变化,可以为经营管理人员制定航空发动机行业的中长期发展战略、发展规划和发展政策,用于为科研生产人员选题定向提供强有力的逻辑基础,可以起引路和导向的作用,可为科研生产人员选择技术路线和技术设计时提供参考,发挥"参谋"和"智囊"作用。

预测情报以原始情报、编译情报、之前形成的全时域基本情报与动态基本情报为基础,其研究成果又可以充实、完善全时域基本情报,也能够为动态基本情报研究提供指导(知道应当关注的重点),还可以作为之后开展的对策情报的基础。

5. 对策情报

对策情报,主要是针对有关高层领导和决策机关等的决策需求,在充分占有国内外相关资料的基础上,依据国家的科技政策和科技理论进行系统分析和科学论证,提出解决问题的新思路、新对策、新方案、新措施、新办法和新建议,在制定长远规划和计划、确定科技路线和政策时支持或直接参与科学决策,并支持决策付诸行动和实践,发挥"参谋"和"智囊"作用,对策情报研究具有更多的软科学研究属性。

3.3.3　工作流程

原始情报产品的工作流程一般包括需求搜集与研究、课题选择与确定、信息检索与搜集、信息鉴定与整理、情报编辑与出版、情报评价与改进等。

编译情报产品的工作流程一般包括需求搜集与研究、课题选择与确定、信息检索与搜集、信息鉴定与整理、情报翻译与校译、情报编辑与出版、情报评价与改进等。

动态基本情报产品的工作流程一般包括需求搜集与研究、课题选择与确定、信息检索与搜集、信息鉴定与整理、情报分析与集成、情报撰写与评审、情报评价与改进等。

基本情报研究产品、预测情报研究产品和对策情报研究产品的工作流程一般包括需求搜集与研究、课题选择与确定、信息检索与搜集、信息鉴定与整理、情报分析与集成、情报撰写与评审、情报评价与改进等。

3.3.4　内容结构

1. 原始情报和编译情报

原始情报产品和编译情报产品按时间或内容固有属性进行组织。而其中的每篇情报资料,可以是相关的情报资料原文/译文,但是最好是每篇情报资料原文/译文中与该专题直接相关的部分,相应地,剔除与该专题无关的部分。

动态性和全时域专题原始情报,主要突出专题属性。

如××专题技术型原始情报的结构形式如下所列。

1 概念或原理,资料 1 全文或摘选;资料 2 全文或摘选;……

2 优势与不足,资料 1 全文或摘选;资料 2 全文或摘选;……

3 进展,资料 1 全文或摘选;资料 2 全文或摘选;……

4 特点,资料 1 全文或摘选;资料 2 全文或摘选;……

如××专题型号型原始情报的结构形式如下所列。

1 性能,资料 1 全文或摘选;资料 2 全文或摘选;……

2 结构,资料 1 全文或摘选;资料 2 全文或摘选;……

3 进展,资料 1 全文或摘选;资料 2 全文或摘选;……

4 特点,资料 1 全文或摘选;资料 2 全文或摘选;……

动态性和全时域综合原始情报,主要突出综合属性。

如动态情报跟踪的结构形式如下所列。

1 性能,资料 1 全文或摘选;资料 2 全文或摘选;……

2 结构,资料 1 全文或摘选;资料 2 全文或摘选;……

3 进展,资料 1 全文或摘选;资料 2 全文或摘选;……

4 特点,资料 1 全文或摘选;资料 2 全文或摘选;……

如×××经典文献汇编的结构形式如下所列。

1 性能,资料 1 全文或摘选;资料 2 全文或摘选;……

2 结构,资料 1 全文或摘选;资料 2 全文或摘选;……

3 进展,资料 1 全文或摘选;资料 2 全文或摘选;……

4 特点,资料 1 全文或摘选;资料 2 全文或摘选;……

2. 动态基本情报

动态基本情报的内容,一般是针对最有重要价值和影响的研究对象的那些有水平、有特点的典型事件。一般来说,完整的动态基本情报由导语、主体、结束语和背景资料四部分组成。但并非每一动态基本情报都必须有这四个部分,根据内容需要,可以有的没有导语,有的没有结束语,有的没有背景资料。

1）导语

导语是动态基本情报的第一段或第一句话。导语的撰写没有固定的模式可循,但从实践效果看,好的导语应能同时起到揭示内容和吸引用户两方面的作用。其撰写要求是采用简要的文字把某一事实中最重要、最新鲜、最能引起用户兴趣的内容展现出来,使用户脑子里先有一个总体概念,产生不得不继续看下去的念头。在内容揭示方面,应注意内容的写实性和语言的形象性。写实性,就是要写出所要揭示的内容的实质,而不是着眼于事实的表面;形象性,就是要求将所揭示的内容用生动形象的描绘表现出来。导语不要按部就班地长篇介绍背景资料,避免使用冗长的名字、名称、机构和衔称,以及一连串枯燥无味的数字和晦涩难懂的技术名词,让人脑袋发胀。如必须交代背景资料,可采用"编者按"等形式。

2）主体

主体是动态基本情报的主要部分。它要求采用简洁的文字解释导语,并展开某一事实的内容。内容的撰写,可以采用"倒金字塔"式结构、可以采用逻辑顺序撰写,也可以按时间顺序撰写。采用"倒金字塔"结构时,要把最重要的内容放在第一段,次要的放在第二段,其余依次类推。第一段、第二段等也可以采用设小标题的形式,标题即是重要内容的概括。采用逻辑顺序撰写时,根据事物内部的内在逻辑关系来安排,应注意阐明事物内部的主次、因果、并列、点面关系,不可混为一谈,但在具体操作上,可以灵活把握。例如,在揭示事物内部的点面关系时,要求抓住最主要的事实,可以先点后面、以点带面,也可以先概括面的情况,再具体落实到点上。如写一个地区、一个系统的年度成果,可以采用几个具有代表性的例子加上综合统计数字,以精练的语言加以阐明。采用时间顺序撰写时,根据事件发生的先后顺序来安排。可以由远到近,也可以由近及远,但切忌写成流水账。不论采取哪种方式,主题要突出,条理要清楚,层次要分明,不可空泛议论;内容要准确无误,忌渲染夸张和模棱两可,忌脱离主体,给人"两张皮"的印象;要素要全面,紧紧抓住时间、地点、人物和事件四要素,简练地反映全貌,给用户以完整的概念;文字要朴实无华,要高度概括和浓缩,要言简意赅,忌穿靴戴帽和套话连篇。

3）结束语

为了使所报道的事实更加全面和充实,有些动态基本情报有结束语(但不一定自成段落)。精彩的结束语可以深化主题,起到画龙点睛的作用。

结束语一般要注意和导语相呼应,它可以是小结式的,将前面所揭示的内容归纳一下,以加深用户印象;可以是清音有余式的,给用户留下思考的余地;可以是号召性的,唤起用户的响应;也可以是预示性的,指出事物可能的发展方向。不论采用什么方法结尾,都要力求新鲜、自然,避免画蛇添足。

4）背景资料

背景资料是指与本体事实有关的附属资料,如对比性资料、说明性资料、注释性资料等,目的是借以介绍本体事实发生的历史条件、环境和原因。提供背景资料可以使主题更加鲜明、突出,容易为用户理解和掌握。

运用背景资料,要注意简明扼要、恰到好处,不能喧宾夺主。背景资料可放在导语之后,也可以见缝插针、巧妙安排,只要自然就可以了。

3. 基本、预测与对策情报研究产品

针对不同的情报需求,就要提供不同维度的情报研究产品,如基本情报研究产品、预测情报研究产品与对策情报研究产品等。情报研究产品的维度有:时间维(过去、现在与未来;不同年代或时期、全生命周期各阶段)、空间维(水下、地表、航空、空间)、地域维(不同地区、不同国家、不同机构)、技术维[单一技术、组合技术(部件技术)、集成技术(整机技术)等]、新概念维[多电发动机、变循环发动机、智能发动机、开式转子(桨扇)发动机、间冷回热循环发动机、齿轮驱动风扇(GTF)发动机、超燃冲压发动机、涡轮基组合循环发动机等]、应用维(如战斗机发动机、运输机发动机、轰炸机发动机、空天发动机、航改燃气轮机等)、管理维(战略管理、战役管理和战术管理)、内容维(反映研究对象外部特征、内部属性特征、与有关事物或事件之间的相互联系和影响的各种因素)等。每个情报研究产品一般都涉及情报研究的多维,因而建议采用 MECE(mutually exclusive collectively exhaustive)方法(不交叉、不重复)确定研究构架,以防止出现重叠或交叉。其工作步骤一般包括 3 个主要步骤:找全并确定研究的维度;找全并确定研究的要素;安排框架结构。下面示例几个维度的模板。

1)单项技术的发展研究

(1)要描述该技术的概念与特点,包括技术的概念或工作原理(自身的和依托的技术、理论等)、种类或类型;要描述技术的优势与不足。

(2)技术的国内外发展,可以按国家和机构(通过计量分析得到核心国家与核心机构,甚至得到核心作者等),包括技术预研计划的发展背景{宏观环境与微观环境[意义与作用,PEST(政治(politics)、经济(economy)、社会(society)、技术(technology))分析]、外在需求与内在动因}和技术发展历程[发展历史、目前进展(已经取得的应用效果、经验与教训)、未来发展计划,可以通过对发文量进行文献计量得出技术发展的倒浴盆曲线或 S 曲线]。

(3)关键技术(核心技术),通过关键词等内容统计分析得出技术的分布,结合对文献内容的研究,总结出关键技术。

(4)发展特点、客观规律和发展趋势(结合技术发展的倒浴盆曲线)分析。

(5)国内外对比分析及建议(可以采用 SWOT 分析)。

2)单一型号的发展研究

(1)型号的突出特点与应用。

(2)研制背景,建议采用 PEST+模型。

对于民用航空发动机,采用 MEET[市场(market)、经济(economy)、环境(enviroment)、技术(technology)]模型(PEST 的衍生),分析市场因素[宏观环境、微观环境(推力性能、安全性、舒适性等)]、经济因素(燃油价格、耗油率、设计制造试验成本等)、环境因素(排放、噪声、绿色制造等)、技术基础[包括发动机基础(继承技术、已成熟新技术,强调继承性)和预先研究计划(待验证新技术、拟开发新技术,强调创新性)]。

对于军用航空发动机,采用 PMET[政治(politics)、军用(military)、经济(economy)、技术(technology)]模型(PEST 的衍生),分析政治因素(国家战略的需要、国防建设的需要、未来战争的需要等)、军用要素(作战飞机的功能需要、作战飞机的战术指标需要、航空发动机本身功能与技术指标的要求等)、经济因素和技术因素。

(3)研制历程。军用和民用航空发动机的研制都按当时本国的采办程序和/或规范或标准等执行,因而一般按其划分的全生命周期阶段对其进行总结和论述。具体内容可能包括发展历史、目前进展、未来发展,当然包括研制投入(人财物)、研制周期、研制的具体内容或构成要素、试验验证(验证机台数、验证试验类型、验证时数、遇到的困难与走过的弯路等)、取得的成果和实现的主要功能、基本特征或预期目标达到程度(包括存在的弱点和问题)、使用情况、积累的经验与教训等。

对于美国军用发动机,就要按具体型号所执行的采办和研制的全生命周期阶段(表3-9)总结和论述。

表 3-9　美国武器系统采办和研制的阶段(1971~2015 年)

	阶段 O 前	阶段 O	阶段 I(A)	阶段 II(B)	阶段 III(C)	阶段 IV
DoDI 5000 (1971 年)	项目起动			全面研制	生产与部署	
DoDI 5000.2(1977 年)	任务需求说明	方案探索	方案验证与确认	全面研制	生产与部署	
DoDI 5000.2(1987 年)	任务需求说明	方案探索与确定	方案验证与确认	全面研制	大批量生产与部署	使用与保障
DoDI 5000.2(1991 年)	任务需求确定	方案探索与确定	方案验证与确认	工程与制造研制(EMD)	生产与部署/使用与保障	
DoDI 5000.2(1996 年)	任务需求确定	方案探索	项目确定与风险降低	工程与制造研制	生产、部署及使用与保障	
DoDI 5000.2(2001 年)	用户需求与技术机遇	方案确定与技术开发		系统研制与验证(SDD)	生产与部署	使用与保障
DoDI 5000.2(2003 年)	用户需求与技术机遇	方案精选	技术开发	系统研制与验证	生产与部署	使用与保障

续　表

	阶段 O 前	阶段 O	阶段 I(A)	阶段 II(B)	阶段 III(C)	阶段 IV
DoDI 5000. 2(2008 年)	用户需求与 技术机遇	装备解决方案 分析(6.3)	技术开发 (6.4)	工程与制造 研制(6.5)	生产与部署 (6.5A)	使用与保障 (6.7)
DoDI 5000. 2(2015 年)	用户需求与 技术机遇	装备解决方案 分析(6.3)	技术成熟和 风险降低 (6.4)	工程与制造 研制(6.5)	生产与部署 (6.5A)	使用与保障 (6.7)

对于民用航空发动机,一般采用方案论证和分析阶段、型号研制阶段(技术开发与验证、工程研制与验证、适航取证)、运营阶段(应用与市场、升级与维护)等进行。

(4) 性能和结构。性能是指航空发动机的综合性能,如最大推力、巡航推力、巡航耗油率、涵道比、总增压比、涡轮前温度等性能指标,又如平均故障间隔时间、平均故障间隔飞行时间、平均维修间隔时间、平均拆卸间隔时间、每工作小时维修费用等可靠性和保障性六性指标。结构方面,以涡扇发动机为例,可以按部件和系统进行分别描述,如总体、进气道、风扇、低压压气机、高压压气机、燃烧室、高压涡轮、低压涡轮、加力燃烧室、喷管、控制系统、传动系统、润滑系统、防冰系统和反推力系统等。

(5) 研制特点,可以从技术发展特点(针对结构性能部分进行总结和归纳,对应技术基础)、产品发展特点(针对性能部分进行总结,对应性能、经济、环境等)、市场应用特点(针对研制历程部分进行总结,对应市场)、研发管理特点(针对研制历程部分,归纳和总结其研制思想、研制规律、研制途径、研制道路、研制经验与教训等)进行总结。

(6) 发展态势与启示。

(7) 与中国发展的对比分析与建议。

(8) 结束语(高度概况与未来展望)。

3) 单一预研计划的发展研究

(1) 预研计划的突出特点与状况。

(2) 计划概述。研制背景,建议采用 PEST+模型从需求和需要角度论述。

计划的组织机构,包括投资方、主合同商、参与合同商(合作商)等,特别是各相关利益方的组织框架与运行机制、资金管理(投入形式或拨款渠道,投入数额,使用管理等)。

计划的任务,建议以 GOTChA[目的(goals)、目标(objectives)、技术挑战(technical challenges)、方法(approaches)]图为基础进行描述,具体包括总体目标、计划指标、关键技术、采用方法、实现途径、技术成果与应用等。

(3) 计划进展。按计划自身的具体特点安排。一般先按计划的阶段,再按阶段的总体目标、计划指标、关键技术、采用方法等。

（4）计划实施特点，可以从计划概述与计划进展的对比分析，针对技术研究本身总结其发展特点，如技术指标的确定、技术成熟度的实现、方法的选择等；也可以针对计划组织管理方面总结其特点，如研究思想、研究途径、实现道路、经验与教训等。

（5）未来发展态势与启示。

（6）与中国发展的对比分析与建议。

（7）结束语（高度概况与未来展望）。

4）综合性（技术/产品/计划）发展研究——世界航改燃气轮机的发展研究

（1）概述，包括燃气轮机原理和分类，航改燃气轮机的选型与改型特点（选型原则、改型原则和部件改型），航改燃气轮机的技术特点与重要地位。

（2）航改燃气轮机发展历程，如美国、英国、俄罗斯、乌克兰等。

（3）燃气轮机先进技术预先研究计划，包括先进涡轮系统计划等典型的技术预研计划。

（4）航改燃气轮机典型型号的发展，包括 GE 公司 LM1600、LM2500、工业遄达等典型型号。

（5）航改燃气轮机发展特点，包括技术发展特点（航机改型轻型燃气轮机直接继承航机成熟技术、航空技术改型重型燃气轮机采用航机成熟技术、航改燃气轮机采用航机预研技术、新的循环技术不断得到应用、全面依靠先进材料与工艺技术等）、产品发展特点（性能逐步提高、污染排放量明显降低、可靠性与可维护性不断提高）、产业发展特点（基于同一母机，产品呈谱系化发展；持续升级改进，产品呈系列化发展；产品应用领域不断扩展）。

（6）发展趋势与启示。

（7）与中国发展的对比分析与建议。

（8）结束语（高度概况与未来展望）。

5）综合性（技术/产品/计划）发展研究——国外战斗机发动机的发展研究

（1）绪论，包括战斗机发动机的重要地位、战斗机发动机的技术难度、战斗机发动机的发展史。

（2）战斗机发动机典型型号的研制，包括第 3 代战斗机发动机，如 F100、F110、F404、F414、AL－31F、EJ200 和 M88 等；第 4 代战斗机发动机，如 F119、F135 和 F136 发动机等。

（3）未来第 5 代战斗机发动机的预研，包括综合高性能涡轮发动机技术（integrated high performance turbine technology，IHPTET）研究计划、通用经济可承受先进涡轮发动机技术（versatile affordable advanced turbine engine，VAATE）研究计划、先进核心军用发动机（advanced core military engine，ACME）计划和先进军用发动机技术（advanced military engine technology，AMET）计划等。

（4）战斗机发动机的发展特点分析，包括传统涡轮发动机、部件和系统及新型发动机的发展特点。

（5）发展态势与启示。

（6）与中国发展的对比分析与建议。

（7）结束语（高度概况与未来展望）。

对于预测情报研究报告，采用头脑风暴法、德尔菲法等方法，主要依靠研究人员的经验、知识和综合分析能力进行技术预测和产品预测；采用历史比较法、生长曲线法、趋势外推法（基于文献计量或数据统计的单纯外推、移动平均外推等）、分析模型法等方法，对未来环境不做具体规定，假定未来仍然按照过去的趋向发展，从而可以在现有知识的基础上探索需求和技术的未来可能发展；采用关联树法、形态模型法、网络技术及模拟方法等方法，将社会的需要和预想的目标作为限制条件，来估测实际目标的时间、途径和创造可能的条件，预测事件的发展态势（走向）和意图。

对于对策情报研究产品，采用未来前景描述、类比等方法，依据研究对象的要求、经验思维，特别是依据研究对象发展情况、发展特点、客观规律、发展趋势和存在问题等，运用辩证唯物主义和历史唯物主义的观点，对未来发展提出应对策略，包括对策思路、对策方案和主要举措的论证研究、实施措施与建议。

参考文献

[1]　梁春华.浅议新形势下国防系统专业科研院所的情报工作[J].情报科学技术,1996,(2)：9 - 10.

[2]　梁春华.做好新形势下的航空基层情报工作[J].航空发动机,2001,(1)：50 - 52.

[3]　梁春华,刘红霞,索德军,等.基于系统工程的情报研究工作管理体系的探讨[J].情报工程,2018,4(4)：104 - 111.

[4]　梁春华.基层科研院所情报研究工作实践的探索[J].情报理论与实践,2018,41(9)：7 - 11.

[5]　梁春华.大数据环境情报研究平台发展现状与思考[J].情报理论与实践,2017,40(6)：50,63 - 66.

[6]　史秉能.情报研究概论[C]//第十一期情报研究方法培训班讲义编辑部.第十一期情报研究方法培训班讲义.北京：中国国防科学技术信息学会,2016：1 - 52.

[7]　张代平.情报课题研究[C]//第十一期情报研究方法培训班讲义编辑部.第十一期情报研究方法培训班讲义.北京：中国国防科学技术信息学会,2016：87 - 125.

[8]　肖安琪.情报研究的组织与管理[C]//第十一期情报研究方法培训班讲义编辑部.第十一期情报研究方法培训班讲义.北京：中国国防科学技术信息学会,2016：295 - 300.

[9]　郭吉安,李学静.情报研究与创新[M].北京：科学出版社,2011：185 - 186.

[10]　张昌龄.科技信息工作手册[M].北京：航空工业出版社,2000：108 - 115.

[11]　查先进.信息分析与预测[M].武汉：武汉大学出版社,2004：4,92 - 93.

[12]　贺德方,等.数字时代情报学理论与实践——从信息服务走向知识服务[M].北京：科学技术文献出版社,2006.

[13] 包昌火,缪其浩,谢新洲.信息分析导论[M].北京:清华大学出版社,2007:300-323.

[14] 查先进.关于情报研究的哲学思考[J].图书情报工作,2000,(1):10-12.

[15] 《中国情报学百科全书》编辑委员会.中国情报学百科全书[M].北京:中国大百科全书出版社,2010.

[16] 霍叔牛,陈炳刚.情报需求调查研究方法的若干问题[J].现代情报,1983,(1):2-6.

[17] 郭庆文.试论潜在性情报需求[J].图书情报工作,1989,(6):15-17.

[18] 胡昌平.用户情报需求研究中的几个问题[J].情报学刊,1990,(1):31-35.

[19] 宋斌,曾建勋.首钢情报需求的调查与分析[J].情报学报,1991,10(4):299-304.

[20] 王维.论用户的情报需求[J].世界经济与政治论坛,1991,(9):44-48.

[21] 严怡民.论社会情报需求与服务[J].情报科学,1992,(2):1-7.

[22] 胡明,陈劲.科学情用户及其情报需求的理论探讨[J].图书情报工作,1995,(3):23-26.

[23] 杨来宝,于冬梅.试论情报需求[J].北京林业大学学报,1995,(s4):100-104.

[24] 汤辛.用户情报需求分析及满足需求的途径[J].南京人口管理干部学院学报,1997,(1):56-59.

[25] 刘羚.科学研究各阶段情报需求的内容特征[J].图书与情报,1997,(3):4-6,11.

[26] 王均林.隐性情报需求的特征及其开发方法[J].情报科学,2001,19(9):910-913.

[27] 胡建平.潜在需求与情报开发[J].图书情报导刊,2002,12(1):26,29.

[28] 谭英.网络环境下的潜在情报需求分析[J].图书情报工作,2003,(12):30-34,71.

[29] 顾林晨.谈企业的情报需求[J].图书情报通讯,2003,(1):62-63.

[30] 朱丽萍.网络环境下信息用户需求分析[J].现代情报,2004,24(8):54-56.

[31] 吴秀珍.潜在情报需求及其开发[J].现代情报,2006,26(12):143-145.

[32] 郭路生,刘春年,胡佳琪.工程化思维下情报需求开发范式——情报需求工程探析[J].情报理论与实践,2017,40(9):24-28.

[33] 逢锦荣,张雨.大数据环境下中小企业竞争情报需求分析与实施策略研究[J].山东科技大学学报(社会科学版),2018,20(4):80-87.

[34] 黄如花.信息检索[M].2版.武汉:武汉大学出版社,2010.

[35] 王细荣.图书情报工作手册[M].上海:上海交通大学出版社,2009.

[36] 叶鹰,潘有能,潘卫.情报学基础教程[M].北京:科学出版社,2006:192-195.

[37] 刘绿茵.电子信息检索与利用[M].北京:机械工业出版社,2007:23-33.

[38] 张海涛,等.信息检索[M].北京:机械工业出版社,2006:21-22.

[39] 赵芳.基于大数据的企业竞争情报分析方法研究[J].图书馆学刊,2015,(2):33-36.

[40] 中国人民解放军总装备部军事训练教材编辑工作委员会.科技写作[M].北京:国防工业出版社,2003.

[41] 中国科学技术期刊编辑学会.科学技术期刊编辑教程[M].北京:人民军医出版社,2007:59-64.

[42] 吴重龙,白来勤.编辑工作手册[M].北京:华艺出版社,2004:57-89.

[43] 陈浩元.文后参考文献的著录规则[M].北京:北京师范大学,2011.

[44] 陈浩元.科技书刊标准化18讲[M].北京:北京师范大学出版社,1998.

[45] 李兴昌.科技论文的编排格式及科技文稿的编辑加工[M].北京:北京师范大学,2011.

第4章
情报科研操作和综合保障二层体系

情报科研操作和综合保障二层体系,以保障情报研究操作二层体系、情报研究机构的愿景和情报研究工作的使命实现为目标,以情报科研工作、人员与团队管理、情报研究协同工作平台建设等为主要内容,目的是解决"正确地做正确的事"的问题[1-9]。

4.1 情报科研操作二层体系

情报科研操作二层体系,是以情报科研需求为输入,以情报科研需求、技术操作和产品层级等三层体系为核心,以情报科研产品为输出的工作体系[1,2]。

4.1.1 定义

情报科研操作二层体系,是情报研究学、科学研究工作和工作体系的有机组合,是围绕情报研究学建设和发展开展科学研究的工作体系。

1) 情报学的定义

关于情报学的含义,许多学者和专家发表了自己的见解。情报学的定义的多元化,表明其是一个不成熟学科,正在发展进化之中。

1970年,美国情报专家萨拉塞维克(T. Saracevic)在《情报科学引论》一书中提出,情报学是专门研究人类交流现象和交流系统特性的科学[3]。

1976年,英国情报学家布鲁克斯在其代表作《情报学的基础》中提出,情报学是关于客观知识的分析、组织、传递和利用的科学[3]。

1976年,苏联情报专家米哈依洛夫在《科学交流与情报学》一书中提出,情报学是研究科学情报交流、结构和特性的科学[4]。

1983年,武汉大学严怡民[5]在《情报学概论》中提出,情报学是专门研究科学情报的构成和特性以及研究科学交流全过程的规律性的科学学科。

1988年,美国情报学家A.德本斯等[6]在《信息科学:新的集成观》中提出,情报学是研究情报系统的结构、功能,以及情报系统对社会、文化的影响的一门科学。

2001 年,北京大学岳剑波[7]在"情报学的学科地位问题"一文中提出,情报学是信息科学群中面向信息交流与管理的信息管理学一个子学科。

2003 年,梁战平[8]在"论情报学研究"一文中提出,情报学是一门研究有效运用信息、知识和情报的规律性科学。

国际标准化组织(International Organization for Standardization,ISO)提出:"情报学是对情报的功能、结构、传递的研究和对情报系统管理的研究。"

中国国家标准 GB 4894 - 85《情报与文献工作词汇基本术语》把情报学定义为:研究情报获取、传递与使用的理论、规律与方法以及情报系统管理的学科。

综上所述,情报学是研究数据、信息、知识激活规律性的科学,包括信息(含数据、知识)的选择性搜索、查找、识别、自然聚类、有效组织、转移、增值、吸收和利用以及知识的挖掘和发现。

2)科学研究的定义

科学研究来源于英文的 research,是反复探索的意思,大多数国家习惯采用"研究与开发"(research and develop),日本直接采用"研究开发"(research develop)。

美国资源委员会:科学研究工作,是科学领域中的检索和应用,包括对已有知识的整理、统计以及对数据的搜集、编辑和分析研究工作。

英国《牛津大辞典》和经济合作与发展组织(Organization for Economic Coopperation and Development,OECD):研究与开发,是为了增加知识量,对人类文化和社会知识的探索,以及利用这些知识去发明新用途所从事的系统性创造性工作。

中国国家教育部:科学研究工作,是为了增进知识(包括关于人类文化和社会的知识)及利用这些知识去发明新的技术而进行的系统的创造性工作。

张才骏[9]认为,科学研究,是人们探索未知事实或未完全了解事实的本质和规律以及对已有知识分析整理的实践活动。

毕润成[10]认为,科技研究是指创造知识和整理、修改知识,以及开拓知识新用途的探索工作。

综上所述,科学研究,是对科学领域已有数据和知识的检索、搜集、整理、分析和应用的实践性活动,对未知事实或未完全了解事实的本质和规律进行探索的系统的创造性活动。

3)情报科研操作体系

情报科研,是对情报学领域已有数据和知识的检索、搜集、整理、分析和应用的实践性活动,对情报学领域未知事实或未完全了解事实的本质和规律进行探索的系统的创造性活动。

情报科研操作二层体系,是面向情报学开展科学研究的工作体系。其以促进情报学的理论研究和实践应用的建设和发展为目的,以情报学科研需求为输入,以已有的理论与实践知识的搜集、分析和利用为基础,以调查、观察、试验、比较、分析等为手段,以情报科研需求、技术操作和产品层级三层体系为核心活动,以体现理论研究和实践应用方面创新成果的情报科研产品为输出。

基于系统工程的情报科研操作二层体系,就是将传统和现代系统工程的理念、技术和方法应用到情报科研工作中,使整个情报科研工作运行更加优质高效的工作体系。

4.1.2　情报科研工作的特点

情报科研工作,核心属性就是科研工作,因而其工作要求/标准与科研报告或科技论文的撰写具有很多相同或相似之处。很多学者对科研工作的标准和/或科技论文的评价指标进行了研究,并进行了明确的阐述。

张才骏[9]认为,科技论文具有科学性、创新性、实用性、可读性、政治性、保密性和规范性。

毕润成[10]认为,科技论文的特点包括科学性、学术性、独创性、理论性、实践性和规范性。

刘法贵等[11]认为,基础研究成果的评价指标包括成果的丰富度、社会效应、先进性和创新性、应用前景及工作难度5个指标。成果的丰富度主要是以成果发表的学术论文质量进行标度。成果的社会效应是通过成果被国际、国内研究人员所引用的质量进行标度。先进性和创新性是指该成果的创新程度和先进程度。应用前景是指该成果的理论应用价值和技术应用价值、应用的可能性及对科学技术的影响。工作难度主要是指成果涉及的学科、技术难点和理论难点、技术复杂程度和工作规模。

综合以上观点,结合中国航发沈阳发动机研究所多年情报科研工作的实践,情报科研的要求/标准主要体现在必要性(效益性)、创新性、科学性(实用性、先进性)、可行性和规范性等方面[12]。情报科研工作评价体系如图4-1所示。

1) 必要性

必要性,是指达到一定目标所需的条件和因素。科学研究工作的必要性,就是所开展的科学研究工作要满足社会实践的现实需要,或要满足科学理论的发展需要,或者二者兼而有之。其主要体现在理论价值和实践价值,即在理论上对专业建设和学科发展具有重要的先导、开拓、指导、推动作用,在实践中解决迫切需要解决的重点、难点、疑点、热点、焦点问题。

情报科研工作的必要性,主要体现在研究学科、研究领域、预期作用、预期效益和紧迫程度等方面,具体体现在需求感知与提出、报告撰写与编辑、报告评价与改进等工作中。从研究学科方面,必要性可以体现在本体学科、交叉学科和渗透学科等。从研究领域方面,必要性可以体现在核心领域、重要领域和一般领域等。从预

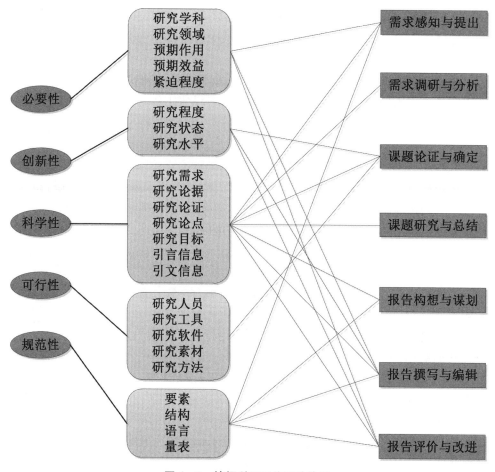

图 4 - 1   情报科研工作评价体系

期作用方面,必要性可以体现在战略作用、战役作用和战术作用等,也可体现在指导作用、借鉴作用和参考作用等。从预期效益方面,必要性可以体现在效率的提高、成本的降低和质量的提升等。从紧迫程度方面,必要性可以体现在现实急需、中期需要和远期储备等。

情报科研工作的必要性可以根据以上体现方面综合评价确定:非常必要、必要、一般必要等。

2)创新性

科学家贝尔纳说:"科学远远不仅是许多已知的事实、定律和理论的汇总,而是许多新事实、新定律和新理论的连续不断地发现。"因而,创新性是在科学研究中产生新事实、新定律和新理论等,也就是说,其内容必须是前人没有研究过或研究还没有发表过的,绝不是完全模仿和重复研究;如果是模仿或重复研究,则必须从新视角或采用新方法进行研究,并推导出新的论点。

情报科研工作的创新性体现在研究程度、研究状态和研究水平等方面,具体体现在课题论证与确定、报告撰写与编辑、报告评价与改进等工作中。从研究程度方面,创新可以分为最新发现、已有改进/否定、已有集成。从研究状态(人员)方面,创新可以分为前人没有研究(空白点)、前人已经研究但研究得很少(冷门点)、很多前人已经或正在研究(热点/焦点)。从研究水平(内容)方面,创新可以分为国际前沿(探索型)、国内领先(验证型)、国内先进(成熟型)。

情报科研工作的创新性可以分为以下等级:原始性创新;继承性(改进/否定性)创新;集成性创新。原始性创新(从头说)属于探索未知,研究新出现的或前人没有研究的课题,得到的结果包括新发现、新发明和新理论,是最有价值的创新。这种课题具有开拓性意义,提出新的观点和见解,能够开辟新的研究领域,会起到填补空白、开拓创新的作用,影响较大,当然其难度也很大。继承性创新包括改进性创新("接着说")和否定性创新("反着说")。改进性创新("接着说")属于充实已知,是在继承已有的基础上,选择前人研究很少、研究不透、论述不够清楚或有些论点的论据还需要加以补充完善的研究,以新视角和新方法对已有的理论和实践进行验证、补充、丰富和完善,大胆提出自己经过独立思考的一些独到见解和立论根据,完成在科学领域探索未知的接力。这种研究提出的新观点和新见解,能够开辟新的研究领域,一旦成功影响较大,甚至可能填补空白。否定性创新("反着说")属于否定通论,又称"纠正通说",是对前人研究成果中有争议和亟待解决的重点、难点、疑点等,通过换向思维和/或逆向思维进行思考和判断,发现前人定论的错误,形成不同的理论、观点、见解,以期达到认识的深化和理论的提高,用以指导实践工作。对待前人的定论,我们首先要继承,但是如果发现其存在错误,就需要科学地批判与否定,这很有挑战性。集成创新("重复说"或"综合说"),是以其特有的专业特长,结合某种理论与技术或某项科研项目,对大量已有的同类信息进行筛选、归纳、浓缩和综合,探讨问题所在,指出突破门径,预示未来发展。其属于综合阐述,有述、有作、有析、有评。

3) 科学性

科学性是指科研选题在必要性的前提下必须符合客观实际和已经证明是正确的已有的科学原理法则。也就是说,它既要符合辩证唯物主义基本原理,又要符合已被实践反复证实的科学定律。

情报科研工作的科学性,是指在情报科研工作全过程中,对研究需求、研究论据、研究论证、研究论点、研究目标、引言信息和引文信息等全要素,坚持严肃的态度和严格的要求,既要目的明确地对研究的外部直观形态进行论证与论述,又要对研究的内在本质(内容)进行抽象而概括的论证与论述,还要对研究发展变化规律进行论证与论述,确保科学研究的合理性。在研究需求方面,科学性体现在问题的定义要素是否全面、准确和深入。在研究论据方面,科学性体现在占有和掌握的直接信息和间接信息(事实、数据和知识)是否全面充分、可靠准确、新颖及时,综述的国内外现状和预测的发展趋势是否全面、准确、客观。在研究论证方面,科学性体现在对某些客观存在的事实或规律进行分析论证所运用的理论模型、思维逻辑和分析方法是否先进、合理,推导的结果是否全面、准确、客观、系统。在研究论点方面,科学性体现在采用的信息和完成的分析是否客观有效,得出的结果和提出的建议是否客观可靠与切实可行,是否经得起任何人在任何时间和地点采用相同的条件重复论证。在研究目标方面,科学性体现在预期的目标是否完全达到。在引言信息和引文信息方面,科学性体现在内容是否全面准确。

情报科研工作的科学性可以根据以上体现方面综合评价确定:非常科学、科学、一般科学等。

4)可行性

科学研究既然是认识世界和改造世界的一种探索性、创造性活动,就受一定条件的限制和约束。所谓可行性,是指在研究过程中预期需要的主、客观条件,实际已经具备的和经过努力可以获得的。

情报科研工作的可行性,主要体现在研究人员、研究工具/软件、研究素材、研究方法等方面,具体体现在课题论证与确定中。从研究人员方面,可行性可以体现在人员能力素质是否胜任、人员数量是否充足、可用时间能否保证等。从研究工具/软件方面,可行性可以体现在所需要的工具/软件是否已经具备或可以具备等。从研究素材方面,可行性可以体现在素材的来源是否广泛、数量是否足够等。从研究方法方面,可行性可以体现在所需要的研究方法是否已经掌握、学习培训后能否掌握等。

情报科研工作的可行性可以根据以上体现方面综合评价确定:非常可行、可行、一般可行等。特别是要突出注意以下三点。

选择自己有研究兴趣的。所谓研究兴趣是指对某一问题或研究产生了研究的欲望。巴甫洛夫说:"科学是需要人的高度紧张性和很大的热情的。"科学研究是一项高智力活动,每个人都有智力发挥的弹性限度,一个人如果对某项研究有强烈的兴趣,可发挥其80%~90%的能力。所以,针对某一个问题或研究,一旦有了研究兴趣,就有了艰苦探索与研究的原动力,就有了开展研究的满腔热情,有了热情,就会带来理想的结果。

选择自己专业且熟悉的。情报科研工作,需要情报研究人员具备扎实的专业理论知识和实践经验。围绕自己专业领域选择情报科研课题,就为情报科研工作的顺利进行提供了必要的理论基础和实践基础。要尽可能选择那些能发挥自己专长且平时留意多与思考勤的研究课题,紧密结合自己的工作实际,并考虑到自己的实际研究能力,"由表及里""由浅入深",使研究的问题专一,易于攻关,并能拓展领域,使科研报告具有层级性、拓展性和完整性。若选择与所学专业不相干的研究,就等于在自己一无所知的领域开垦,那样做必然事倍功半,得不偿失。选择那些自己主观上有独特见解的研究,自然就有内容、有感受、有体会,就容易。选择那些了解不深、认识不透的研究,不但费劲,而且还很可能徒劳无果。

选择难易可行的。研究课题选择的难易可行就是指在主观条件和客观条件两方面综合考虑都可行。主观条件是指研究者的知识结构、研究能力、撰写水平、工作经验以及对研究理解的深度等。客观条件则包括所具备的文献资料、仪器设备、经费来源、协作条件、时间限定与导师等。研究课题选择得要适中,宜难但要够得着,宜小不宜大,宜窄不宜宽,或直接选个小研究课题,或在大研究课题中选定小的论证角度。选择的研究课题还必须有足够的资料,最好能够寻找到专家或老师进行指导。

5）规范性

科研报告撰写的规范性包括要素、结构、语言和量表规范等方面要符合国家标准和规范。

（1）要素齐全合规。

科研报告有国家标准或规范规定或建议的基本格式,如标题（中文和/或英文）、作者署名（姓名、单位、所在地址、邮政编码,中文和/或英文）、摘要（中文和/或英文）、关键词、中文图书分类号、文献标识码;主题部分包括引言、正文、结论、致谢、参考文献、附录、注释、作者详细信息等。这些要素中的必备项目必须齐全,并且要符合要求。

（2）结构清晰严谨。

结构是报告的骨架,是为表现主题思想服务的。科研报告撰写要善于根据客观事物和事理本身的特点与规律来安排结构,做到明确、清晰、完整、严谨、自然。明确是指主题与概念必须明确,就是说要明确说明什么问题,解决什么问题,抓住与主题相关的事实,逐层展开,步步深入;清晰是指文章眉目清楚,条理分明;完整是指文章首尾贯通,前后呼应;严谨是指文章精细周密,无懈可击;自然是指文章逻辑合理,行文自如。

（3）语言精练流畅。

遣词造句不但要合乎语法规律,而且还注意词汇的精确性、单一性、稳定性。用词要确切且贴切,有分寸感,以确切地表达事物的本质特征,以及这一事物与那一事物的区别性,努力做到符合实际,无懈可击。句式要固定、单一,一般不用夸张、双关、借代等修辞手法,以免产生歧义,同时,还要注意明晰简练、平实贴切、周到严密、没有疏漏。对于一些专业术语,既要遵循标准化原则,又要通俗易懂,用简明文字说明深奥的科学道理,做到深入浅出。总之,言简意赅的科研报告,无疑可读性好,也会达到良好的利用效果。

（4）量表规范。

量表规范是指在情报科研报告中的标点、计量单位、数字、公式、图表等符合标准化和规范化的要求。

情报科研工作的规范性可以根据以上体现方面综合评价确定：非常规范、规范、一般规范。

4.1.3　情报科研工作存在的问题及解决措施

航空发动机行业情报研究机构,按照"明目标、打基础、建标准、施战略、研产品、谋未来"的朴素思想,规划和组织开展情报科研工作,取得了明显的进步和较好的成绩。但是,也存在着"不愿做、不会做、不擅做"等问题[13]。

1）情报科研工作的内外环境不佳,某种程度上存在"不愿做"的问题

在外部环境方面,高等院校和情报研究机构开展的基础研究及应用研究与航空发动机研发行业情报研究工作实践有些脱节,在具体工作中不太好实际应用;国家级或行业级的专业性情报研究机构对像中国航发沈阳发动机研究所这样的基层情报研究机构的培训和指导较少,带动和引领作用发挥不够。

在内部环境方面,部门级领导和情报研究人员存在以下方面的问题。一是,这些人员很少是来自情报及其相关专业的,在思想上对情报科研就不熟悉且缺少热情。二是,对"情报专业是情报研究人员的第一专业"和"情报科研工作对体系建设、能力提升、核心业务极其重要"的认识不够,对情报科研工作开展重视不够。三是,在对工作认可上,航空发动机情报研究直接服务于主业,成果显性化大,作用大,获得的认可度高;而情报科研直接服务于自己专业,成果显性化弱(甚至出现失败),发挥的作用和获得认可的范围小。四是,在考核与激励上,没有或很少有明确的工作要求、工作流程、工作标准、考核机制等。

这些外部和内部因素,使得情报研究机构和情报研究人员大多愿意把资源投入到航空发动机情报研究工作上,而不愿意投入到情报科研工作上,在某种程度上存在"不愿做"的问题。这与一些科研机构一直强调"型号研制与预先研究并重",而实际上预先研究就是得不到充分重视而导致很少人愿意干的情况十分类似。其显性结果是,有些情报研究人员,从业10年甚至20年都没有正规地开展过一项情报科研工作,也没有撰写和发表过一篇重要的情报科研论文;其隐性结果是,情报研究人员更注重"砍柴"而轻视"磨刀",更注重"低头干活"而轻视"抬头看路",自身没有成为"专业"的人,当然就没有实现"专业的人做专业的事"。

2）情报科研操作体系没有有效构建,某种程度上存在"不会做"的问题

在体系建设维度,航空发动机研发行业情报研究机构一般对情报科研工作缺乏全面、系统、长远的规划和计划,没有系统深入地研究情报科研工作的本源(使命、目标、任务等),没有很好地构建以满足使命与愿景为目标的自主创新的情报科研操作体系。像标准/规范/制度、工作流程、作业指导书、检查单、标准模板、最佳实践等操作体系文件,有些没有明确建立;有些虽已经建立,但内容和模板各式各

样,不统一与不规范,而且存在不够精细、不够科学等问题。这就造成,情报研究机构没有实现情报科研的输入规范化、操作流程化、流程显性化、评审可视化、输出等级化,进而造成情报研究人员更多地还凭经验按照自己朴素的思想开展情报科研工作,在某种程度上存在"不会做"的问题。

3) 情报科研工作成果与工作实际需求有脱节,某种程度上存在"不擅做"的问题

由于对情报科研工作、体系建设和人才成长的重要性认识不够,航空发动机研发行业情报研究机构大多较少开展情报科研工作;即使开展,也更多的是受职位与职称晋升的论文要求所迫。当然,也就没有在研究内容、研究重点、技术成熟度和时间分配等维度上进行系统规划和合理安排,结果是,很多情报科研成果脱离情报科研工作的需求和情报研究工作的实际,不能有效地支撑情报研究操作体系的适时优化,不能有效支撑先进且专业化的情报技术、方法、工具和平台引入,不能有效支撑情报研究工作的具体实践,在某种程度上存在"不擅做"的问题。这样致使像中国航发沈阳发动机研究所这样的情报研究机构还是按照朴素的管理思想开展情报研究工作,没有体现出情报专业优势,没有很好地满足用户对情报研究工作的多样化、高效化、个性化、专深化的需求,进而没有很好地发挥情报研究工作的"耳目、尖兵、参谋"的固有作用。

对于情报科研工作中所存在的这些问题,从思想认识、操作体系和内容层级等方面来解决。

1) 提高情报研究人员的思想认识,实现由"不愿做"到"想做"的转变

对于情报研究人员来说,情报专业是做好做深情报研究工作最具标识性的知识和技能;航空发动机专业,是做好做深航空发动机情报研究工作的最基础性的知识和技能;外语、汉语、编辑、计算机等,是做好做深航空发动机情报研究工作的保障性知识和技能。也就是说,情报专业是情报研究人员的第一专业,是情报研究人员取得与情报用户能力的不对称性优势的核心。不对称优势是相对于对称优势而言的,是指一个选项至少在一个方面比另一个选项要好,不存在比另一个选项都差的维度,并且并不是所有方面都优于另一选项的情况。从"第一性原理"出发,情报研究工作的根本任务就是为用户提供情报服务,解决用户的不足感或缺失感。也就是,情报用户没有的,情报研究人员要有;情报用户有的,情报研究人员不但要有而且要新、准、广。从 20 世纪 50 年代情报工作在中国诞生以来,情报研究人员与情报用户能力的不对称性优势也在明显变化,但是作为情报专业核心能力的信息获取、情报研究、情报展现三大方面能力没有减弱,而是在不断加强,如表 4-1 所示。也就是说,情报研究工作取得成功的关键是寻找与用户的差异性,保持自身特质,因而,情报研究人员就要加强对"情报专业是情报研究人员第一专业"和"情报科研工作对体系建设、能力提升核心业务极其重要"的思想认识,并通过外部引

入和内部激励加强情报科研工作,不断加强与用户的不对称能力优势,进而增强自身的核心竞争力。

表 4-1　情报人员与情报用户能力的非对称性优势

时　　间	情报人员与情报用户能力的非对称性优势				
	语言转换	背景专业	信息获取	情报研究	情报展现
1950~1970 年代	2	0	2	0	0
1980~1990 年代中期	1	-1	2	0	0
1990 年代后期~2000 年代	0	-2	1	1	1
2010 年代至目前	0	-2	1	1	1

注:评分等级:2 代表优势;1 代表略优;0 代表相当;-1 代表略弱;-2 代表弱势。

　　航空发动机情报研究工作主要包括具体的航空发动机情报研究工作、情报研究操作体系建设工作和情报科研工作。航空发动机情报研究工作是核心工作,需要情报研究操作体系建设工作和情报科研工作的支撑和保障。情报研究操作体系建设工作是情报研究工作的操作指南,服务于航空发动机情报研究工作,需要情报科研工作的有力支撑。情报科研工作是基础性工作,为航空发动机情报研究工作和情报研究操作体系建设工作提供强有力的支持。根据艾森豪威尔的基于"重要性和时间性"的二维四象限法则:对于一项工作,时间(相应地也包括人财物)的分配,重要的约占70%,一般的约占20%,不重要的约占10%,其他的可以忽略不计。作为基层科研院所情报研究机构,中国航发沈阳发动机研究所的情报研究工作,在时间(相应地也包括人财物)分配上,首先且最重要的是航空发动机情报研究工作,在70%左右;其次是情报研究操作体系建设工作,在20%左右;最后是情报科研工作,在10%左右。

　　2)构建基于自身工作实际的情报科研操作体系,实现由"不会做"到"会做"的转变

　　情报科研操作体系是情报科研工作内部经验的积累和外部成果的借鉴,是情报科研人员的基本遵循和工作规范。航空发动机研发行业情报研究机构应当构建基于自身工作实际、具有自身特色的情报科研操作体系,为情报科研工作实践提供考虑全部利益相关者、全过程、全要素、科学实用的集成工作模式。其一般以促进情报理论研究和实践应用的建设和发展为目的,以情报科研需求为输入,以已有的理论与实践成果的搜集、分析和利用为基础,以调查、观察、试验、比较、分析等为手段,以情报科研技术操作体系/流程为核心活动,以体现理论研究和实践应用方面创新成果的情报科研产品为输出。制定科学实用的工作标准/规范/制度,实现过程可评审和结果可考核;建立专业且可执行的工作流程,实现工作统一与规范、节点可视、内容可溯;编制作业指导书、检查单、标准模板、最佳实践等,实现工作的标

准化和精细化。这样,情报科研工作可以实现标准化、规范化和流程化,解决"正确地做事"或"专业的人做专业的事"的问题,也就是要实现由"不会做"到"会做"的转变。

3)系统规划情报科研的内容层级,实现由"不擅做"到"擅做"的转变

情报科研是研究数据、信息、知识激活规律性的科学,包括数据、信息、知识的选择性搜索、查找、识别、自然聚类、有效组织、转移、增值、吸收和利用以及知识的挖掘和发现。

在重要性层面,情报科研内容可以分为情报与情报系统、情报活动两大方面。前者即情报学基础理论,具体包括情报与情报系统的基本概念、研究对象、研究范围、基本理论、基本性质、根本目的和发展规律等,还包括情报与情报系统的组织方式、运营模式、协调机制、控制策略、服务模式、效果评估和效益评价等,也包括情报和情报系统运行所需的原理、技术、方法和工具等。后者主要包括情报研究、文献研究和情报科研等业务活动中所采用的流程、基本模型、技术和方法等。根据正向二八定律,作为基层科研院所情报研究机构,中国航发沈阳发动机研究所首先要重点关注情报活动,人财物的投入比例在 80% 左右;其次要关注情报与情报系统,人财物的投入比例在 20% 左右。

在成熟度层面,情报科研工作内容可以划分为基础研究[技术成熟度等级(technology readiness level, TRL)为 1~3 级]、应用研究(TRL 为 4~6 级)和发展研究(TRL 为 7~9 级)。基础研究,是对情报与情报系统、情报活动的新理论和新原理的探讨,目的是为应用研究和发展研究提供理论前提;应用研究,是基础研究的继续,目的在于为基础研究的成果开辟具体的应用途径,为发展研究提供技术支撑;发展研究,是应用研究的继续,是把应用研究的成果应用于实践,将其转化为实用技术。根据上述的艾森豪威尔法则,作为基层科研院所情报研究机构,中国航发沈阳发动机研究所的情报研究工作人财物等的分配,在情报研究、文献研究和情报科研等业务实践的发展研究方面,约占 70%;在情报原理、技术、方法和工具的理论发展与实践应用相结合的应用研究方面约占 20%;在情报理论基础和情报基础理论成果学习和掌握等基础研究方面,约占 10%。

在时间层面上,情报科研内容可以分为近期、中期和远期三个层级,要立足目前,着眼长远。作为基层科研院所情报研究机构,中国航发沈阳发动机研究所重点关注的是近期,也就是传统和数字时代的情报研究内容;其次是中期,也就是大数据时代的情报研究内容;最后是远期,也就是人工智能时代的情报研究内容。根据上述的艾森豪威尔法则,三者的时间分配比例大约为 70%、20%、10%。

在成果层面,情报科研产品层级体系分为专业资料汇编、专业综述报告、专业科研报告、专业述评报告等不同层级。这要因人而异,循序渐进,以满足特定时期、特定人群的需求,能实现人才成长牵引,特别是要服务于情报研究工作需要的理

论、方法、工具和平台等,为实现情报研究机构的愿景和情报研究工作的使命提供坚强的专业支撑。

当然也是最重要的,无论是系统规划情报科研的内容,还是系统规划情报科研成果的层级,都必须按照"第一性原理",紧紧围绕情报研究机构对情报科研工作的需求开展工作。只有这样,才能解决"做正确的事"的问题,才能研有所用和用有所获。

4.1.4 基于系统工程的情报科研操作二层体系的实践

1821 年,世界著名物理学家法拉第提出,科学研究有三个阶段:"首先是开始,其次是完成,第三是发表。"

张才骏[9]认为,科学研究,一般可分为准备阶段、进行阶段和总结阶段等 3 个阶段。准备阶段包括选题、搜集和阅读资料以及进行课题设计。进行阶段是实际工作阶段,其关键是做。总结阶段包括整理实验资料,分析和整理实验资料,写出科学研究工作总结和技术总结等,撰写论文,提交鉴定或验收成果等。

英国联合信息系统委员会(Joint Information Systems Committee, JISC)提出了"科学问题提出—研究团队组建—研究课题确定—科研探索开展—最终成果产出"的科研生命周期。

周俊波等[14]认为,科学研究包括调查研究选题、查阅文献制订方案、实验论证、理论突破、指导实践、解决新的问题等阶段。

尼尔森[15]认为,科学探究的过程包括:① 提出问题,发现有价值的问题,并能清楚地表述所发现的问题;② 猜想与假设,对问题可能的答案作出猜想与假设;③ 制订计划,提出验证猜想或假设的活动方案;④ 进行实验,按照制定的计划正确地进行实验,注意观察和思考相结合;⑤ 收集证据,独立地或与他人合作,对观察和测量的结果进行记录,或用调查、查阅资料等方式收集证据,或用图表的形式将收集到的证据表述出来;⑥ 解释和结论,对事实或证据进行归纳、比较、分类、概括、加工和整理,判断事实、证据是肯定了假设或否定了假设,并得出正确的结论;⑦ 拓展与迁移,对探究结果的可靠性进行评价,对探究活动进行反思,发现自己和他人的长处和不足,并提出改进措施;⑧ 表达与交流,采用口头或书面的形式将探究过程和结果与他人交流和讨论,既要敢于发表自己的观点,又要善于倾听别人的意见和建议。在具体的探究中,探究要素可多可少,根据需要可以是全程式的探究,也可以对部分要素进行探究。

综合上述中国科学研究的现状和中国航发沈阳发动机研究所情报科研的具体实践[1,2,12,16],情报科研操作二层体系,是以情报科研需求为输入,以科研需求三层体系、技术操作三层体系、产品层级三层体系为核心,以情报科研产品为输出的工作体系。其服务于情报研究操作体系,以确保情报研究工作科学、高效和持续的发

展。基于系统工程的情报科研操作二层体系是引入系统工程思想的情报科研操作
体系,如图 4 - 2 所示。

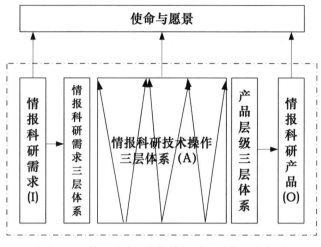

图 4 - 2　基于系统工程的情报科研操作二层体系

1. 情报科研需求三层体系

构建情报科研需求三层体系的目的是解决情报科研输入的问题,来自情报理
论发展和实践应用本身的核心研究内容,服务于航空发动机情报研究操作体系,也
服务于情报研究工作的使命和情报研究机构的愿景,旨在解决"正确地做正确的
事"的问题。

情报科研需求三层体系一般包括理论层、理论与实践层和实践层。作为基层
科研院所情报机构,中国航发沈阳发动机研究所的情报科研需求三层体系,重点面
向实践层的研究,首要的是情报研究应用和情报管理研究,包括情报研究、文献研
究和情报科研等业务活动的研究;其次是情报技术和情报方法的研究,包括基本模
型、情报研究技术和情报研究方法等;最后是情报理论基础和情报基础理论的学习
和掌握。

业务活动层包括情报研究、文献研究和情报科研等。情报研究的业务活动包
括需求搜集与研究、课题选择与确定、信息检索与搜集、信息鉴定与整理、情报分析
与集成、情报撰写与评审和情报评价与改进等。文献研究的业务活动包括需求搜
集与研究、课题选择与确定、数据检索与收集、数据统计与分析、报告撰写与评审和
文献研究产品评价与改进等。情报科研的业务活动包括:需求感知与提出、需求
调研与分析、课题论证与确定、课题研究与验证、报告构想与谋划、报告撰写与编辑
和报告评价与改进。

技术/方法层,包括情报研究、文献研究和情报科研等业务活动中所采用的基
本模型、技术和方法等。

在需求感知与提出、需求搜集与研究过程中,可以采用的方法有实地调查法中的普遍调查、抽样调查、典型调查、重点调查、个案调查、问卷调查等方法,专家调查法中的专家个人、同行评议和专家会议等方法,网络调查法中的电子邮件以及视频会议法等。

在课题选择与确定、课题论证与确定过程中,可以采用启动清单法、用户清单法、问题再定义、维恩分析法、结构化头脑风暴法、虚拟头脑风暴、名义团体法、星爆法、交叉影响矩阵法和形态分析法等。

在信息检索与搜集过程中,可以采用智能检索系统等信息检索工具与系统,可以采用主题检索语言、分类检索语言和自然检索语言等检索语言,可以采用传统的文献检索、全文检索、多媒体内容检索、超媒体/超文本检索、联机检索、光盘检索、网络检索、跨语言检索、搜索引擎和智能代理等检索技术,可以采用布尔检索、加权检索、全文检索、超文本检索、多媒体检索、智能检索、跨语言跨平台检索、概念检索和基于概念本体的内容检索、搜索引擎等,也可以采用检索方法与策略、检索效果评价、检索可视化和知识的挖掘/知识发现等。

在信息鉴定与整理以及数据统计与分析过程中,可以采用传统文献计量学和网络计量学。传统文献计量学分为引文分析、专利分析和知识图谱,遵循作者分布定律(普赖斯定律)、文献分散定律(布拉德福定律)、词频分布定律(齐普夫定律)、文献增长定律(经验曲线/S-曲线/技术生命周期分析)、文献老化理论、科学生产率定律(洛特卡定律)、文献聚类定律和辅助文献计量等方法。

在情报分析与集成过程中,可以采用定标比超法(Benchmarking)、环境分析法、矩阵分析法、竞争对手分析等企业经济情报研究方法,可以采用迈克尔·波特五力产业分析模型和宏观环境分析(PEST)模型等环境分析法,可以采用竞争态势法(SWOT)、波士顿矩阵(Boston consulting group, BCG)和DPM等矩阵分析法,可以采用数据挖掘、数据仓库、决策支持系统(decision support system, DSS)和商务智能(business intelligence, BI)等计算机辅助研究方法,可以采用技术路线图法(路径分析法)、线性趋势外推法、移动平均法、指数平滑法、指数增长模型、生长模型、时间序列分解法、线性回归法和非线性回归法等预测方法,可以采用一般评估方法、技术经济评估法、层级分析法、技术评估法、价值工程和可行性研究等评估方法,可以采用逻辑分析法、关联树法、内容分析法、引文分析法、聚类分析法和因子分析法等相关分析法,可以采用情景与指标、假设生成与检验、因果评估、质疑分析和冲突管理等专业研究方法。

在情报撰写与评审过程中,可以采用如辅助撰写工具、辅助编辑等。

2. 情报科研的技术操作三层体系

情报科研工作是情报机构的核心业务,决定着情报研究体系建设的好坏和情报产品质量的高低,进而决定着情报机构的能力、水平和作用。在航空发动机研发行业情报机构,情报科研工作的开展大多不受重视,系统性与实践性不强,流程与体系意识更弱,因而其工作质量不高、实用性不强、作用发挥受到较大影响。在搜集、分析和利用中国情报科研工作的先进理论研究成果和最佳实践的基础上,并结合中国航发沈阳发动机研究所情报科研工作实际,提出情报科研技术操作三层体系[1,2,5]。其时间维分为 P1 需求感知与确定、P2 课题研究与验证、P3 报告研发与改进 3 个阶段,具体包括:需求(requirement)感知与提出,是源;需求(requirement)调研与分析,是基;课题(project)论证与确定,是始;课题(project)研究与验证,是魂;报告(report)构想与谋划,是梁;报告(report)撰写与编辑,是妆;报告(report)评价与改进,是果等子阶段。其构成情报科研 5R2P 工作模型,如图 4-3 所示。其子阶段由流程、标准/规范/制度、作业指导书、检查单、模板、案例、数据库等操作体系文件构成。情报科研技术操作三层体系的逻辑维,引入系统工程过程的 V 模型。该体系旨在解决"正确地做正确的情报科研"的问题,进而发挥情报科研工作"支撑情报研究操作体系和保障情报研究产品品质"的固有作用。

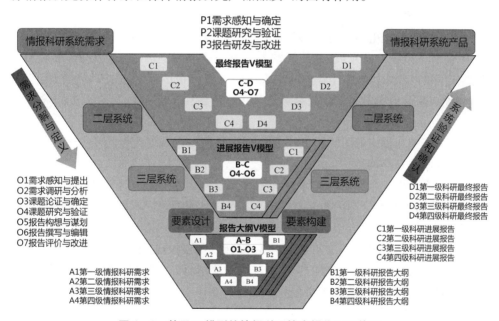

图 4-3　基于 V 模型的情报科研技术操作三层体系

1) 需求感知与提出

情报科研需求源于对问题的感知与定义。孔子曰:"学起于思,思起于疑"。古人云:"学贵有疑,小疑则小进,大疑则大进,无疑则不进。"古希腊哲学家苏格拉底也认为,问题是接生婆,它能帮助新思想诞生。著名科学家爱因斯坦(A. Einstein)和英费尔德(L. Infield)在《物理学的进化》一书中指出:"提出一个问题往往比解决一个问题更重要。因为解决问题也许仅是一个数学上或实验上的技能而已,而提出新的问题,却需要有创造性的想象力,而且标志着科学的真正进步。"爱因斯坦还指出：在科学上没有一个已经完全解决了的问题,也没有一个永远不变的问题。奥地利著名的哲学家、批判理性主义的创始人波普尔(K. R. Popper)所指出的：科学知识的增长永远始于问题和终于解决问题—愈来愈深化问题愈来愈能启发新问题的问题。德国物理学家海森堡(W. K. Heisenberg)：提出正确的问题,往往等于解决了问题的大半。J. E. Pertz 指出："界定问题真正的挑战就在于澄清问题的本质,并回答问题期待解决什么和需要达成怎样的目标。"因而,需求感知与提出,是确立研究目的和方向、明确研究内容的过程。需求的界定和明确,是对问题内涵和外延的全面且准确地理解和表达,是将其转换成情报科研课题的前提。这两者对后续情报科研工作的重要性不言而喻。也就是说,情报科研的需求感知与提出,是情报研究人员必须首先完成的最重要、最基础性的工作,是情报科研工作的起点和基准点,是情报科研工作的生命之源。其既关系到情报科研的内容,又关系到情报科研的效果,无论强调得多么重要都不为过；无论做得多么科学都不为过。

第一,定义。

需求感知与提出,是情报研究人员在情报研究专业的理论研究与实践应用过程中,感知或发现专业发展的问题(缺失),并对这些问题进行综合分析、浓缩和聚焦形成明确的需求,最后对需求的来源/背景、研究目的、研究内容、研究理论/方法、预期成果和效益等主要定义要素进行正确理解和表达。

第二,工作标准。

需求感知与提出的工作标准主要体现在研究内容和研究程度两个方面,具体体现在全面性和准确性。

(1) 全面性。全面研究需求内容的来源学科和领域,做到全面(涵盖需求学科/领域所需了解的全部内容)掌握该需求内容目前的研究状态、研究水平和研究程度。

(2) 准确性。要在理论和实践中准确地确定问题的初始状态、目标状态、上位和下位的本质联系；课题需求的提出要准确地明晰研究目的、技术目标、覆盖范围、包含的具体内容(正确且无二义性)。

第三,工作实践。

需求感知与提出一般以情报研究专业问题为输入,以问题的感知/发现、科研需求的提出和科研需求的定义为活动,以科研需求描述结果为输出。其中科研需求的提出,是后续工作的基础,最为关键。

其一,问题的感知/发现。

问题是情报科研之源,可以说没有问题就不需要研究,有了问题才会有探究的欲望和动力。情报科研的问题是由情报研究人员在理论研究与实践应用中感知或发现的。由于是自身提出的,对这些问题的内涵和外延、研究内容的深度和广度、研究方法的可行性和科学性、研究的目的和应用,情报研究人员都十分清楚,因而容易理解、提出和表达。

从问题来源人员特征,情报科研的问题,可以由情报研究人员从自己的研究方向和领域中感知或发现,也可以从其他情报专家和专业机构推荐的主题、学术会议指定的主题范围、各级科研管理部门定期公布或不定期发布的《项目指南》中寻找或发现。

从问题来源形式特征,情报科研的问题可以由情报研究人员在知识学习、课题延伸、实践需要感知或发现。著名的方法论研究者贝弗里奇(W. Beveridge)在《科学研究的艺术》一书中指出:"一个人假如他在学习过程中不曾注意到知识的空白或不一致的地方,或者没有形成自己的想法,那么作为一个研究工作人员他是前途不大的。"情报研究人员,广泛地阅读自己熟悉的或有兴趣的某个领域/学科的学术科研报告(尤其是相关核心期刊)和动态资料,必然掌握这些领域/学科的目前发展态势和未来发展趋势,可以从得到的新启迪和产生的新设想中感知和发现问题。情报研究人员自身可以在已经进行的情报科研课题的基础上,根据已完成课题的范围/广度和层级/深度,采用探索或批判的眼光去看待已有的、传统的理论观点,延伸发现还没有彻底/有待解决的问题。情报研究人员,可以在具体的情报研究工作实践中出现的一些新现象、新业务、新问题中和需要的一些新方法、新工具、新平台中感知和发现问题。

从来源领域特征,情报科研的问题可以由情报研究人员在核心领域、关键领域和一般领域中感知或发现。

从来源学科特征,情报科研的问题可以由情报研究人员在新兴学科、交叉学科和传统学科中感知或发现。

从问题研究状态特征,情报科研的问题可以由情报研究人员从无人问津(空白点,最新提出的或已经提出的)、少人研究(冷门点)、众人研究(热点/焦点)中感知或发现。

从研究水平特征,情报科研的问题可以由情报研究人员按成熟度从探索未知/世界前沿型、验证先进/国内领先型和发展成熟/国内先进型中感知或发现。

从研究程度特征,情报科研的问题可以由情报研究人员从没有新做(最新提出的或已经提出的,原始性创新)、已有改进(充实已知/否定已知,继承性创新)和已有集成(综合阐述)中感知或发现。

其二,科研需求的提出。

在感知/发现问题之后,最重要的工作就是全面深入地分析和论证问题、逐步压缩思维空间聚焦到关键点,进而提出明确的科研需求。

科研需求的提出,在形式上一般采用逐级反馈的方法,即:若研究进行到某一级,没有感知或发现值得研究的问题,或从下一级中去感知或发现,或到上一级中去感知或发现,直到比较恰当地感知或发现值得研究的问题。

科研需求的提出,在内容上一般采用与目前研究状态对比的方法,即:哪些研究问题目前没有研究或只是部分研究;哪些研究问题虽然已经研究,但与自己的研究结果或结论不太一致;哪些研究问题虽然已经研究,并且与自己的研究结果或结论基本一致,但自己可以去深化和发挥。经过几番深思熟虑,选题的目标会渐渐明朗。

其三,科研需求的定义。

科研需求的定义,是全面、准确和深入地明确问题的内涵和外延,并对情报科研需求的来源/背景、研究目的、研究内容、研究理论/方法、预期成果和效益等主要定义要素进行正确理解和表达。

情报科研需求的定义的内容一般包括以下 8 个方面,可以采用表 4－2 的形式表达。

表 4－2　情报科研需求表

需求名称			
需求人	主责人,参与人		
需求时间	提出时间与希望完成时间		
需求专业	情报□　　档案□	文献□	编辑□　　管理□
需求来源	自定□	推荐□	指定□
需求来源	学习感知□	课题延伸□	现实需要□
需求时限	现实急需□	中期需要□	远期储备□
需求层级	战略需要□	战役需要□	战术储备□
研究领域	核心领域□	重要领域□	一般领域□
研究学科	新兴学科□	交叉学科□	传统学科□
研究程度	没有新做□	已有改进/否定□	已有集成□
研究状态	无人问津□ (空白点)	少人研究□ (冷门点)	众人研究□ (热点焦点)
研究水平	探索型□ 世界前沿	验证型□ 国内领先	成熟型□ 国内先进

（1）需求产生的背景,包括需求由谁最先提出、来源领域、来源学科、需求时限、需求层级等。

（2）研究目的,也就是为什么提出,解决的重要性、预期的作用或意义。

（3）研究现状,开展了哪些工作,取得了什么进展,打下了什么基础;科研需求的研究历程、目前进展和未来发展趋势,从中确定科研需求所处的研究程度、研究状态和研究水平。

（4）研究内容,包括问题的分解[上位问题,本位问题,下位问题(子问题)]。

（5）研究方法，包括自己/他人已经尝试过的或计划采用的理论模型、方法、技术、方案等。

（6）限制条件，也就是开展该项研究可能存在的约束条件/风险等。

（7）研究结果，也就是期望达到的目标，预期取得的成果。

（8）预期效益，包括社会、经济、学术效益和应用前景。

2）需求调研与分析

需求调研与分析，是情报科研之基。开展需求调研与分析，掌握需求的发展历程、目前进展和未来发展趋势，了解前人或他人针对需求或有关问题已经做了哪些工作、已经得出什么结论、总结出什么经验和教训、还存在什么问题及问题的关键在哪里，对后续需求甚至课题论证与确定至关重要。其作用主要体现在：一是不重做，避免重复前人的研究，做无谓的研究；二是接着做，在已有的研究成果的基础上，借鉴前人的经验，站在他人的肩膀上对别人研究的不全面、不透彻和不深入的内容进行持续的改进和完善；三是反着做，吸取前人的教训，少走弯路，缩短研究周期，节省研究成本。

第一，定义。

需求调研与分析，是情报研究人员自身或由他人协助获取该需求相关的信息，整理与分析这些信息，并以综述报告等形式全面准确客观地论述该需求的发展历程、目前进展、存在问题和未来发展趋势。

第二，工作标准。

需求调研与分析的工作标准包括全面性、准确性、客观性和科学性。

（1）全面性。需求调研与分析所采用的手段要全面，可采用的调研手段有访谈调查、问卷调查、个案调查、抽样调查、全面调查等，避免因只采用一种调查方法而无法达到全面的调研效果；需要调研的信息和要素要全面，比如对需求的来源、机构、渠道和载体都需要进行全面的调研与分析；综述撰写的内容要全面，包括发展背景、发展历程、目前进展、存在问题等。

（2）准确性。需求调研要确保调研中所使用信息的来源、机构和渠道准确，保证每条信息都可追本溯源，进而可保证需求分析的内容和核心问题的准确性。在综述撰写时，能够获得准确的发展背景、发展历程、目前进展、存在问题和未来发展趋势等。

（3）客观性。需求分析的内容和核心问题要客观、有根据；综述撰写的内容要实事求是，客观地呈现出如发展背景、发展历程、目前进展、存在问题和未来发展趋势等内容，决不能为了迎合任何人的主观愿望和要求而主观故意地对信息进行加工。

（4）科学性。需求调研中的所采用的方法和策略要科学合理；需求分析的信息整理方法和信息融合的逻辑要科学；综述撰写的内容要科学。

第三,工作实践。

需求调研与分析一般以情报科研需求为输入,以需求调研、需求分析和综述撰写为活动,以国内外发展情况综述为输出。

其一,需求调研。

需求调研,是情报研究人员自身或由他人协助根据情报科研需求,通过文献搜集、社会调查等手段,从适当来源(他国和本国、本单位和外单位等)、适当机构(咨询与研究机构、院校和情报机构等)、适当渠道(馆藏、数据库、竞争情报系统、外网点对点数据库、外网重要网站数据和外网搜索引擎等)和适当载体(纸质、电子和磁带等)的原生信息源中,全面、准确、快速地获取开展情报科研所需的新颖且适用的信息。

文献搜集,一般利用外源采集平台和内源采集平台,采用浏览检索法、系统检索法和循环检索法,对情报科研课题的主题范围、地域范围、语种范围、时间范围、信息类型、资源性质等外部特征和内容特征进行检索,之后完成多来源、多机构、多渠道、多载体的信息搜集。特别是,信息搜集,通常不能一次成功,可能需要对搜集策略与途径等进行调整和优化,如上/下位词联想、同位词联想/否定、外部特征关联等。另外,在文献搜集时,应把核心期刊作为重要的文献来源。核心期刊上刊载的论文,一般都经过专业编辑人员的过滤和同行评审,学术价值和自身质量都较高。

社会调查,是有目的、有计划、有系统地搜集有关研究对象社会现实或历史状况信息的方法,是综合运用历史研究法、观察研究法等方法以及谈话、问卷、个案研究、测试或试验等科学方式,对有关社会现象进行有计划的、周密的、系统的了解,并对调查搜集到的资料或信息进行分析、综合、比较、归纳,借以发现存在的问题,探索有关规律的研究方法。文献社会调查法具体包括实地调查、会议调查、访谈调查、问卷调查、抽样调查等。

其二,需求分析。

需求分析,是情报研究人员根据研究的目的和要求,对获取的与该研究相关的信息,对核心资料、主要资料所载有的数据、信息和知识等进行分析和研究,了解国内外该研究的发展历程和目前做过哪些工作,已有哪些成就(所处的研究水平),还有哪些问题或其中哪些部分尚未解决,未解决问题的关键和可能的解决途径;分析各个属性、各个部分、各个方面相互之间的关系,发现某些客观存在的事实或规律;运用逻辑的、数学的或直觉的方法,研究或预测未来发展趋势等。

其三,综述撰写。

综述撰写,是情报研究人员对为开展该研究而进行的需求调研与分析的结果以综述报告等形式全面准确客观地表述。该综述一般包括该项科研课题的发展历程、目前进展、存在问题和未来发展趋势等,具体可能包括以下部分。

(1)针对本研究,前人做了哪些工作,取得了哪些成果,达到了什么水平。

（2）本研究国内外目前进展和最新动向,还存在哪些尚未发现与尚未认识的空白点/冷门点、存在哪些热点/焦点、存在哪些难点、矛盾点和否定点;哪些问题已经解决,哪些问题尚未解决或还没有彻底解决,这些未解决问题的程度如何或存在哪些局限性或还有哪些需要改进的,要解决这些问题的主要矛盾和症结在哪里。

（3）本研究所处的水平,是国际前沿、国内领先还是国内先进。

（4）要分辨出存在问题中哪些是主要问题.哪些是次要问题,目前各家争论的焦点是什么,共有几种看法等,以便做到有的放矢,抓住重要问题予以研究。

（5）预期达到什么结果。

（6）预期取得的效果、意义、作用和应用前景。

（7）已经积累了哪些文献。

3）课题论证与确定

程千帆[17]说:"题目选择的本身,恐怕也很能检验出自己的学识、思维、判断能力。"科学学的创始人贝尔纳(J. D. Bernal)曾指出:"课题的形成和选择……是研究工作中最复杂的一个阶段。一般来说,提出课题比解决课题更困难。如果再加上人力和设备的局限,则产生的课题之多是无法一下子解决的。所以评价和选择课题便成了研究的战略起点。"著名科学家维纳说过,知道应该干什么,比知道干什么更重要。可见,课题论证与确定,就是从战略上选择情报科研的主攻方向,是情报科研工作的起始,既关系到是否能够抓住重大或重要问题/需求,是否能够完成并满足情报科研的需求或解答(回答)情报科研的问题,还关系到能否取得良好的社会效益与经济效益,是决定情报科研工作是否成功的一个重要的具有"战略性"的步骤。其取决于所需人才的结构、所采用的科学方法、仪器设备等,还直接关系到情报科研工作的进展速度、成果的大小甚至成败。因而,课题论证与确定得准确和恰当,就可以捷足先登,取得事半功倍的效果;反之,课题论证与确定得不准确或不恰当,则不仅可能劳神费时、久攻不克或事倍功半,而且还不能满足课题的需求,更谈不上取得良好的社会效益与经济效益。

第一,定义。

课题论证与确定(即立题),是严格按照科学研究和社会实践的规律,把情报研究人员感知的问题、定义的需求和完成的需求调研与分析结果,经过概括、提炼与综合转变成情报科研课题的题目和内容(研究的对象、目标和方向),并从必要性、创新性、科学性、可行性、规范性等方面进行科学分析与决策的工作。

第二,工作标准。

课题论证与确定,以需求分析为基础,以立题的必要性、内容的创新性、研究的科学性和实践的可行性为判断标准,以准确地满足情报科研专业发展为目的。

（1）立题的必要性。立题的必要性体现在研究学科、研究领域、研究内容、预期效益、需求时限等方面。课题的研究学科可分为本体学科、交叉学科和渗透学科;课题的来源领域可分为核心领域、重要领域和一般领域;内容先进水平需要根据综述内容而定,分为世界前沿、国内领先、国内先进;课题的预期效益是根据课题的论证情况而定,分为决策支撑(战略)、技术支持(战役)、学习参考(战术);课题的需求时限需要综合考虑需求的现状,分为管理急需、技术急需和技术储备。

（2）内容的创新性。内容的创新性体现在研究水平、研究程度、研究状态等。在研究水平(内容)方面,创新性可以分为国际前沿(探索型)、国内领先(验证型)、国内先进(成熟型)。在研究程度方面,创新性可以分为最新发现、已有改进/否定、已有集成。在研究状态(人员)方面,创新性可以分为前人没有研究(空白点)、前人已经研究但研究得很少(冷门点)、很多前人已经或正在研究(热点/焦点)。

（3）研究的科学性。课题论证的科学性体现在需求定义、现状分析、研究方法、研究内容等方面。在需求定义方面,可结合需求感知与定义的工作标准;现状分析要综合考虑需求调研与分析的标准,在准确性和全面性方面综合把握;拟开展的情报科研课题所采用的研究方法要合适;研究内容要素要全面、描述需准确。

（4）实践的可行性。课题论证的可行性是指选题时必须考虑所选课题所具备的主、客观条件,主要体现在研究人员、研究工具/软件、研究素材、研究方法等方面。在研究人员方面,要保证人员能力胜任、人员数量充足、可用时间充足;在研究工具/软件方面,要确保具备或能够具备满足研究需求的研究工具/软件;在研究素材方面,要确保素材来源广泛、数量足够;在研究方法方面,要确保所采用的方法能够实现预期研究目标。

第三,工作实践。

课题论证与确定一般以课题需求和课题现状调研结果为输入,以课题论证、课题评审和课题完善为主要活动,以课题论证报告为输出。其中课题论证和评审为核心。

其一,课题论证。

根据需求内容和需求现状调研与分析结果,认真分析该课题的地位、作用、社会/经济效益以及制约课题顺利开展的其他因素等,拟订初步的研究计划和可行的研究方案,撰写开题论证报告。开题论证报告一般包括以下内容。

（1）课题名称。研究什么样的问题? 课题的内涵和外延是什么? 如果一个大的课题里包括几个小题,应加入的小题名称;若本课题属于某一大课题中的子课题,也应注明。

（2）课题来源。包括来源领域、来源学科和来源形式。

（3）研究目的/目标,为什么要开展此课题? 想解决什么问题? 研究的目标是什么? 研究的结果是什么。

（4）研究现状。课题的研究基础,包括自身已经开展了哪些工作,具备了哪些条件等;课题的国内外研究现状和发展趋势,已经达到的研究程度、研究状态和研究水平,特别是还存在的问题。

（5）研究内容,包括本课题和子课题,主要技术指标。

（6）研究方法/理论/技术,包括具体采取什么方法/理论/技术,不单单是提出一些方法/理论/技术,还要写清楚怎样使用这些方法/理论/技术。

（7）预期的成果形式。

（8）工作计划。预定开始和完成的时间,各个研究步骤或过程的时间和进度。

（9）完成课题的主客观条件[人(负责人及参加人员姓名,各人分工内容)、机、料、法、环、测,研究周期和研制经费]。

其二,课题评审。

课题评审是指对课题立题的必要性、立题的创新性、研究的科学性、实践的可行性和预期的效益等进行全面的评审,以再次确定课题论证和课题选择的正确性。课题论证评审一般采取同行专家研究评议与管理决策部门评议相结合的方式进行。课题评审表如表4-3所示。经过课题论证评审之后,该课题若通过(包括直接通过和改进后通过),则得到确定,后续继续开展研究;若未通过,则不开展,后续再按照选题的程序和原则进行其他课题选择。

表 4-3 情报科研开题论证报告评审表

名 称				
负责人		参加人		
时 间	提出时间与希望完成时间			
立题必要性	研究学科	新兴学科□	交叉学科□	传统学科□
	研究领域	核心领域□	重要领域□	一般领域□
	研究水平	世界前沿□	国内先进□	国内领先□
	预期作用	战略作用□	战役需要□	战术需要□
	紧迫程度	现实需要□	中期需要□	长期储备□
立题创新性	研究状态	无人问津□	少人研究□	众人研究□
	研究程度	没有新做□	已有改进/否定□	已有集成□
研究科学性	主要目标	适当□	较适当□	不适当□
	需求定义	全面□	较全面□	不全面□
	需求定义	准确□	较准确□	不准确□
	现状分析	全面□	较全面□	不全面□
	现状分析	准确□	较准确□	不准确□
	现状分析	客观□	较客观□	不客观□
	研究方法	选择合适□	需调整□	需增加□
	科研报告内容	要素全□	要素较全□	要素不全□
	科研报告内容	描述准□	描述较准□	描述不准□

续　表

实践可行性	资料	充分性	来源广□	来源一般□	来源少□
			数量多□	数量一般□	数量少□
		准确性	核心资料□	间接资料□	外围资料□
			关键数据□	相关数据□	外围数据□
	人员情况		数量充足□	数量刚好□	数量不足□
			能力胜任□	能力够用□	能力不足□
			时间充足□	时间够用□	时间不够□
	工具/软件		满足需求□	完善或引进□	无法满足□
	研究方法		满足需求□	学习培训后能实现□	无法实现□
预期成果效益性	社会价值		有指导作用□	有借鉴意义□	参考价值□
	经济效益		大幅改进效率成本□	改进效率成本□	助改进效率成本□
	经济效益		大幅提高质量□	提高质量□	促进提高质量□
综合评审意见	结　论		继续开展□	完善后开展□	终止□
	具体建议:				
意见落实情况					
评审成员					
评审组长			日期		年　　月　　日
修改完成日期（修改完成后交评审组长）					年　　月　　日

其三,论证完善。

经过课题论证评审之后,一般需要根据课题评审意见修改和完善开题论证报告,形成开题论证报告终稿,为下一步实施课题研究做好准备。

4) 课题研究与验证

课题研究与验证,是情报科研的核心。其是对未来情报研究工作的新概念、新理论和新技术进行研究和论证,为情报研究工作体系和情报研究产品质量的创新发展提供理论储备和支撑;是对情报研究工作出现的问题和不足进行研究和论证,为现有情报研究工作体系和情报研究产品质量的提升与改进提供实践的支撑和保障。实践证明,情报科研工作充分,情报研究工作就会进展顺利;情报科研不充分,情报研究工作就可能波折不断。因而,情报科研可以提高科研人员的技术水平和提高本单位在相关领域的竞争能力,对于情报研究工作的目前和未来发展都至关重要。

第一,定义。

课题研究与验证,是情报研究人员根据已知科学知识对研究课题可能采用的解决方案和可能取得的研究结果作出猜想与假设,制订验证猜想或假设的实施计划(方案),并按其规定的对象、内容、时间、手段、方法和程序等开展研究和验证,对研究的事实或证据进行归纳、比较、分类、概括、加工和整理,以获得所希望的研究结果。

第二,工作标准。

课题研究与验证工作标准主要体现在创新性和科学性。

(1)创新性。创新性体现在研究水平、研究程度、研究状态、研究手段等方面。其中研究水平、研究程度、研究状态的标准可参见课题论证与确定中的创新性标准。基于研究阶段的不同,工作标准略有不同。研究手段是指情报科研过程所采用的方法、工具和平台,要确保至少是国内先进水平。

(2)科学性。体现在课题假设、课题验证、课题总结等方面。其中课题假设需合理、研究论据需全面充分、研究论点需正确全面、研究结果需客观准确。

第三,工作实践。

总结国内外课题研究与验证的特点与规律,结合中国航发沈阳发动机研究所情报科研工作实际,课题研究与验证一般以课题开题论证报告为输入,以课题设计、课题验证和课题总结为主要活动,以课题科研报告为输出。其中课题验证是核心。

(1)课题设计。

根据已知科学知识,对课题可能的答案或结果作出可验证的猜想与假设,并提出验证猜想或假设的活动方案或行动计划。具体阐述,在什么条件下,利用什么材料,采用什么方法或措施,进行什么操作,测试什么参数或变量,采用什么分析手段或工具,根据什么事实,实现什么指标或目标,得出可能的研究结果。

(2)课题验证。

按照课题猜想或假设的活动方案或行动计划所规定的对象、内容、时间、手段、方法和程序等,对研究对象进行验证,包括观察、测定、记录能够反映研究效果的、典型的、有代表性的证据,或用调查、查阅资料等方式收集证据,或用图表的形式表述收集到的证据。根据获得的事实或证据进行归纳、比较、分类、概括、加工和整理,判断事实、证据是肯定了假设或否定了假设,分析得出结论。

(3)课题总结。

根据获得的证据和验证结果,对研究方法的科学性进行验证探讨,对研究结果与别人的同类研究结果进行比较研究,运用有关理论对研究方法的科学性和研究结果的可靠性作出鉴定,明确交代研究问题所获得的结果,以及解决问题所达到的程度,作出实事求是的结论。如果设计中有不周到和实施中有失误的地方,也需要毫不掩饰地提出来,使科研报告更加完善。有时还对今后的研究指明方向,提出进一步研究的问题。

课题研究与验证在情报科研中是最核心的,也是最具特色且最难以描述的。

这里仅以几个具体实例进行说明。对于统计分析型的情报科研,可以尝试采用数据采样、模型构建、采样统计分析、结果解读、得出结论的模式来进行,如基于采样统计内容分析的情报定义研究和情报研究定义的统计研究等。对于模型构建型的情报科研,可以尝试采用原型模型/方法/技术/方案的介绍、适应性分析(异同分析)、适应性模型/方法/技术/方案的构建、验证与解析、得出结论的模式来进行,如基于系统工程的情报研究工作体系的探讨、基于 KM 理论模型的情报研究定义的探讨——从安达信咨询公司知识管理公式推衍、Ⅱ型情报研究人员能力素质的再探讨、基层情报研究人员成长模型的构建、大数据环境情报研究平台发展现状与思考等。对于经验总结型的情报科研,可以尝试采用现状分析、经验解析、得出结论的模式来进行,如基层科研院所情报研究工作实践的探索等。

5)报告构想与谋划

报告构想与谋划,实际上就是构想科研报告提纲过程,其重要性参见3.2.7节。

第一,定义。

报告构想与谋划,也就是拟定科研报告提纲的过程,即在掌握需求描述内容、国内外发展现状、开题论证报告和专业研究结果等大量资料的基础上,通过立意、构思和表意完成科研报告谋划和提纲拟定的过程。

第二,工作标准。

报告构想与谋划的工作标准主要体现在拟定提纲的科学性。

一篇情报科研报告的构想与谋划首先要具有整体性,即主题要贯穿全文,文体结构要顾及全部要素和思路,能够纲举目张,提纲挈领,体现科研报告的基本架构,达到宏观结构完整统一。其次要具有条理性,即科研报告层级清晰、脉络分明、层级之间过渡和衔接逻辑性强,达到总论点与分论点的和谐统一。再次要突出重点、详略安排,各部分的比例分配恰当,篇幅的长短合适,全篇均衡。每一部分能为中心论点服务,便于材料的组织利用(取舍)和作用发挥。最后要表意准确,语言要简明扼要,具有概括力和表现力。

第三,工作实践。

总结国内外特点与规律,结合中国航发沈阳发动机研究所情报科研工作实际,报告构想与谋划一般以课题需求、课题现状调研结果、开题论证报告和专业科研结果为输入,以科研报告提纲的立意、科研报告提纲的构思和科研报告提纲的表意为主要活动,以科研报告提纲为输出。其详细内容参见3.2.7节。

6)报告撰写与编辑

报告的撰写是创造精神产品的过程。其重要性参见3.2.7节。

第一,定义。

报告撰写与编辑,是在掌握需求描述内容、国内外发展现状、开题论证报告和专业科研结果等的基础上,根据科研报告提纲,通过资料选择与运用、内容的推敲和形式的编辑,以书面语言(包括插图、表格、公式、数据、符号等)为表述手段,对科研课题确定的各种现象、活动及其成果进行记录、描述和总结,进而完成科研报告撰写的过程。

第二,工作标准。

报告撰写与编辑的工作标准主要体现在研究的创新性、科学性和编辑的规范性。

(1)创新性。创新性主要体现在研究学科、研究领域、研究水平、研究状态、研究程度等方面,具体内容参见课题论证与确定标准中的必要性和创新性要素。由于阶段不同,工作标准所涉及的要素可能略有不同。

(2)科学性。科学性体现在报告的研究目标、引言信息、引文信息、研究论据、研究论点、研究结构、研究结果、研究结论等方面,要做到科学合理、准确全面、客观。

(3)规范性。规范性主要体现在要素、结构、语言和量表规范等方面。① 要素齐全合规。标题、作者署名、摘要、关键词、中文图书分类号、文献标识码、主题部分(包括引言、正文、结论、致谢、参考文献、附录、注释、作者详细信息)等要素中的必备项目必须齐全并且符合科研报告的国家标准或规范要求。② 结构清晰严谨。报告撰写要善于根据客观事物和事理本身的特点与规律来安排文章的结构,做到明确、清晰、完整、严谨、自然。③ 语言精练流畅。遣词造句不但要合乎语法规律,而且还要注意词汇的精确性、单一性、稳定性。④ 量表规范。报告中的标点、计量单位、数字、公式、图表要符合编辑标准化的要求。

第三,工作实践。

总结国内外特点与规律,结合中国航发沈阳发动机研究所情报科研工作实际,情报科研报告撰写与评审一般以需求描述内容、国内外发展现状、开题论证报告、专业科研结果和科研报告提纲等为输入,以资料选择与运用、内容推敲与完善、报告评审与完善为主要活动,以科研报告为输出。详细内容参见第 3 章 3.2.7 节。表 4-4 给出了情报科研报告评审表。

表 4-4 情报科研报告评审表

名　称				
负责人		参加人		
时　间	提出时间与希望完成时间			
研究创造性	研究水平	世界前沿□	国内先进□	国内领先□
	研究状态	无人问津□	少人研究□	众人研究□
	研究程度	没有新做□	已有改进/否定□	已有集成□

续　表

研究的必要性	研究学科	交叉学科□	渗透学科□	本体学科□
	研究领域	核心领域□	重要领域□	一般领域□
	预期作用	战略作用□	战役需要□	战术需要□
	紧迫程度	急迫需要□	现实需要□	长期储备□
研究科学性	研究目标	完全达到□	基本达到□	不能达到□
	引言信息	全面准确□	较全面准确□	不全面准确□
	引文信息	全面准确□	较全面准确□	不全面准确□
	研究论据	全面充分□	较全面充分□	不全面充分□
	研究论点	正确全面□	较正确全面□	不正确全面□
	研究结构	合理□	较合理□	不合理□
	研究结果	客观□	较客观□	不客观□
	研究结论	正确□	较正确□	不正确□
编辑规范性	科研报告内容	要素全□	要素较全□	要素不全□
	科研报告内容	描述准□	描述较准□	描述不准□
	科研报告要素	齐全合规□	较齐全合规□	不齐全合规□
	摘　要	规范□	较规范□	不规范□
	结构层级	分明□	较分明□	混乱□
	逻辑性	强□	较强□	一般□
	语言表达	冼炼流畅□	较冼炼流畅□	较晦涩□
	技术阐述	技术表达准确□	技术有错误□	重要技术有错误□
	参考文献	规范□	较规范□	不规范□
综合评审意见	结　论	继续开展□	完善后开展□	终止□
	建议修改内容：			
意见落实情况				
评审成员				
评审组长		日期		年　　月　　日
修改完成日期（修改完成后交评审组长）				年　　月　　日

7）报告评价与改进

情报科研报告评价与改进，是整个情报科研工作不可缺少的必要组成部分，既是本情报科研课题的结束,同时又可能是本情报科研课题的深入与扩展,还可能是新情报科研课题的开始。

采用正确的评价指标体系,对情报科研产品做出实事求是的客观评价,有利于寻找和及时发现情报科研各环节存在的疏漏、缺陷和问题,完善情报科研工作体系;有利于体现情报科研工作价值,向社会宣传情报科研成果。

第一,定义。

报告评价与改进,就是由情报科研专家系统或机构,按照一定的程序,采用科学的方法,对照确定的标准,对情报科研各个工作环节及其产生的专业研究报告的内在价值与使用价值进行评审与鉴定。

第二,工作标准。

情报科研报告评价与改进是对内在价值和使用价值的综合测度,是涉及反映内在价值和使用价值的许多相互联系指标的一项复杂系统工程。其工作标准包括三大方面:研究的创新性、适用性和科学性。

(1)创新性。用户从研究学科、研究领域、研究水平、研究状态、研究程度等方面对整篇报告进行评价。课题的研究学科可分为本体学科、交叉学科和渗透学科;课题的来源领域可分为核心领域、重要领域和一般领域;内容先进水平分为国际前沿(探索型)、国内领先(验证型)、国内先进(成熟型);研究状态(人员)方面,可以分为前人没有研究(空白点)、前人已经研究但研究得很少(冷门点)、很多前人已经或正在研究(热点/焦点);在研究程度方面,创新性可以分为最新发现、已有改进/否定、已有集成。

(2)适用性。主要从预期作用、服务性、适时性、经济性等方面给出评价。预期作用分为决策支撑(战略)、技术支持(成本)、学习参考(战术);报告的服务性评价要素可分为全面满足需求、部分满足需求和未满足需求;适时性的评价要素分为提前完成、及时完成和拖期完成;经济性的评价要素分为经济效益很好、经济效益较好和经济效益一般。

(3)科学性。对报告的研究目标、引言信息、引文信息、研究论据、研究论点、研究结构、研究结果、研究结论等进行评价。用户需要对研究报告的研究目标是否达到、引言信息和引文信息是否全面准确、研究论据是否全面充分、研究论点是否正确全面、研究结构是否合理、研究结果是否客观,以及研究结论是否正确进行评价。

第三,工作实践。

情报科研报告评价与改进一般以情报科研报告为输入,以评价准备、评价实施、结论研究和后续改进等为主要活动,以评估报告和/或后续报告研发需求为输出。这与情报研究的流程和内容基本一致,可参见情报研究的相应部分,但评价内容采用如表4-5所示的内容。

表 4 - 5   情报科研报告应用评审表

名 称				
负责人		参加人		
时 间	提出时间与希望完成时间			
研究的创新性	研究水平	世界前沿□	国内先进□	国内领先□
	研究状态	无人问津□	少人研究□	众人研究□
	研究程度	没有新做□	已有改进/否定□	已有集成□
研究的必要性	研究学科	交叉学科□	渗透学科□	本体学科□
	研究领域	核心领域□	重要领域□	一般领域□
	预期作用	战略作用□	战役需要□	战术需要□
	服务性	全面满足需求□	满足部分需求□	未满足需求□
	适时性	提前完成□	及时完成□	拖期完成□
	适用性	决策支撑□	解决技术问题□	一般性参考□
	经济性	经济效益很好□	经济效益较好□	经济效益一般□
研究的科学性	研究目标	完全达到□	基本达到□	不能达到□
	引言信息	全面准确□	较全面准确□	不全面准确□
	引文信息	全面准确□	较全面准确□	不全面准确□
	研究论据	全面充分□	较全面充分□	不全面充分□
	研究论点	正确全面□	较正确全面□	不正确全面□
	研究结构	合理□	较合理□	不合理□
	研究结果	客观□	较客观□	不客观□
	研究结论	正确□	较正确□	不正确□
综合评审意见	结 论	继续开展□	完善后开展□	终止□
	修改内容：			
意见落实情况				
评审成员				
评审组长		日期		年 月 日
修改完成日期（修改完成后交评审组长）				年 月 日

3. 情报科研的产品层级三层体系

情报科研的产品层级体系立足目前,着眼长远,是产品规划的宏观构架,着眼于牵引人才成长,包括专业资料汇编、专业综述报告、专业科研报告和专业述评报告。

专业资料汇编,是情报研究人员针对特定课题或研究的需要,搜集、筛选、整理与编辑相关资料的汇编。其旨在自己全面了解本课题或研究的包括最新进展的全时域信息,便于他人在较短的时间内掌握特定研究的全面信息。

专业综述报告,是指在全面搜集、阅读、消化大量相关研究文献的基础上,对特定研究对象在一定时期内有关国际和国内的研究成果、存在问题、固有规律及与其他事物的相互联系和相互影响的情况的全面、系统和准确的描述。其有助于情报研究人员自己和他人快速掌握本研究的发展历史、目前进展、发展水平、存在问题、社会价值、经济价值等全面情况。

专业科研报告,是情报研究人员为了描述其从事的理论研究和实践应用等活动的目的、方法、过程、进展、结果和结论而形成的报告。其是对未来情报科研工作发展新概念、新理论和新技术进行研究和论证,是对情报科研工作中出现的问题和不足进行研究和论证,是情报科研工作的目前改进和未来发展的理论支撑和实践保障。专业科研报告对促进情报学科/专业的理论研究和实践应用的发展和创新、提高情报研究人员的技术水平和提高本单位在相关领域的竞争能力都至关重要。

专业述评科研报告,着重于“评”,要求作者在充分占有国内外相关资料的基础上,依据国家的科技政策和科技理论,结合自己理论认识和实践经验,对前人的工作和研究成果进行权威性叙述和体现作者倾向性的评论,提出具有启迪性的观点和指出未来发展方向及研究重点。其基本作用是使用户对该主题现状、发展趋势和存在问题获得较深刻认识,进而准确地把握住该对象目前或未来的研究方向。

4.2 航空发动机情报研究综合保障三层体系

航空发动机情报研究综合保障二层体系通常包括人员与团队建设、协同工作平台建设及信息资源建设等内容。

4.2.1 航空发动机情报工作人员与团队建设

情报研究工作是横跨自然科学、社会科学与人文科学的综合性技术研究工作,是以知识、技能和智力劳动为基础的创造性工作,具有科学性、创造性、服务性、群体性等特点。情报研究人员的能力素质,在很大程度上决定着情报研究产品的使用价值和情报研究工作的自身价值,决定着情报研究人员和情报研究专业机构“耳目、尖兵、参谋和智囊”作用的发挥。因而,明确情报研究人员的能力素质要求,构建清晰统一的能力素质要素,建立科学实用的情报研究人员培养模型和途径,可以使情报研究专业机构"选人用人有依据,培训培养有目标",使情报研究人员"学习工作有方向,成长成才有导向",最终实现情报研究专业机构与情报研究人员共同发展。

1. 能力素质模型及其内容

能力素质模型(competency model),也称胜任力模型,是指为担任某一特定的任务角色所需要具备的能力素质的总和。1973 年,哈佛大学教授麦克兰利(D. C. McClelland)在《美国心理学家》杂志上发表了一篇名为 *Testing for Competence Rather Than for "Intelligence"* 的论文。在论文中,他引用了大量的研究结果,说明滥用智力测验来判断个人能力的不合理性,并通过事例说明人们主观上认为能够决定工作业绩的一些人格、智力、价值观等方面的因素,在现实中并没有表现出预期的效果。在麦克兰利教授的积极推广下,经过几十年的发展和应用,员工能力素质模型得到了普遍的认可。

图 4-4   麦克兰利的能力素质冰山模型

麦克兰利认为,不同层级的能力素质在个体身上的表现形式不同。他把人的能力素质划分为 5 个层级:知识(knowledge)、技能(skill)、社会角色和自我认知(social role and self-image)、特质(traits)及动机(motives)。他将这些能力素质形象地描述为冰山模型,知识和技能属于海平面以上的表象部分,称为基准性素质;自我认知、特质、动机则属于海平面以下的潜在部分,称为鉴别性素质,能力素质冰山模型如图 4-4 所示。

在能力素质模型要素中,知识指个人在某一特定领域拥有的事实型与经验型信息;技能指结构化地运用知识完成某项具体工作的能力,即对某一特定领域所需技术与知识的掌握情况;知识和技能是从事某项工作起码应该具备的素质。社会角色指一个人基于态度和价值观的行为方式与风格;自我认知指一个人的态度和价值观;特质指个性、身体特征对环境和各种信息所表现出来的持续反应;动机可以预测个人在长期无人监督下的工作状态,社会动机指在一个特定领域的自然而持续的想法和偏好,它们将驱动、引导和决定一个人的外在行动。自我认知、特质、动机是真正能够区分优秀人员与一般人员的素质。

能力素质模型要素从上到下深度不同,表示被挖掘与感知的难易程度不同。对于知识和技能,相对较容易评价和培养,花费的成本较低;而对于自我认知、特质和动机相对较难评价和培养,花费的成本也较高,而且效果往往也不好。特别是潜能是通过先天塑造和后天培养而长期形成的,到了一定年龄将不易改变。因而,一般情况下,一个机构凭借潜能来挑选员工,再对其知识和技能等素质施以相应的培养与开发,能够更好地提高员工的素质,进而提高绩效。

本研究认为,职场专业人员的能力素质可以归纳为四大方面:知识结构、专业技能、基础能力、职业素质。知识结构、专业技能与工作直接相关,可以通过培训培养来提高,位于冰山以上部分。基础能力在与工作的相关性和培训培养难度方面都介于前两者之间,少部分位于冰山以上部分,大部分位于深藏的冰山以下部分。职业素质与工作内容很少直接相关,可以通过主观能动性变化来体现,对行为和表现起关键作用,但不容易培训培养,位于深藏的冰山以下部分。

2. 情报研究人员的能力素质构成要素

对情报研究人员的能力素质构成要素,国内情报界的专家与学者[18-35]都曾进行了大量的研究和论述。

张昌龄等[18]认为,情报咨询研究人员能力素质包括政治素质、知识结构和业务能力。政治素质包括事业心、政策水平和工作作风。知识结构要专与博相结合,专是指对从事专业领域的知识有较为精深的掌握与了解;博是指应拥有丰富的、多层级的和多侧面的广博的知识基础。业务能力包括情报意识和创新能力、外语能力、文献检索能力、计算机应用知识与技能、情报分析研究方法的应用能力、交流表达能力和组织协调能力。

李晓松[19]认为,科技情报人员综合能力指数主要由理论水平、情报捕捉能力、研究能力和身心素质等要素构成。理论水平是指情报人员掌握科技情报研究工作所需的理论、方法和技术的程度。科技情报人员不仅要精通外语翻译、图书馆学、文献学、情报学的理论和方法,同时也要掌握管理学、情报学、自然科学、社会科学和计算机技术等方面的理论和方法。科技情报人员理论水平是情报人员综合能力发挥的基础。情报捕捉能力是指情报人员具备从纷繁复杂的信息海洋和微不足道的信息死角中及时发现、敏锐地捕捉到有价值情报的能力。科技情报人员,要善于使用各种检索工具和方法,在最短时间,从不同途径获得最有价值的情报,并能够对情报进行甄别、浓缩、加工和再创造。科技情报人员情报捕捉能力是开展情报研究工作的基础,捕获情报的时效性、有效性和科学性直接影响研究成果的质量。研究能力是指情报人员具备通过各种定性定量方法,结合我国现状,对获取的情报进行整理、归纳和深入分析,提出咨询建议的能力。研究能力是构成科技情报人员综合能力的核心和关键。身心素质包括身体素质和心理素质。其中,身体素质是指身体健康程度;心理素质包括心理健康水平、环境适应能力、职业性格和职业价值观等。科技情报人员身心素质是其他能力素质充分发挥的前提。

陈钧和曹宽增[20]认为,情报研究人员的能力素质包括基本素质要求和基本能力要求。基本素质要求包括政治素质要求、专业技术素质要求和心理素质要求。基本能力要求包括分析研究能力要求和组织协调能力要求。政治素质要求包括:情报研究人员应该具有较高的政策水平;具有高尚的品德和强烈的事业心;具有严谨的态度和求实的精神。专业技术素质要求包括:图书馆学、情报学知识;计算机应用知识;网络知识;所服务领域的专业知识;外语知识。心理素质要求包括:对事物的发生、发展应具有强烈的好奇心;对事业有着坚定的求胜心;对待外界事物的影响要具有一颗平和心。分析研究能力要求包括:选择最佳信息源;选择适当的搜集方式;选用相应的信息分析模型;对情报进行综合分析研究。组织与协调能力要求包括:能够有效地分解课题任务,进行科学的任务分工;能够与上级主管部门和协作单位建立良好的沟通渠道;能够与同事保持良好的人际关系;能够知人善任,充分发挥课题组中每个成员的特长与能力;能够把握课题进度,有效地推动整体工作开展。

潘英和张文贤[21]认为,军队科研院所的信息工作人员素质主要由知识要素、智力要素、心理要素3个要素构成。知识要素包括基本专业知识(信息工作者服务对象所从事的专业领域内的基本知识)、信息技术知识(计算机、网络等现代信息手段方面的知识)、信息业务知识(信息采集与存储、整理与加工、开发与利用等)和外语知识。智力要素主要包括观察力、记忆力、思维力、想象力、判断力等子要素。心理要素,重点是信息意识(是指对信息的敏感程度)。知识水平是基础,智力水平是核心,信息意识是灵魂。

张家年[22]认为情报工程师素质结构包括知识结构(基础性知识、专业性知识、综合性知识)、能力结构(基本能力、专业能力、创新能力、社交与管理能力)和意识与道德(工程思维、创新意识、职业伦理和道德意识、终身学习意识)。

叶小梁[23]认为,情报研究人员的基本素质要求包括:情报研究主题领域的专业知识;情报搜集整理能力;熟练掌握一门外语的能力;驾驭材料和撰写文章的能力;创新能力;思考能力。

江涌和李岱素[24]认为,高级情报研究人员应具备的素质包括:政治思想素质;法律观念和保密意识;广博的知识面;外语水平;掌握现代信息技术的方法和手段;情报信息意识;对情报信息进行综合分析、处理及深加工的能力;撰写能力;对新的情报研究方法的掌握;实事求是的科学研究态度;辅导用户及培养人才的能力;经济头脑;组织协调能力;攻关能力。

华冰等[25]认为,情报研究人员应该具备的能力和素质包括:优越的文字修养、犀利的文笔;丰富的知识,博览群书的功底;远见、卓越的推断力;进攻性;一门专深的学问或技术造诣。

高嫱[26]认为,网络环境下图书情报人员应具备的素质包括:高科技意识和专业化水平;熟练的信息技术应用能力;较强的外语能力;开发文献信息的能力;良好的心理素质。

冯晓辉等[27]认为,能够胜任服务于决策咨询的国防科技情报人员,除具备必要的科学技术知识外,还应树立"与信息打交道"的角色意识,注重培养特殊的情报业务素质。情报人员的特殊业务素质主要有:思维的客观性,思维的系统性,信息的敏感性,人际交流能力等。

赵玉改等[28]从竞争情报的理论内涵出发,结合冰山模型将人才素质表征为基准性素质和鉴别性素质和技能、知识、角色定位、价值观、自我认知、品质、动机7 个二级指标,进一步将竞争情报研究人员基本素质分别表征为 30 个三级指标。

谢晓专[29]通过文献调查、实证调查和政策标准分析,比较研究国内外有关情报分析人员能力素质要求,总结得出情报分析师职业胜任力通用标准初始模型,具体包括知识、技能和特质 3 个方面。其中知识包括业务(行业)或特定领域的知识,法律法规与政策指令知识,情报信息知识(情报流程/原理/实践)等。技能包括批判性思维(含创新思维)/逻辑思维技能,表达/交流/传递技能,协作/合作/人际关系以及谈判和影响力,领导力、组织/计划/协调能力与团队精神,专业情报技能与客户服务意识,计算机技能 IT 素养。特质包括好奇心/求知欲/学习能力,自我驱动/引导,积极主动,决断力,创新/创造力,适应性/灵活性,伦理/承诺/正直与责任感,严谨/细心。

基于麦克兰利能力素质冰山模型的构成要素,综合上述专家的研究成果和中国航发沈阳发动机研究所的长期情报研究工作实践[36,37],情报研究人员能力素质应包括情报知识结构、情报操作技能、情报基础能力和情报职业素质 4 个维度,如图 4-5 所示。在情报能力素质的 4 个维度中,前 2 个维度与工作直接相关,可以通过培训培养来提高,位于冰山以上部分;最后 1 个维度与工作内容很少直接相关,可以通过主观能动性变化来体现,对行为和表现起关键作用,但不容易培训培养,位于深藏的冰山以下部分;第 3 个维度在与工作的相关性和培训培养难度方面都介于前两者之间,少部分位于冰山以上部分,大部分位于深藏的冰山以下部分。情报研究人员能力素质 4 个维度包括以下具体内容。

情报知识结构,是情报研究人员在情报工作实践中需要知道和记忆的基础理论知识和理论应用知识的总和,旨在使情报

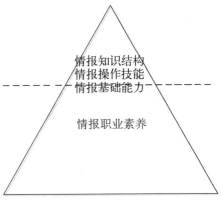

图 4-5　情报研究人员能力素质冰山模型

工作专业化和科学化,解决情报工作"知和懂"的问题。通过知识的持续发展和完善,指导并牵引着情报专业技能和情报基础能力的不断提高。情报知识结构一般包括情报专业、航空发动机专业、外语专业、汉语专业、编辑专业、计算机专业和人文科学专业等知识。

情报操作技能,是情报研究人员在情报工作实践中需要掌握和执行的标准/规范、流程/模板、作业指导书、最佳实践、计算机辅助工具等,旨在使情报工作科学化和规范化,解决情报工作"会和行(正确地做事)"的问题。通过技能(实践)的应用与检验,找出存在的不足和发现改进的空间,推动情报知识结构的持续发展和完善。情报专业技能一般包括航空发动机情报研究技能、情报科研技能、外语翻译技能、汉语运用技能、编辑操作技能和计算机操作技能等。

情报基础能力,是情报研究人员在情报工作实践中需要掌握和熟练应用的基本和通用的能力,一般包括系统思考、开拓创新、职业规划、学习完善、沟通交流、人际交往、时间管理和问题解决等能力。

情报职业素质,是情报研究人员在情报工作实践中表现出来的内在的精神、品质和意识,一般包括服务意识、团队精神、敬业精神、严谨作风、诚信品质、坚韧意志、责任意识和开放意识等。

3. Ⅱ型情报研究人员的能力素质构成

Ⅱ型人员,最早由日本的大前研一提出。中国在未来出版社出版的《启迪》杂志 2009 年 7 月的高考专刊上最早提出。Ⅱ型(两专多博)人员的"两竖"代表两种能力素质要素,"一横"表示与上述两种能力素质要素融合应用的多种能力素质要素。同时,Ⅱ是一个非常特殊的符号,代表无限循环数,也就是代表着能力素质的提高永无止境。

从理论上,情报研究人员是情报知识结构、情报操作技能、情报基础能力和情报职业素质 4 个维度的Ⅱ型人员。其中,"两竖"代表最核心的要素,是做好情报工作的关键;"一横"代表必要的要素,是做好情报研究工作的必要补充,不可或缺。这些要素不断迭代,持续发展,永无止境。

根据情报研究工作的定义和特点,情报知识结构的"两竖"是指航空发动机和情报研究知识;情报操作技能的"两竖"是指航空发动机和情报研究的技能;情报基础能力的"两竖"是指系统思考能力和开拓创新能力,是情报研究工作科学性和创造性两大特点的体现和保证;情报职业素质"两竖"是指服务意识和团队精神,是情报研究工作服务性和群体性两大特点的体现和保证。

为了从实践角度验证该模型,编制了情报人员能力素质要素半开半闭式调查问卷(表 4-6),通过实施问卷调查,统计并分析问卷调查结果,以得出 4 个维度的Ⅱ型人员的能力素质要素。调查问卷中的信息主要分为两个部分:填写问卷人员信息和能力素质要素排序。

表 4-6　情报人员能力素质要素调查问卷

个人信息	所在单位				姓　名			
	从业年限				职　称			
	所学专业			从事专业			所学专业	
问卷信息	情报知识结构		情报操作技能		情报基础能力		情报职业素质	
	要　素	排序	要　素	排序	要　素	排序	要　素	排序
	情报文献专业		背景专业研究		系统思考		团队精神	
	背景专业		情报文献研究		开拓创新		敬业精神	
	外语专业		外　语		职业规划		奉献精神	
	汉语专业		中文撰写		语言表达		超我精神	
	编辑专业		编　辑		人际交往		诚信品质	
	计算机专业		计算机		学习完善		坚韧品质	
	项目管理专业		项目管理		问题解决		严谨作风	
					时间管理		服务意识	
					成本管理		责任意识	
					沟通协调		开放意识	

　　将制定好的调查问卷通过纸质和网络等手段发放给行业内的部分研究人员进行调研,最终回收 117 份有效问卷。对回收的 117 份有效问卷进行统计与分析。从统计结果来看,填写问卷的研究人员所学专业主要有情报、外语、计算机、管理、机械和物理等;从事专业主要有情报研究、文献研究、翻译、档案等;从业类别有管理也有技术;从业年限最短 1 年,最长 31 年(图 4-6);职称从初级、中级、副高级到正高级(图 4-7)。从填写问卷人员信息的统计结果来看,本调查研究所使用的样本数据具有一定的全面性和典型性。

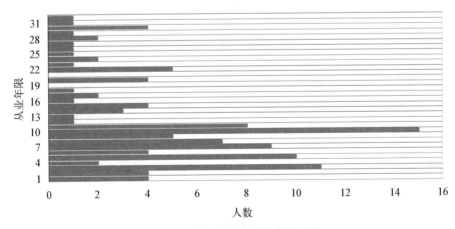

图 4-6　从业年限人员数量分布图

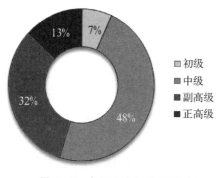

图4-7　各职称人数分布图

鉴于填写问卷人员在工作经验、个人认知等方面存在的差异对问卷统计结果的影响，在5项个人信息中，选择从业年限（a_1）和职称（a_2）作为权重项，并基于初步分析结果，将从业年限划分为3个阶段：0~2年、3~10年和10年以上，将职称划分为4个级别：初级、中级、副高级和正高级。通过制定问卷，向业内具有权威的专家进行咨询，共获得了15份咨询结果，统计结果如表4-7所示。

表4-7　从业年限和职称权重调查统计结果

	从业年限权重			职 称 权 重			
	0~2年	3~10年	10年以上	初级	中级	副高级	正高级
专家1	0.20	0.30	0.50	0.10	0.20	0.30	0.40
专家2	0.00	0.30	0.70	0.00	0.10	0.30	0.60
专家3	0.10	0.40	0.50	0.10	0.20	0.30	0.40
专家4	0.20	0.35	0.45	0.15	0.25	0.30	0.30
专家5	0.20	0.30	0.50	0.10	0.20	0.30	0.40
专家6	0.20	0.50	0.30	0.10	0.30	0.40	0.20
专家7	0.10	0.30	0.60	0.10	0.20	0.30	0.40
专家8	0.10	0.30	0.60	0.10	0.10	0.20	0.60
专家9	0.20	0.30	0.50	0.10	0.20	0.40	0.30
专家10	0.20	0.40	0.40	0.10	0.20	0.30	0.40
专家11	0.10	0.30	0.60	0.10	0.20	0.30	0.40
专家12	0.10	0.40	0.50	0.10	0.20	0.30	0.40
专家13	0.20	0.30	0.50	0.10	0.20	0.30	0.40
专家14	0.10	0.40	0.50	0.00	0.20	0.30	0.50
专家15	0.20	0.50	0.30	0.10	0.30	0.40	0.20
均　值	**0.15**	**0.35**	**0.50**	**0.09**	**0.20**	**0.31**	**0.40**

将15位专家的权重结果进行平均，分别得到从业年限和职称的统计结果为0.15、0.35、0.50以及0.09、0.20、0.31、0.40。根据117份调查问卷中情报知识结构、情报操作技能、情报基础能力和情报职业素质4个方面要素的排序结果，分别乘以该问卷填写人员的综合权重，然后将4个方面的要素分别求和，并根据和值由小到大排序，得出的结果如表4-8所示。

表 4-8　情报人员素质要素加权统计结果

情报人员素质要素	要素排序	统计值	情报人员素质要素	要素排序	统计值
情报知识结构	1——背景专业知识	30.5	情报操作技能	1——背景专业情报研究技能	26.96
	2——情报/文献专业知识	37.108		2——情报/文献研究专业技能	37.329
	3——外语专业知识	66.206		3——外语技能	64.06
	4——汉语专业知识	92.324		4——中文撰写技能	82.477
	5——计算机专业知识	106.553		5——编辑技能	106.513
	6——项目管理专业知识	107.015		6——计算机技能	114.248
	7——编辑专业知识	109.053		7——项目管理技能	117.173
情报基础能力	1——系统思考	25.011	情报职业素质	1——敬业精神	48.435
	2——开拓创新	67.001		2——团队精神	69.445
	3——问题解决	80.789		3——严谨作风	87.049
	4——语言表达	84.284		4——责任意识	101.461
	5——学习完善	88.526		5——诚信品质	107.631
	6——时间管理	135.379		6——奉献精神	108.271
	7——沟通协调	136.326		7——坚韧品质	121.043
	8——人际交往	142.282		8——服务意识	123.448
	9——职业规划	149.269		9——超我精神	145.833
	10——成本管理	170.37		10——开放意识	162.979

根据对情报研究人员能力素质的问卷调查,从统计结果来讲,Π 型情报研究人员的情报知识结构的"两竖"是背景(航空发动机)专业知识和情报/文献专业知识;情报操作技能的"两竖"是背景(航空发动机)专业情报研究技能和情报/文献研究专业技能;情报基础能力的"两竖"是系统思考能力和开拓创新能力;情报职业素质的"两竖"是敬业精神和团队精神。

综合以上结果,Π 型情报研究人员的能力素质在理论上和在问卷调查中获得了一致的结果。

1) 情报知识结构

在情报知识结构维度,Π 型情报研究人员的"两竖"是背景(航空发动机)专业知识和情报/文献专业知识专长,"一横"是指外语专业、汉语专业、计算机专业、编辑专业、项目管理专业等知识广博精熟。

航空发动机专业知识,是情报研究人员做好做深航空发动机情报研究工作的最基础性的知识。其包括所从事专业的理论与实践知识,包括技术原理、内涵、外延、特点、功用等。专深的航空发动机专业知识,为情报工作提供航空发动机专业的理论支持,保证情报需求得到全面、正确和深入的理解和表达,保证课题的选择与确定的必要性和科学性,保证信息检索与搜集、信息鉴定与整理的全面性、准确性、先进性、新颖性、适用性,保证情报分析与集成的针对性、客观性、准确性,进而实现情报成果的预测性和对策性,保证情报产品的使用价值突出和后续改进到位。

情报专业知识,是情报研究人员区别于其他专业人员最本质最具标识性的知识。其包括基础理论层(情报理论基础;情报基础理论)、技术层(情报技术研究;情报方法研究)和实践应用层(情报应用研究),具体包括情报资源采集与整理、情报资源存储与组织、文献计量与统计分析、情报资源分析与研究,大数据技术与环境设计与构建、情报工作体系构建与实施等。具体来讲,是为需求搜集与研究、课题选择与确定等工作开发专业的方法和工具的理论基础,是为信息检索与搜集、信息鉴定与整理等工作开发数据挖掘、机器学习、云计算、人工智能等专业方法和平台的理论基础;是为情报分析与集成、情报专业分析研究等工作开发模型构建、知识可视化分析、引文分析等专业方法和工具的理论基础;是为情报评价与研究工作开发定量与定性相结合的方法和工具的理论基础。

外语专业知识是有关外语中字、词、句、段、篇的语法和写作方面的知识,是直接阅读、理解、掌握外文资料所载的学科和专业内容的基础。汉语专业知识是有关汉语中字、词、句、段、篇的语法和写作方面的知识,是直接阅读、理解、掌握中文资料所载的学科和专业内容和情报报告立意谋篇的基础。计算机专业知识包括计算机基本原理、操作技巧和应用软件使用等方面的知识,以及网络检索的路径与语言、语义检索、网络信息存储、远程访问和信息传递等知识。编辑专业知识是有关文字、技术、排版等基本要求和规范化的知识,是情报产品表达标准化和规范化的基础。项目管理知识是指把各种系统、资源和人员等有效地结合在一起,采用规范化的管理流程,在规定的时间、预算、质量目标等范围内完成项目所具备的知识,是组织开展情报研究工作的基础。

2) 情报操作技能

在情报操作技能维度,Ⅱ型情报研究人员的"两竖"是指航空发动机情报研究技能专深和情报/文献研究专业技能专长,"一横"是指外语翻译、汉语运用、编辑操作、计算机操作和项目管理等技能广博精熟。

航空发动机情报研究技能,以航空发动机情报需求为输入,以航空发动机情报研究技术操作技能为核心,以情报产品为输出,为情报研究实践提供考虑了全利益相关者、全寿命、全过程、全要素的工作技能[19]。航空发动机情报需求基于用户的情报需要,是产品规划的宏观构架和重要组成部分,起统领与指南作用,以从战术上解决"做正确的事"的问题。航空发动机情报研究技术操作技能包括需求搜集与研究、课题选择与确定、信息检索与搜集、信息鉴定与整理、情报翻译与编译/情报分析与集成、情报撰写与评审、情报评价与改进 7 个子阶段[20,21],具体体现在要执行的标准/规范、流程/模板、作业指导书、最佳实践、计算机辅助工具等,是情报工作的基本遵循,以保证高效输出高质量产品为目标,从战术上解决正确地做事的问题。航空发动机情报研究技术操作技能,可以保证需求搜集的全面、及时和系统,保证信息检索与搜集、信息鉴定与整理的全面性、新颖性和适时性,保证情报分析与集成的针对性、客观性、准确性和全面性,保证情报产品的价值得到合理评价和后续改进。情报产品可以基于需求分为 5 个层级,包括原始情报、编译情报、基本情报、预测情报、对策情报的内涵和外延、工作流程、工作要求和模板等,以从战术上解决"正确地做正确的事"的问题。

情报专业科研技能,与航空发动机情报研究技能相类似,以情报科研需求为输入,以情报科研技术操作技能为核心,以情报科研产品为输出,为情报科研工作实践提供考虑全寿命、全过程、全要素的工作技能。情报科研与航空发动机情报研究工作明显不同,用户是情报研究人员;内容是情报专业本身;流程更加强调课题的分析、研究和验证;产品也更具研究的味道;目的是完善情报专业知识和情报专业方法/技术/工具等。

外语翻译技能是运用外语知识,对外文资料所载的学科和专业内容完全、彻底、准确、规范地表达的技能,是直接检索、搜集、阅读、消化、筛选外文资料的基础,是快速并准确地掌握最新颖、最前沿、最可靠的国外资料的基础,是利用和借鉴国外先进技术与成功实践的基础。汉语运用技能是运用汉语知识,使情报内容表述清晰、准确、得体,使情报报告撰写的修辞正确、逻辑清晰、结构严谨、谋篇合理。编辑操作技能是运用编辑知识,使情报产品的文字正确、技术规范、排版美观,进而使情报产品得到进一步规范化和标准化;计算机操作技能是运用计算机知识,辅助完成情报的需求搜集、资料检索、资料搜集、情报翻译、情报分析、情报展示等工作,旨在提高情报工作的质量和效率。项目管理技能是运用项目管理的相关知识,在组织开展情报研究工作的过程中,具备的时间管理、人力管理、质量管理以及风险管理等技能,是情报研究团队高效开展工作的保障。

3) 情报基础能力

在情报基础能力维度,Ⅱ 型情报研究人员的"两竖"是指系统思考能力专深和开拓创新能力专长,"一横"是指问题解决、学习完善、语言表达、沟通协调、时间管理、人际交往、职业规划和成本管理等能力综合具备。

系统思考能力是把情报工作作为系统进行思考的一种能力,具体地讲就是情报研究人员以实事求是的科学态度和严谨缜密的科学方法,自觉地运用系统思维,从系统、要素与环境的角度对情报对象进行综合、深入、全面地分析和研究,理清各系统和各要素表面和背后的复杂相关和因果关系,全面把握情报对象的本质特性、发展规律和未来趋势,特别是获得之前可能还未被人们所认识的一些新思路、新观点、新见解、新启示或者新方案、新举措、新建议。因而,专深的系统思考能力,直接决定着情报工作成效的大小和情报产品质量的高低,解决情报工作的科学性和规范性问题。

开拓创新能力是指情报研究人员根据确定的目标与需要,运用工程思维和创新思维,灵活地运用包括经验和教训在内的一切已知信息和知识,突破性或颠覆性地提出某种独特的、新颖的、有社会或经济价值的思想、技术和产品的能力。情报工作是创造性劳动,不仅可使原知识增值,还可以生产新知识。这就需要情报研究人员在情报工作方法、工具,特别是情报工作产品等方面进行从未知到已知的探索。一是以新的事实、数据、信息和知识实现信息、知识的传递增值;二是对已有的信息与知识进行有机的分解与集成,实现信息和知识的结构增值;三是要敢想敢做,边做边想,边想边做,必要时敢于突破常规,获得之前可能还未被人们所认识的一些新方法、新工具和新产品,实现情报的创造性增值。因而,专长的开拓创新能力,直接决定着在管理决策和技术支持中"参谋与智囊"作用的发挥,解决情报研究工作的创造性问题。

问题解决能力是指在面对实际工作中的各种问题时,能够按照一定的目标,应用各种认知活动、技能等进行理性分析,找到恰当的方法,使问题得到解决的能力。学习完善能力是指情报研究人员把学习当作自己工作乃至生命中不可缺少的部分,在正式学习或非正式学习环境中,以快捷、简便、有效的方式持续地获取准确的信息和知识,并对其进行加工和理解,从而不断更新知识结构,提升认知自我、认知环境、适应变化和提升自己的能力,适应情报专业技术和航空发动机专业技术飞速发展的时代要求。沟通协调能力是情报研究人员在情报工作过程中,面对可能会由不同学科、不同文化背景、不同行业、不同层级的人员组成的项目团队,运用恰当的方式,完整、清晰、准确地表达自己、理解他人,减少误差和误解,并且能够影响他人并达成共识,获得他人支持和配合的能力。时间管理能力是指通过事先规划和运用一定的技巧、方法与工具,实现对时间的灵活以及有效运用,进而实现个人或组织的既定目标。人际交往能力是对由人与人之间相互联系而构成的网络进行有效管理,使其朝自己预期的方向发展,帮助自己达成目标。职业规划能力,是对职业角色、职业目标和职业通道进行持续的系统的计划、实施和调整的能力。其可以使个人不仅在职业起步阶段成功就业,也能在职业发展阶段走向成功。情报研究人员,要有明确的个人发展目标,要客观分析自己所掌握的知识与技能、自己掌握的或能够调配的资源、自己的职业动机和职业兴趣、自己的优势和劣势,并据此制订适合自己的职业发展规划,在工作中充分发挥自己的优势,通过学习和实践弥补自己的劣势。

4)情报职业素质

在情报职业素质维度,Ⅱ型情报研究人员的"两竖"是指敬业精神强和团队精神好,"一横"是指严谨作风、责任意识、奉献精神、诚信品质、服务意识、坚韧品质、超我精神和开放意识等综合具备。

敬业精神,首先要认业,其次要敬业,最后是乐业和精业。认业,也就是职业认同,认同情报职业的意义感和价值感,认同情报工作是重要的和有吸引力的。敬业,就是凡做一件事,便忠于一件事,将全部精力集中到这事上,专心致志,勤勤恳恳,兢兢业业,从一而终,心无旁骛。乐业,对自己所从事的专业工作发自内心的热爱和崇敬,把工作当作快乐、当作幸福,想方设法把工作做好、做到极致,是最高层级的敬业。精业,就是大胆探索,勇于创新,干一行、精一行,成为本专业的行家里手。总之,认业是"知",敬业是"行",乐业是精神上的最高境界,精业是业务上的最高追求。

团队精神,是团队成员通过大力协同和密切合作,充分发挥群体的智慧与力量,实现个体利益与整体利益的统一。在情报需求搜集与研究过程中,情报研究人员必须与用户进行深入协作,以全面、深入、正确地理解和表达需求;在情报课题开展过程中,情报研究人员必须与用户及时沟通、与其他情报研究人员密切合作、甚至与咨询专家进行大力协同,借助群体智慧弥补课题组自身的局限性,保证情报课题成果质量更高和价值更大;在情报研究产品评价过程中,情报研究人员必须与用户、与情报专家进行充分交流和沟通,保证产品得到恰当的评估和持续的改进。因而,大力协同和密切合作的团队精神是情报研究人员至关重要的素质。

严谨作风是情报研究人员对自己和他人工作中所需要的准备程度和完成程度有较高的认知,仔细核实信息,对工作进行检查,确保自己负责的任务能够优质高效地完成。责任意识就是清楚自己的责任所在,并自觉、认真地履行,把责任转化到行动中去。奉献精神是情报研究人员对情报事业的不求回报和全身心的付出。诚信品质,就是诚实无欺,讲求信用,具体地是指忠于事物的本来面貌,实事求是,不说谎,不作假;忠实于自己承担的义务,讲信誉,承诺必践诺。服务意识是指情报研究人员在情报工作中所体现的为用户提供热情、周到、主动服务的欲望和意识,情报工作始于用户情报需求,终于满足用户情报需求,因而,情报研究人员必须树立"以用户为中心、用户是上帝"的意识和培育"甘于为他人作嫁衣"的奉献精神,想用户之所想,急用户之所急,解用户之所需,发自内心地和全心全意地做好每项工作,提供令用户满意的情报产品。同时,情报工作的价值具有间接体现的特点,因而,情报研究人员必须树立"把自己价值的实现建立在服务用户的基础之上"的意识,为用户提供高质量高价值的情报产品,展现个人出众的才华,体现自己的存在价值和人生价值。因而,用户是上帝的服务意识是情报研究人员至关重要的素质。坚韧品质就是确定了目标之后,坚持不懈走下去,不管遇到什么挫折,都不放弃。开放意识就是不断寻求不同,并以包容心容纳这些不同,具有打造情报研究"小核心、大外围"的环境的意识。

4. 基于知识与技能的情报研究人员 5 维 5 级成长模型

能力素质模型要素从上到下深度不同,表示被挖掘与感知的难易程度不同。对于知识(knowledge)和技能(skill),较容易评价和培养,花费的成本较低;而对于基础能力和职业素养较难评价和培养,花费的成本也较高,而且效果往往也不好。

因而,基于麦克利兰的能力素质模型和中国航发沈阳发动机研究所Ⅱ型情报研究的内容,构建情报研究人员的能力素质模型[36,37],该模型要素不包括冰山以下的部分,将冰山以上的知识和技能考虑进来。另外,对于具备不同水平知识和技能的情报研究人员而言,要满足科研生产需要,就必须出版能满足情报研究需求的相应层级的情报研究产品,这也是情报研究人员自身价值的体现,因此,本成长模型包括三个方面的要素:知识、技能和产品层级。

知识是指个人在某一特定领域拥有的事实型与经验型的认知成果。本书构建的模型中的知识,则是根据作者工作实际及以往专家的研究成果,特别是Ⅱ型情报研究的研究结果确定,包括核心理论知识和支撑理论知识两个方面,是情报研究人员在情报研究工作实践中所需要的基础理论知识和理论应用知识的总和,旨在使情报研究工作科学化,解决情报研究工作"知"的问题,指导并牵引着情报操作技能和情报基础能力的不断提升。技能是指结构化地运用知识完成某项具体工作的能力,即对某一特定领域所需技术与知识的掌握情况。本研究中所说的技能包括:核心技能和支撑技能两个方面,是情报研究人员在情报工作实践中所需要遵循的标准/规范、流程/模板、作业指导书和案例等,旨在使情报研究工作流程化、标准化和规范化,解决情报研究工作"行"(正确地做事)的问题,通过技能的检验和反馈,推动着情报知识结构的持续改进和完善。产品层级指的是具备了不同知识和技能水平的情报研究人员所研发的不同类型的情报研究产品,不同层级的情报研究产品能够从多角度满足科研生产需求,是检验情报研究人员知识和技能掌握程度的要素,也是情报研究人员价值的体现要素。

针对上文所讨论的模型要素,梳理核心理论知识、支撑理论知识、核心技能、支撑技能和产品层级的逻辑关系,构建了如图4-8所示的5维5级情报研究人员成长模型。

该模型包括5个维度,分别是核心理论知识维、支撑理论知识维、核心技能维、支撑技能维和情报产品层级维。每个维度按职业规划的要求,又分为5个级别。知识维的5个级别分别为基本了解、全面了解、熟悉、理解和掌握;技能维的5个级别分别是理论认知、理论综合、理论应用、实践优化和实践创新;产品层级维的5个级别是以中国航发沈阳发动机研究所情报研究工作实践为基础,结合职位管理需要确定,被分为原始情报、编译情报、基本情报、预测情报和对策情报。

从图4-8可知,5个维度的交点,是5个级别情报研究人员能力素质需要达到的理想情况,其周围的相关区域则是现实的情况。该模型展示了情报研究人员的努力发展方向,是基层情报研究人员成长的阶梯。

1)模型要素内涵

a)核心理论知识维

核心理论知识,对应Ⅱ型情报研究人员中情报知识结构中的"两竖",包括特

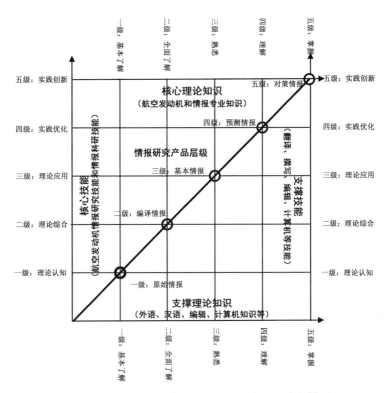

图 4-8　航空发动机情报研究人员 5 维 5 级成长模型

定行业知识和情报学专业知识。这里所说特定行业知识指情报研究人员工作对象相关的专业知识,对于中国航发沈阳发动机研究所的情报研究工作而言,特定行业知识指航空发动机专业知识;情报学专业知识包括情报资源采集与整理、情报资源存储与组织、文献计量与统计分析、情报资源分析与研究、大数据技术与环境设计与构建、情报工作体系构建与实践等。

b) 支撑理论知识维

支撑理论知识,对应 II 型情报研究人员中情报知识结构中的"一横",是情报人员需要掌握的、与工作密切相关且直接影响工作效果和质量的基础知识,包括外语专业知识、汉语专业知识、编辑专业知识、计算机专业知识和项目管理专业知识等。外语专业知识是直接阅读、检索、消化、遴选外文资料的基础,是掌握最新颖、最前沿、最可靠的第一手国外资料的重要保障,进而是快速并准确地利用和借鉴国外先进技术与研制经验的手段。汉语言专业知识包括科技写作、立意谋篇、语法修辞等方面的知识,是情报产品谋篇合理、结构严谨、表达准确的重要保证。编辑专业知识包括情报产品的编辑规范化知识。计算机和网络知识包括计算机基本原理、操作技巧和应用软件使用等方面的知识,以及网络检索的路径与语言、连接检索、网络信息存储、远程访问和信息传递等知识。项目管理专业知识主要包括项目内容、范围、成本、质量、风险管理知识等,有利于处理综合的、复杂的,涉及跨学科、跨种类的情报产品中涉及的一些问题。

　　c)核心技能维

　　核心技能维,对应Ⅱ型情报研究人员中情报专业技能中的"两竖",包括航空发动机情报研究技能和情报科研技能两项技能。

　　航空发动机情报研究技能是对航空发动机情报研究的技术操作体系的掌握程度,其以航空发动机情报研究需求开始,以用户对航空发动机情报研究产品的评价结束。目前,按照中国航发沈阳发动机研究所的工作实践,技术操作体系分为需求搜集与确定、情报检索与分析、情报评价与改进3个阶段,包括需求搜集与研究、课题选择与确定、信息检索与搜集、信息鉴定与整理、情报翻译与编译/情报分析与集成、情报撰写与评审、情报评价与改进7个子阶段。此技术操作体系是情报研究工作的基本遵循,是高效研发高质量情报研究产品的基本保障。

　　情报科研技能,与航空发动机专业情报研究技能类似,只是用户和研究内容有所不同。航空发动机情报研究技能中所提用户是指除情报研究单位人员之外的所有人,情报科研技能中所提用户是指情报研究单位的领导或情报人员;航空发动机情报研究技能中所提研究内容,以中国航发沈阳发动机研究所为例,是指以航空发动机为研究内容,情报科研技能中所提研究内容,是指以情报专业或学科为研究内容。

　　d)支撑技能维

　　支撑技能,对应Ⅱ型情报研究人员中情报操作技能中的"一横",是贯穿核心技能之中的技能,核心技能的每一个子阶段,都需要有支撑技能支撑。翻译技能是对外文资料所载的学科和专业内容完全、彻底、准确、规范地表达的保证,在核心技能的情报翻译与编译/情报分析与集成子阶段要深入掌握和运用。汉语语言运用是在撰写研究报告的过程中要能够谋篇布局,使文章逻辑清晰、结构合理、文理贯通,能把客观概念表述清晰、准确、得体,具有熟练运用字、词、句、段的技能。编辑技能是使情报产品得到进一步完善和标准化的保证,以使情报研究产品的文字正确、技术规范、排版美观,体现在核心技能的情报撰写与评审子阶段。计算机和网络操作技能有助于提高情报搜集、检索、加工、存储、分析、传递和评价等环节的效率,体现在核心技能的信息检索与搜集、信息鉴定与整理、情报分析与集成、情报评价与改进子阶段。

　　e)情报产品层级维

　　情报产品层级维表明具备其他4个维度的知识和技能后,能够研发的情报研究产品所达到的内在价值和使用价值的层级。该维度5个层级包括原始情报、编译情报、基本情报(包括动态情报研究)、预测情报和对策情报,详见3.3节。

　　2)模型要素评价与考核

　　对该模型的评价与考核,主要集中在知识和技能四个维度与产品层级维度的交点上,即主要集中对不同级别情报研究人员的评价与考核,从而评定情报研究人员是否具备相关能力,是否顺利成长。1 级情报研究人员需对核心理论知识和支撑理论知识做到基本了解,需对核心技能和支撑技能做到理论认知,需要研发原始情报产品。2 级情报研究人员需对核心理论知识和支撑理论知识做到全面了解,需对核心技能和支撑技能做到理论综合,需要研发原始编译产品。3 级情报研究人员需对核心理论知识和支撑理论知识达到熟悉,需对核心技能和支撑技能做到理论应用,需要研发基本情报研究产品。4 级情报研究人员需对核心理论知识和支撑理论知识达到理解,需对核心技能和支撑技能做到实践优化,需要研发预测情报产品。5 级情报研究人员需对核心理论知识和支撑理论知识达到掌握,需对核心技能和支撑技能做到实践创新,需要研发对策情报产品。具体考核内容见表 4-9。

表 4-9　情报研究人员能力考核

考核项内容及权重	考核子项内容及权重	分　值
知识认知 15%（考试）	本专业知识 25% 航空发动机专业知识 25% 综合专业知识 15% 本专业流程 10% 航空发动机专业流程 15% 翻译专业流程 10%	基本了解的成绩需达 60 分 全面了解的成绩需达 70 分 熟悉的成绩需达 80 分 理解的成绩需达 90 分 掌握的成绩需达 100 分
情报科研技能实践 20%（举证答辩）	情报科研流程执行情况 30%	理论认知(基本执行需掌握流程)(0~59) 理论综合(未完全合格执行)(60~69) 理论应用(完全合格执行)(70~79) 实践优化(小的优化)(80~89) 实践创新(大的优化)(90~100)
	情报科研产品质量水平 70%	评审和效果应用确定过级: 不合格(0~59) 基本合格(60~69) 合格(70~79) 良好(80~89) 优秀(90~100)
专题翻译技能实践 20%（举证答辩）	专题翻译流程执行情况 30%	理论认知(基本执行需掌握流程)(0~59) 理论综合(未完全合格执行)(60~69) 理论应用(完全合格执行)(70~79) 实践优化(小的优化)(80~89) 实践创新(大的优化)(90~100)
	专题翻译产品质量情况 70%	评审和效果应用确定过级: 不合格(0~59) 基本合格(60~69) 合格(70~79) 良好(80~89) 优秀(90~100)

续　表

考核项内容及权重	考核子项内容及权重	分　值
航空发动机情报 研究技能实践 45% （举证答辩）	情报研究流程执行情况 30%	理论认知（基本执行需掌握流程）（0~59） 理论综合（未完全合格执行）（60~69） 理论应用（完全合格执行）（70~79） 实践优化（小的优化）（80~89） 实践创新（大的优化）（90~100）
	情报研究产品质量情况 70%	评审和效果应用确定过级： 不合格（0~59） 基本合格（60~69） 合格（70~79） 良好（80~89） 优秀（90~100）

另外，参照中国航发沈阳发动机研究所的职位管理相关要求，对不同级别的情报人员还有最低学历要求，硕士转正、本科转正和专科工作 3 年，应达到 1 级水平；博士转正、硕士工作 2 年、本科工作 4 年和专科工作 7 年，应达到 2 级水平；博士工作 2 年、硕士工作 6 年、本科工作 9 年和专科工作 12 年，应达到 3 级水平；博士工作 7 年、硕士工作 11 年、本科工作 14 年和专科工作 17 年，应达到 4 级水平；博士工作 12 年、硕士工作 16 年、本科工作 19 年，应达到 5 级水平。

5. 情报研究人员的培养

培育情报研究人员和队伍，首先要培育专职情报研究人员"干情报、爱情报、精情报、献身情报"的意识；其次要培育兼职情报研究人员和科研人员的"干科研、想情报、助情报、为自身"的意识；再次要培育专职情报研究人员和兼职情报研究人员、专职情报研究人员和外部 IT 技术人员/行业专家的大协作意识；最后且最重要的是培育高素质、高技能的 II 型情报研究人员和复合型专业队伍。加速培养 II 型情报研究人员，可以采取以下一些方式和方法。

1）招进来

针对情报研究工作的发展目标和重点任务，确定良好的中长期的人员引进机制，严格把好情报研究人员的入口关，直接从高等院校引进国防-情报、国防-外语、管理-国防、外语-情报的双学士或硕士的复合型人员，特别是直接招聘或引进一定比例（30% 以上）能力强、专业心坚定的具有多方面专业背景的有一定工作经验的复合型人员，逐步改善和优化情报研究队伍的专业结构与知识结构，加速培养情报研究人员和复合型专业团队，进而增强科技情报研究工作的针对性与有效性。

2）练出来

立足本职，通过岗位练兵、以工代训、师徒结对、5 维 5 级模型培养等不同类型、不同层级的岗位培训形式，采取多压担子、多铺路子和多搭台子等措施，将情报研究人员培养与科研任务相结合,在岗位上锻炼,在实践中培养,促进中青年快速成长,增强情报机构的发展后劲,实现情报研究工作的可持续发展。

3)学出来

通过实施职业生涯发展规划、在线学习、个性化学习、研究性学习、团队学习、互助式学习、基于问题和任务的学习以及随时学习、持续学习等方式,实现在岗位上学,在工作中学,在实践中提高,尽快掌握工作要领,增强业务能力,提高工作效率。

4)请进来

请专家,请学者,进行先进技术、学术动态、科学理论、研究方法等方面的传授和交流,以吸取其经验和教训,使情报研究人员的理论高度和科研水平得到提高,视野与思维方式得到拓展,工作热情得到激发。特别是,中国数十年的情报工作,已经造就出了一批知识渊博、经验丰富的情报研究专家,积累了宝贵情报研究实践方面的知识与经验财富。聘请这些专家作为导师,让他们将广博的学科知识和丰富的实践经验传授出来,使情报研究人员在导师指导下,在实践锻炼中扎实地成长。

5)送出去

从组织上和制度上,将有一定工作经验的在职人员,送到高校短期培训或长期深造(学历教育),实现知识补充。

6)联起来

一个研究人员,一个专业组,一个情报研究室,一个情报研究单位,一个行业的情报系统,都要根据自己研究工作的需要建立良好的工作联系网络。在实际工作中,领导与专家们在遇到问题时首先想到情报研究人员,情报研究人员有问题也经常请教领导和专家,形成一种良好的互动机制。

建立良好的育人(培养、考核、评价、激励)机制,构建基于背景知识、背景技能、情报知识、情报技能和产品层级的 5 维 5 级成长模型,加速 II 型情报研究人员(80%的跟随者)的普遍成长,着力培育复合型专家群体(15%的中坚力量),造就"志向高远,工作精细"国内一流的情报研究带头人和复合型领军人员(5%的先行者)。更重要的是,要大力营造拴心留人的工作环境和工作氛围,不但要"事业留人",还要"待遇留人、感情留人",保持队伍的稳定性。

4.2.2　基于流程的航空发动机情报研究协同工作平台建设

在数字化、网络化、大数据化的环境下,为了向情报用户提供多样化、高效化、个性化、专深化的情报研究服务,航空发动机情报研究工作更需要在科研工作需求和情报研究工作之间、在情报研究工作各利益相关者之间、在情报研究工作操作体系文件之间建立高效和畅通的协同工作机制,因而构建多功能、多资源的情报研究协同工作平台非常必要且特别急需。

国内一些专家和学者对传统情报研究工作系统或平台的功能需求进行了大量的理论和实践研究[1,38-47]，对大数据环境下情报研究工作系统或平台的功能、结构、技术等进行了一些探索和研究[48-56]。国内的一些政府部门和数据开发公司对基于传统和大数据环境的情报研究工作平台也进行了一些尝试，并获得了一些较好的实践成果。北京市科学技术情报研究所提出并建立的情报生产线，是按照情报产品研究过程的一种知识生产组织形式，从情报需求确定开始，经过数据采集、挖掘、判读、可视化等一系列情报生产工序，最终完成情报任务[46,47]。中国航发沈阳发动机研究所提出的大数据环境下的情报研究平台，是按情报研究工作流程构建的平台，平台包括需求搜集与课题确定子系统、数据采集与多源融合子系统、知识发现与辅助分析子系统、辅助研究与产品形成子系统和情报传递与效果评价子系统5个主体子系统，2个协调控制子系统和安全保密子系统及2个辅助子系统的情报研究工作平台[48]。中国航空工业发展中心开发的数字图书馆系统是从解决数字资源融合的角度出发，以原数字资源系统为基础，以信息化向知识化转型为主要方向，运用资源知识组织、数据可视化分析、个性化数据推送、在线信息服务、知识百科等先进数字资源管理与应用技术，为科研、生产、管理提供知识资源管理应用平台。沈阳格微软件有限责任公司利用云计算、大数据等技术，构建人机优势互补的企业综合服务支撑云平台。中国化信竞争情报研究院开发的企业情报平台，是将采集子系统、信息加工处理子系统、平台管理子系统和信息应用展示子系统纳入一个工作平台。中国知网公司开发的航空发动机科技情报信息平台，集数据处理（分类、聚类、挖掘）、存储和发布于一体，同时，也是一个强大的数据集成工具和竞争情报、网络监控与企业搜索等应用的基础工具。

综合以上学术研究和平台应用实践的成果，并结合中国航发沈阳发动机研究所的具体工作实践，构建一个"规范工作、积累知识、提升能力、培养人才"的基于流程的航空发动机情报研究协同工作平台，旨在实现工作流程的规范化、信息资源的多源化、知识管理的科学化、研究工作的专业化，进而提高工作效率和质量，为科研生产和经营管理提供更加优质、高效的情报研究服务。该平台是使情报研究GIAOCE工作体系落地的信息化工作平台。其以专/兼职情报研究人员、情报用户、情报与航空发动机特定领域专家、IT技术人员共同参与为合作机制，以军/民用航空发动机和燃气轮机行业的科研生产和经营管理方面的情报需求为输入，以由情报研究、文献研究、情报科研等结构化/半结构化操作模块和操作流程构成的情报研究工作系统为核心，以航空发动机多源信息资源系统、情报研究与航空发动机知识资源系统、航空发动机情报研究（方法与工具）使能系统为辅助和保障，以控制系统为管控，以军民用航空发动机和燃气轮机情报研究产品为输出，如图 4-9 所示。

1. 情报研究工作系统

情报研究工作系统包括情报研究、文献研究、情报科研等操作子系统,是情报研究工作平台的核心和主线,来自对情报研究、文献研究、情报科研等工作中出现的先进理念和方法的引入及积累的优秀工作成果与经验的继承。该工作流程是可以按需定制的结构化/半结构化工作模块和/或流程,以实现情报研究工作的规范化和协同化;可以调用航空发动机多源信息资源系统、情报研究与航

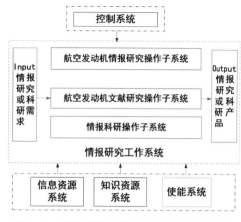

图 4-9　航空发动机情报研究协同工作平台

空发动机知识资源系统、航空发动机情报研究使能系统中的资源,受控制系统中的项目管理、计划管理和安全保密管理等子系统的管控。

1) 情报研究操作子系统

情报研究操作子系统的输入是航空发动机技术与产品研发全生命周期对情报研究工作的需求,输出是各层级的情报研究产品。情报研究工作流程分为需求搜集与确定、情报检索与分析、情报评价与改进 3 个阶段,需求搜集与研究、课题选择与确定、信息检索与搜集、信息鉴定与整理、情报翻译与编译/情报分析与集成、情报撰写与评审、情报评价与改进 7 大流程,具体包括制定需求搜集表、填写需求搜集表、研究需求、论证课题、审定开题报告、检索资料、鉴定资料、撰写实施报告、审核实施报告、分析情报、集成情报、编辑情报产品、审核情报产品、审定情报产品、出版情报产品、评价产品使用价值、研究产品价值和使用价值等步骤,如图 4-10 所示。这些具体工作步骤或流程要模块化,可以根据具体工作需要进行结构化或半结构化定制。在每一步骤中,可以调用航空发动机多源信息资源系统、情报研究与航空发动机知识资源系统和航空发动机情报研究使能系统中所需的资源、方法和工具。

2) 文献研究操作子系统

文献研究操作子系统的输入是航空发动机技术与产品研发全生命周期对文献研究工作的需求,输出是各层级的文献研究产品。文献研究工作流程分为课题论证与确定、文献分析与验证、产品评价与改进 3 个阶段,需求搜集与研究、课题选择与确定、数据检索与收集、数据统计与分析、报告撰写与评审、产品评价与改进 6 大流程,具体包括制定需求搜集表、填写需求搜集表、研究文献需求、论证课题、审定开题报告、评审是否通过、数据收集、数据统计、撰写实施报告、审核实施报告、评审是否通过、撰写研究报告、编辑文献研究产品、审核文献研究产品、评审是否通过、审定文献研究产品、评审是否通过、出版文献研究产品、评价产品使用价值、研究产

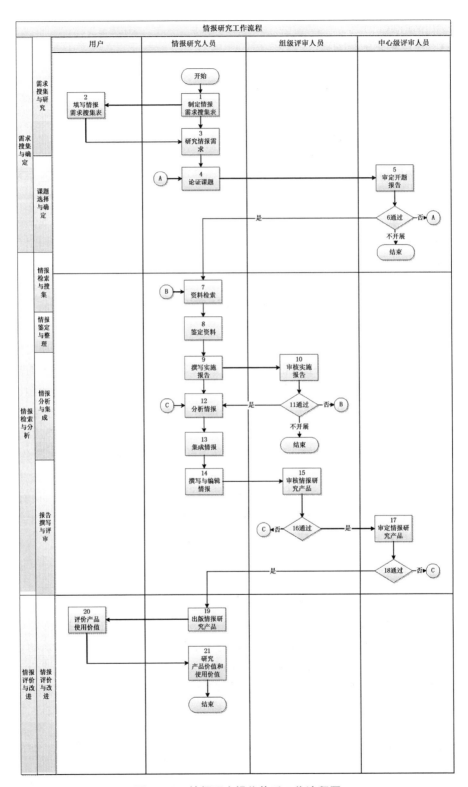

图 4-10 情报研究操作体系工作流程图

品价值和使用价值等步骤,如图 4 - 11 所示。这些具体工作步骤或流程要模块化,可以根据工作需要进行结构化或半结构化定制。在每一步骤中,可以调用航空发动机多源信息资源系统、情报研究与航空发动机知识资源系统、航空发动机情报研究使能系统中所需的资源、方法和工具。

3) 情报科研操作子系统

情报科研操作子系统的输入是在航空发动机情报研究过程中对情报研究理论、技术和方法的现实和潜在需求,输出是各层级的情报科研产品。情报科研工作流程分为需求感知与确定、课题研究与验证、报告研发与改进 3 个阶段;流程包括需求感知与提出、需求调研与分析、课题论证与确定、课题研究与验证、报告构想与谋划、报告撰写与编辑、报告评价与改进等,具体包括制定情报科研需求表、填写情报科研需求表、研究情报科研需求、检索资料、分析资料、论证课题、审定开题报告、实施专业研究、撰写实施大纲、审核实施大纲、撰写情报科研报告、审核情报科研报告、审定情报科研报告、出版情报科研报告、评价报告使用价值、研究报告价值和使用价值等步骤,如图 4 - 12 所示。这些具体工作步骤或流程要模块化,可以根据具体工作需要进行结构化或半结构化定制。在每一步骤中,可以调用航空发动机多源信息资源系统、情报研究与航空发动机知识资源系统、航空发动机情报研究使能系统中的标准/规范/制度、作业指导书、检查单、模板、案例和数据库等资源。

2. 航空发动机情报研究知识资源系统

航空发动机情报研究知识资源系统以专业理论知识和实践技能经验为基础,是航空发动机、情报研究、文献研究、情报科研、项目管理等实用的知识和经验的挖掘和积累,逐步实现新理论、工作标准、最佳实践、最佳案例等的引入、共享与应用。其具体包括航空发动机情报研究专业理论知识库和实践技能经验库等。

专深的情报研究专业和航空发动机专业的知识和经验,为情报工作有效开展提供了专业的理论支持,保证情报需求得到全面、正确和深入的理解和表达,保证课题选择与确定的必要性和科学性,保证信息搜集与整理的全面性、准确性、先进性、新颖性和适用性,保证情报分析与集成的针对性、客观性和准确性,进而实现情报成果的预测性和对策性,保证情报研究产品的使用价值突出和后续改进到位。

1) 航空发动机情报研究专业理论知识库

航空发动机情报研究专业理论知识库核心是情报专业和航空发动机专业的理论知识库。情报专业知识是情报研究人员区别于其他专业人员需要掌握的具有标识性的知识。其包括理论层(情报理论基础;情报基础理论)、理论与实践层(情报技术研究;情报方法研究)和实践层(情报应用研究),具体包括情报资源采集与整理、情报资源存储与组织、文献计量与统计分析、情报资源分析与研究、大数据技术与环境设计与构建、情报工作体系构建与实施等方面的知识。航空发动机专业知识是为了保障航空发动机情报研究工作顺利开展所需要的知识。航空发动机专业

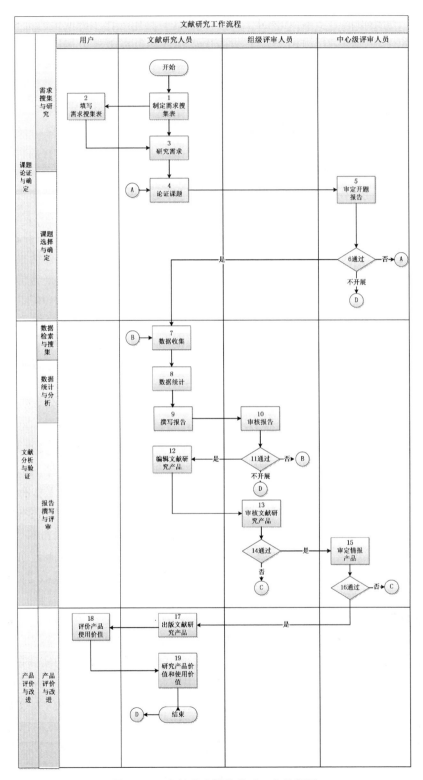

图4-11　文献研究操作体系工作流程图

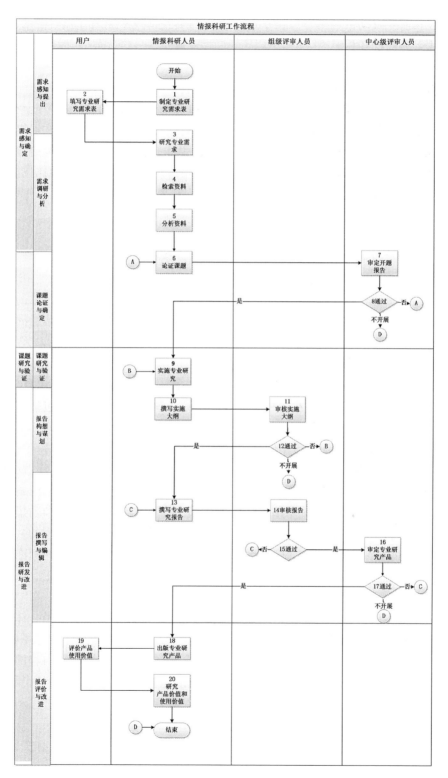

图 4 - 12　情报科研操作体系工作流程图

知识包括航空发动机理论与实践方面的知识,具体包括技术原理、内涵、外延、特点和功用等方面的知识。

2)航空发动机情报研究实践技能经验库

航空发动机情报研究实践技能经验库包括航空发动机情报研究操作技能经验库、文献研究操作技能经验库和情报科研操作技能经验库,以及为了保障航空发动机情报研究工作顺利开展所需要的其他操作技能经验库。其包括航空发动机情报研究、航空发动机文献研究、情报科研等方面的操作技能经验,也可以包括情报翻译、文献管理等方面的操作技能经验,还可以包括汉语运用技能、编辑操作技能、计算机操作技能等方面的操作技能经验,具体体现在要执行的工作流程、工作标准/规范、操作模板、作业指导书、最佳实践等方面。

3. 航空发动机多源信息资源系统

航空发动机多源信息资源系统(数字图书馆)是集多来源、多渠道、多维度、多形式和多结构的航空发动机及燃气轮机数据、信息和知识等资源于一体的,集文献管理与信息资源建设所需要的收集、融合、管理、存储和服务等功能于一体的多源多功能的信息资源系统,旨在逐步实现资源的数字化与多源化和服务功能的信息化与全面化。

1)多源信息资源系统的资源

多源信息资源系统的资源,包括单位自建信息资源、单位内部采集信息资源、外购(商业定制)信息资源、互联网采集信息资源。单位自建信息资源包括馆藏纸质文献题录数据库、电子全文数据库以及各类按主题建设的专题数据库。单位内部采集信息资源是内源采集平台从单位各业务系统中监测和采集并经过筛选的内部信息资源。外购资源数据库包括通过外部渠道购买的数据库包和镜像数据库。互联网采集数据库主要是从包括政府、企业、协会、院校等在内的互联网网站等来源渠道,通过外源采集平台的网络爬虫,实时、全面、及时、准确地监测和采集的动态数据和信息集合。这些数据和信息来自不同来源、不同类别、不同类型的多源信息资源,经过平台的过滤筛选,按照设定的主题存入数据库;按照一定的标准和规范集中进行融合、存放和管理,从而实现系统统一检索、全文检索、可视化展示。

2)多源信息资源系统的功能

多源信息资源系统是集文献采集、融合、管理、存储和服务等功能于一体的系统。该资源服务系统的功能主要包括五个方面:以资源采集追踪、自动去重、清洗、分类、标引为核心内容的信息资源收集;以数据建库与管理为核心内容的信息资源存储与管理;以信息资源获取和信息展示为核心内容的信息资源检索;以信息定制与信息推送为核心内容的信息资源利用;以信息资源建设统计和信息利用统计为核心内容的信息资源统计。

在信息资源收集方面,需要将单位自建信息资源、单位内部采集信息资源、外购（商业定制）信息资源、互联网采集信息资源，按照统一规定的数据标准和规范进行融合，系统自动去重、清洗；提取信息的标题、摘要、作者、机构、发布时间、来源、主题等字段信息，自动抽提摘要、主题、概念和特征字段，支持信息碎片化阅读；根据导入的专业词表，按照预先设置的知识分类，系统通过数据标签自动分类。

在信息资源存储与管理方面，支持在统一的业务流程、统一的资源描述元数据框架下实现多种文献载体、多种资源类型与多种媒体格式的资源数字化加工；支持在统一的资源描述元数据框架与统一的知识组织体系下，对不同类型的文献资源进行组织与管理；通过对监测采集的结果进行整合、关联和归集，构建索引库、情报库、知识库等静态情报库，以及动态信息发现库、动态信息处理库、关联关系处理库和竞争环境监测库等动态情报库。

在信息资源检索方面，支持单库和跨库检索，支持多外部特征检索，支持智能扩展检索，支持检索结果多形式展现。针对数据库，系统支持对单个数据库按检索字段（即题名、作者、机构、序号和主题等）进行检索；支持对跨库的多个选中数据库按检索字段进行检索；支持多个数据库的统一检索。针对外部特征，系统支持初级检索和高级检索。在初级检索中能够对某个指定字段进行检索，支持在初级检索结果中实施二次检索。在高级检索中能够对两个不同检索字段的检索词进行检索，支持在高级检索的结果中实施二次检索和对前一次检索结果的"与"进行检索。系统支持检索字段选择动态提示、相关主题提示、检索词推荐，支持通过国防叙词表建立主题词表实现同义词、相关词、上位词和下位词等智能扩展检索功能。在实施英语检索词检索时，系统提供英文语法检查与纠错、英语专业词表查询、双语词典查询等辅助检索功能。根据用户需求开展的定题检索，系统能够自动搜集用户需要的信息，自动控制信息搜集的广度和深度，允许对搜集结果进行人工干预，能够将打包信息传送给用户和自动形成累积数据库。系统支持以可视化图表形式直观展现检索结果，方便用户在大量检索结果中进行筛选与分类。系统对检索结果的展示，默认按相关度排序（相关度应明确对不同字段做权重区分，如命中标题的权重优先性要高，命中文摘等字段的优先性要低），同时支持按标题、发布时间和下载量排序；支持按学科分类、资源类型、资源数据库、年份、作者、出版社和关键词等进行数据全面分析，支持点击对应的项可以逐级钻取。

在信息资源利用方面，系统提供在线全文阅读与离线全文阅读，为资源添加标签、收藏、评价和推荐，文献目录导航与阅读历史管理等功能；系统支持信息双向推送功能。系统可以对用户关注的内容通过定制，定期自动推送。系统可以基于用户的系统操作、检索、浏览、阅读和下载历史记录，挖掘用户的兴趣与需求，自动匹配对应的资源，实现个性化的信息推送。

在信息资源统计分析方面，系统可对信息资源建设和资源利用情况进行统计分析。信息资源建设统计分析内容包括对资源利用效果的统计和检索热点的统计分析。支持对用户访问量,按时间段进行统计,从用户浏览量、在线阅读量和下载量三个维度进行数据利用统计分析,便于了解和评估资源建设的效果。从用户输入的检索词、各类信息资源浏览和利用的情况进行热点统计和分析,统计分析出与热点资源相关联的其他资源以及当前热点的关键词,以便更好地为用户提供检索提示和资源推荐,也为资源建设提供依据。资源利用情况统计分析的内容包括系统对检索文献外部信息和文献引文的统计分析。系统支持自动处理文献外部特征,实现对资源分布情况分析、资源类型分析、学科分析、来源分析、基金分析、作者分析和机构分析;支持构建关键词共现网络,凸显领域研究热点,支持网络节点过滤,节点关系分析,年份分析,关键词聚类分析。支持构建作者合作网络,凸显领域核心作者,支持网络节点过滤,节点关系分析,年份分析;支持检索结果批量选择,对总参考数、总下载数、篇均参考数、篇均被引数、篇均下载数等参数进行分析;支持参考文献和引证文献的横向对比;支持构建文献互引网络,凸显所选文献关联度最高的文献,支持网络节点过滤,节点关系分析,被引文献分析,共被引文献分析。

4. 航空发动机情报研究使能系统

航空发动机情报研究使能系统是以情报研究方法、模型和工具作为手段,实现情报研究工作的专业化和科学化。系统将基于流程为情报研究人员提供传统、大数据及人工智能环境下的情报研究方法、模型和工具。

在需求感知与提出、需求搜集与研究过程中,系统将为情报研究人员提供传统的调查法、访谈法所涉及的表单和工具,以辅助情报研究人员深入而全面地研究需求。

在课题选择与确定、课题论证与确定过程中,系统将为情报研究人员提供传统的结构化头脑风暴法、虚拟头脑风暴、交叉影响矩阵法和形态分析法所涉及的表单和工具,以辅助情报研究人员把用户的情报需求转变成情报研究课题的题目和内容(研究的对象、目标和方向)。

在信息检索与搜集过程中,系统将为情报研究人员提供人工智能的检索工具,以辅助情报研究人员根据特定情报需求,从适当来源、适当渠道(馆藏、数据库、网络资源)和适当载体(纸质、电子、磁带)的原生信息源中,采用合适的检索方法与策略检索到开展情报研究课题所需的信息;以辅助情报研究人员采用布尔检索、加权检索、全文检索、超文本检索、多媒体检索、智能检索、跨语言跨平台检索、概念检索、基于概念本体的检索搜集所需要的数据。

在信息鉴定与整理和数据统计过程中,系统将为情报研究人员提供一些基于大数据环境的文献计量学定律、方法,以辅助情报研究人员对检索到的数据进行整理和统计,并得出可视化的统计结果。文献计量学定律包括统计作者分布的普赖斯定律、统计文献分散定律的布拉德福定律、统计文献词频分布定律的齐普夫定律、统计文献增长率的经验曲线/S-曲线、统计文献老化理论和科学生产率的洛特卡定律、统计文献引文的引文分析法、统计专利的专利分析法和模型拟合分析法等。

在情报分析与集成过程中,系统将为情报研究人员提供传统的、基于数据的、基于人的、基于大数据环境的一些分析与集成方法,以辅助情报研究人员实现对情报统计分析结果的进一步分析和集成。传统分析与集成方法,包括基于宏观环境的 PEST 分析法、技术经济分析法、产品生命周期分析法、核心竞争力分析法、顾客满意度分析法、企业战略组群分析法、财务分析方法、定标比超法、反求工程和 SWOT 分析法;基于数据的分析与集成方法包括回归分析法、聚类映像法、判别分析法、主成分分析法、因子分析法、趋势外推法、时间序列法和模拟模型法等。基于人的方法包括德尔菲法、交叉影响分析法、头脑风暴法和个别访谈法等。基于大数据环境的分析与集成方法包括内容分析法、技术预见、技术路线图和专利分析法等。

在情报撰写过程中,系统在报告撰写的前中后,辅助情报研究人员对情报素材进行组织和编写。在报告撰写前,系统向情报研究人员提供一些人工智能化的撰写素材管理,自动对素材进行采集和识别。在报告撰写中,系统根据撰写素材向情报研究人员自动推送相关报告模板和案例,自动生成报告中涉及的一些标准化的内容。在报告撰写后,系统根据报告中的语义关系,智能生成标题和关键词;根据报告的撰写内容自动给出系统评分,并提出初步建议。

在情报编辑过程中,系统将辅助情报研究人员对情报研究报告进行编辑标准化加工。系统将为情报研究人员提供人工智能化的自动检查识别工具,对报告中的错别字、英文拼写错误和部分语法错误给出修正意见。系统还将为情报研究人员提供基于大数据环境的常见名词术语的规范与不规范对照,提供国家标准要求使用的标准量的名称、符号和单位。最后,系统还将采用人工智能技术对报告进行排版生成产品。

在情报或文献或科研产品评价与改进过程中,系统将为用户提供传统的定量与定性相结合的评价系统。评价系统中针对可量化的评价指标,采用层级分析法将其按层级进行目标分解,并对各个评价指标赋予分值,再进行指标权重计算。系统针对存在复杂的相互关系的评价指标,采用模糊综合分析法,以数学模型为基础,应用模糊关系合成的原理,将一些边界不清,不易定量的因素定量化,进行综合评价。针对难以采用技术方法进行定量分析的指标,采用传统的专家打分法,通过匿名方式向有关专家征询电子意见,系统对专家意见进行统计、处理、分析和归纳,以客观地综合多数专业经验与主观判断,经过多轮意见征询、反馈和调整后,完成对目标对象的评估。

5. 航空发动机情报研究工作控制系统

航空发动机情报研究工作控制系统以项目管理、计划管理和安全保密管理为抓手,实现航空发动机情报研究工作任务和产品的分配、监控、协作、反馈和管控。

1)计划控制系统一般分为三级管理

第一级,单位级管理(administration,A)计划,即专业发展远期五年规划,具体包括战略、方向、关键任务方面的规划,以及在人力、财力和物力等方面的要求。通过系统完成规划的编制、审签和贯彻,指导专业发展。

第二级,部门级管理(management,M)计划,即年度科研生产工作计划、年度情报专业工作计划、所年度培训工作计划和所年度学术交流工作计划等。通过系统完成部门级计划的制订、任务下达、进展反馈、执行跟踪和资源冲突解决的多维度集成显示,实现精细化管控(监督和考核),确保全年工作任务圆满完成。

第三级,基础级管理(schdule,S)计划,即组级计划,包括月度计划、季度计划和年度计划。组级计划根据外部环境和内部需求的变化,结合当前和长远的发展需要,及时发现情报工作的偏差和冲突,协调情报内部各个子系统之间、情报部门与其他部门之间、情报部门与外部服务机构之间的合作,适时对人力资源、设备资源、财力资源、工作内容、产品形式和时间节点等进行安排、调配和整合,确保情报工作系统的优质高效运行,提高工作质量与效率。

2)安全控制子系统

安全防护子系统旨在对情报工作系统的信息流和数据流提供保护。其主要通过信息安全防护措施、信息密级与授权方式/透明加解密、分布式访问控制、数据审计等技术或手段,加强在信息安全保障、信息资源共享、机密信息保护、信息安全审计、数据灾难备份等方面的制度和环境建设,杜绝核心情报和秘密情报被泄露、破坏、丢失和盗取等。

参考文献

[1] 梁春华,刘红霞,索德军,等.基于系统工程的情报研究工作管理体系的探讨[J].情报工程,2018,4(4):104−111.

[2] 梁春华,陈斌,李彩玲,等.基于系统工程的情报科研工作体系探讨[J].情报理论与实践,2020,43(5):49−52.

[3] 贺德方,等.数字时代情报学理论与实践——从信息服务走向知识服务[M].北京:科学技术文献出版社,2006:106.

[4] A. И. 米哈依洛夫,等.科学交流与情报学[M].北京:科学技术文献出版社,1980:309−373.

[5] 严怡民.情报学概论[M].武汉:武汉大学出版社,1983.

[6] A. 德本斯,E. 霍恩,S. 克罗兰盛斯,等.信息科学:新的集成观[J].情报学报,1994,(3):71−78.

[7] 岳剑波.报学的学科地位问题[J].情报理论与实践,2000,(1):5−7,38.

[8] 梁战平.论情报学研究[J].中国信息导报,2013,(1):12−15.

[9] 张才骏.科学研究概论与科技论文写作[M].北京:华文出版社,2002:1−14.

[10]　毕润成.科学研究方法与论文写作[M].北京：科学出版社,2008：5－8.

[11]　刘法贵,张愿章,冯志君.基础研究科研成果评价研究[J].科技管理研究,2008,38(11)：83－85.

[12]　李彩玲,梁春华,陈斌,等.情报科研工作标准的研究[J].情报理论与实践,2020,43(5)：58－60,30.

[13]　孙明霞,陈斌,溧春华.对基层情报研究机构加强情报科研工作的思考[J].情报理论与实践,2020,43(5)：45－48.

[14]　周俊波,张明国,王奎升,等.浅谈科研程序及方法[J].舰船科学技术,2003,25(4)：67－68.

[15]　尼尔森.科学探究[M].金胜明,等,译.长沙：湖南教育出版社,2014：4.

[16]　邹志鹏,陈斌,李彩玲,等.基层科研院所情报科研工作的实践研究[J].情报理论与实践,2020,43(5)：53－57,52.

[17]　程千帆,巩本栋.学术论文写作贵在创新[J].文艺理论研究,1996,(2)：8.

[18]　张昌龄.科技信息工作手册[M].北京：航空工业出版社,2000：297－299.

[19]　李晓松,吕彬.科技情报人员成长过程模型研究[J].情报理论与实践,2015,38(1)：23－26,34.

[20]　陈钧,曹宽增.对情报研究人员的素质和能力要求以及情报研究人员的培养[J].情报理论与实践,2005,(1)：100－103.

[21]　潘英,张文贤.浅谈军队科研所信息工作人员的素质[C]//中国国防科技技术信息学会第六届学术年会论文集.北京：中国国防科学技术信息学会,2000.

[22]　张家年.大数据环境下情报工程师的素质结构与培养模式[J].图书情报工作,2016,60(1)：12－18,25.

[23]　叶小梁.情报研究人才的培养[J].图书情报工作,2002,(6)：104－107.

[24]　江涌,李岱素.试论跨世纪高级情报研究人员应具备的素质[J].图书馆论坛,1998,(6)：3－5.

[25]　华冰,姜芳,刘纬.谈情报研究人才应具备的素质[J].情报杂志,1996,15(3)：71－72.

[26]　高嫱.网络环境下图书情报人员应具备的素质及提高途径[J].科技资讯,2007,(2)：166.

[27]　冯晓辉,胡鸣怡,康春梅.国防科技情报人员的业务素质探讨和测试[J].情报理论与实践,2014,37(1)：13－16.

[28]　赵玉改,曹如中,陆羽中.基于胜任力模型的竞争情报人才评价研究[J].科技管理研究,2014,34(8)：139－143.

[29]　谢晓专.情报分析师职业胜任力通用标准比较研究[J].情报杂志,2017,36(2)：25－31,39.

[30]　吴巧玲.论科技情报人才的素质和培养[J].情报探索,2012,177(7)：54－56.

[31]　王晓艳.信息管理专业"T型"人才培养体系构建[J].情报探索,2014,198(4)：12－14,17.

[32]　黄少如.图书馆T型人才的开发[J].科技情报开发与经济,2007,(19)：88－90.

[33]　李子臣.竞争情报专业人才的培养研究[J].情报科学,2005,(7)：1004－1007,1024.

[34]　王晓,李纲.竞争情报人员绩效影响因素分析[J].情报科学,2016,34(9)：55－60.

[35]　雷莉萍,刘爱菊,孙敏.大数据背景下企业竞争情报人员胜任力分析[J].新西部,2013,

(13)：66-68.

[36] 梁春华,刘红霞.Ⅱ型情报专业人才能力素质的再探讨[J].情报理论与实践,2019,42(3)：12-16.

[37] 刘红霞,梁春华,张世福.基层情报研究人员成长模型的构建[J].情报理论与实践,2019,42(3)：24-28.

[38] 孙明霞,刘红霞,索德军,等.航空发动机情报研究工作平台功能需求研究[J].情报理论与实践,2020,43(4)：18-23.

[39] 佟艳春.基于项目知识管理的航天科技情报协同工作系统研究[D].哈尔滨：哈尔滨工业大学,2015.

[40] 韩春花,佟泽华,庞学升,等.基于知识集成的竞争情报分析模型研究[J].情报理论与实践,2014,37(1)：84-89,109.

[41] 赵凡,冉美丽.情报服务实践中的协同情报研究理论探讨[J].图书情报知识,2007,(2)：65-68.

[42] 姜山,吴海,杨小玲,等.情报研究和学科化服务协同工作机制初探[J].现代情报,2009,29(1)：7-9.

[43] 史新,邹一秀,路永和.协同环境下的竞争情报系统研究[J].情报杂志,2007,(10)：67-69.

[44] 周敏华,余楠,王敏芳.信息共享平台在国防科技情报研究中的应用探讨[J].现代情报,2010,30(11)：50-53.

[45] 化柏林,李广建.面向情报流程的情报方法体系构建[J].情报学报,2016,35(2)：177-188.

[46] 吴晨生,陈雪飞,李佳娱,等.情报3.0环境下的情报生产要素特征与情报生产方式变革[J].情报理论与实践,2018,41(1)：1-4.

[47] 刘如,许明金,吴晨生,等.基于科技情报服务体系创新的情报快速生产线建设研究[J].情报理论与实践,2017,40(9)：55-60.

[48] 梁春华.大数据环境情报研究平台发展现状与思考[J].情报理论与实践,2017,40(6)：63-66,50.

[49] 黄晓斌,钟辉新.基于大数据的企业竞争情报系统模型构建[J].情报杂志,2013,32(3)：37-43.

[50] 张兴旺,麦范金,李晨晖.基于大数据的企业竞争情报动态信息处理的内涵及共性技术系统研究[J].情报理论与实践,2014,37(3)：121-128.

[51] 王勇,许钟涛,王瑛.大数据环境下竞争情报系统的研究与实现[J].广东工业大学学报,2014,31(3)：27-31.

[52] 赵芳.基于大数据的企业竞争情报分析方法研究[J].图书馆学刊,2015,(2)：33-36.

[53] 王洪亮,张琪,朱延涛.大数据环境下中小企业竞争情报系统模型构建[J].情报理论与实践,2015,38(7)：109-114.

[54] 化柏林,李广建.大数据环境下的多源融合型竞争情报研究[J].情报理论与实践,2015,38(4)：1-5.

[55] 化柏林,李广建.智能情报分析系统的架构设计与关键技术研究[J].图书与情报,2017,(6)：74-83.

[56] 马铭苑.大数据环境下开放信息资源共享平台构建研究[D].长春：吉林大学,2016.

第 5 章
大数据环境下开展航空发动机情报研究工作的思考

早在 1980 年,世界著名未来学家阿尔文·托夫勒(Alvin Toffler)便在《第三次浪潮》一书中,将大数据(big data)热情地赞颂为"第三次浪潮的华彩乐章"。20 世纪 90 年代,数据仓库之父——比尔·恩门(Bill Inmon)就经常提及大数据。2009 年以来,大数据成为互联网信息技术行业的流行词汇。2012 年,联合国在其发布的《大数据政务》白皮书中指出,大数据对于联合国和各国政府来说是一个历史性的机遇,人们如今可以使用极为丰富的数据资源,来对社会经济进行前所未有的实时分析,帮助政府更好地响应社会和经济运行。近年来,美国、英国、法国、澳大利亚、中国、韩国、日本等世界范围的国家都投入大量人力和资金,或者通过推出大数据总体规划或战略,或者通过实施大数据技术研究计划,掀起了大数据技术和环境研究与应用的热潮[1-6]。

大数据环境,使得人们可以以极低成本和极快速度(velocity),从超大体量(volume)、繁多结构(variety)的数据中,采集、捕获、发现、分析和提取真实(veracity)且有价值(value)的数据。大数据环境的战略意义不单纯在于数据量的庞大,而更在于其背后隐藏的更为复杂和深刻的新理念、新技术和新工具[1-4,6-13]。利用这些新理念、新技术和新工具,可以对数据进行多来源的获取、多结构数据的整合和融合、计算机辅助或智能化的相关性统计分析、深层的挖掘与洞察等专业化处理,提高数据分析的科学性和准确性,实现数据的"增值"。这正是情报研究工作过去、现在及未来需要解决的问题,也必然给情报研究工作带来的新的机遇和挑战[14-22]。

5.1 大数据和大数据环境

大数据和大数据环境是继云计算、物联网之后信息技术产业又一次颠覆性的技术变革。

5.1.1 大数据的定义

大数据是一个新兴的概念,自诞生以来,不同机构或组织和大量学者尝试对其进行研究和定义[1-5]。

维基百科对大数据的定义:大数据意指一个超大的、难以用现有常规的数据库管理技术和工具处理的数据集。

百度知道对大数据的定义:大数据或称巨量资料,指的是所涉及的资料数量规模巨大到无法采用目前主流软件工具,在合理时间内将其撷取、管理、处理,并整理成为能帮助企业经营决策的资讯。

高德纳(Gartner)研究机构对大数据的定义:大数据是指需要新处理模式才能具有更强的决策力、洞察发现力和流程优化能力的海量、高增长率和多样化的信息资产。

国际数据中心(International Data Corporation,IDC)对大数据技术的定义:大数据技术是指为了更为经济地从高频率获取的、大容量的、不同结构和类型的数据中获取价值而设计的新一代架构和技术。

麦肯锡(Mckinsey)公司对大数据的定义:大数据是指规模大到在获取、存储、管理、分析等方面大大超出传统数据库软件工具能力范围的数据集集合。

瑞士达沃斯论坛报告《大数据,大影响》中对大数据的定义:大数据已经成为一种经济资产类别,就像货币或黄金一样。

《互联网周刊》对大数据的定义:大数据的定义远不止大量的数据(TB)和处理大量数据的技术,或者所谓的 4 个 V 之类的简单定义,而是涵盖了人们在大规模数据的基础上可以做的事情,而这些事情在小规模数据的基础上是无法实现的。换句话说,大数据让我们以一种前所未有的方式,通过对海量数据进行分析,获得有巨大价值的产品和服务或深刻的洞见,最终形成变革之力。

大数据之父维克托·迈尔·舍恩伯格(Viktor Mayer-Schönberger)在《大数据时代》一书中认为:大数据是指不用随机分析方法(抽样调查)这样的捷径,而采用全样本分析方法处理的 PB 级以上的数据。

亚马逊网络服务(Amazor Web Services,AWS)公司大数据科学家约翰·罗瑟(John Rauser)对大数据的简单定义:大数据是指任何超过一台计算机处理能力的庞大数据量。

也就是说,大数据定义目前众说不一,没有形成统一的定义,还处于探索与发展中。综合以上观点,大数据可以定义为体量或规模大、种类或格式多、处理难度大、潜在价值大的数据或数据集合。

5.1.2 大数据的特点

综合上述定义和大量学者的研究[1-4,6-13]可以发现,大数据至少具有以下 4 个特点。

　　第一个特点是数据体量或数据规模大。一是数据体量大。数据体量起始计量单位一般认为在 10 TB 规模左右,也有认为至少是 PB(1 000 个 T)、EB(100 万个 T)或 ZB(10 亿个 T)。特别是非结构化数据的超大规模和快速增长,占总数据量的 80%~90%,比结构化数据增长快 10~50 倍,是传统数据仓库的 10~50 倍。二是数据源量大。数据来源多种多样,而不同数据源产生数据的价值密度不尽相同甚至差异巨大。三是冗余/无关数据量大。各个数据源每时每刻都在产生大量的数据,其中很可能会包括冗余、无关紧要的数据记录。这样的数据集无法采用传统数据库工具对其内容进行抓取、管理和处理。

　　第二个特点是数据类别多。数据来自多种数据源和承载方式,数据种类和格式日渐丰富,已冲破了以前所限定的结构化数据范畴,囊括了半结构化和非结构化数据。数据来源从传统的图书报纸等纸质出版物到网络化时代的电子出版物,互联网产生的政府、机构、公司等主页信息,互联网新闻信息,各种开放存取数据,近年来涌现出的大量社交网络(FaceBook、Twitter、微博、微信等)和电商网站信息。数据类型包括文本、网络日志、图像、音频、视频、机器数据、图片、地理位置信息等。数据内容包括连贯的和不连贯的语法或句义,包括不同行业的信息,而这些异构和多样性的数据,对数据处理能力提出了更高的要求。

　　第三个特点是数据处理速度快,时效性要求高。这是大数据区分于传统数据挖掘最显著的特征,包括对大量不相关信息的分析、对未来趋势与模式的可预测分析、深度复杂分析(机器学习、人工智能与传统商务智能)等。特别是,在数据量非常庞大的情况下,也能够做到数据的实时处理。

　　第四个特点是价值密度或数据真实性较低。如随着物联网的广泛应用,信息感知无处不在,海量信息中不相关的信息很多,有用的数据很少,即价值密度较低。如何通过强大的机器算法更迅速地完成数据的价值"提纯",是大数据时代亟待解决的难题。

5.1.3　大数据环境和关键技术

　　国内学者对大数据环境和关键技术进行了大量研究,并取得了丰硕的成果[14-22]。综合这些成果可以发现,大数据环境是以"多源(准全源)数据为介质、以泛在网络为基础、以人类智慧为主导、以辅助分析为手段、以服务客户(包括支撑决策)为目标"的一体化信息资源处理环境。大数据环境的关键技术一般包括大数据采集技术、大数据预处理技术、大数据存储与管理技术、大数据分析技术、大数据挖掘技术、大数据展现与应用技术,还包括大数据检索技术、大数据可视化技术、大数据安全技术等。

　　1)大数据采集技术

　　大数据采集技术就是从移动互联网、各类计算机系统、各类数字设备等数据源,获得结构化、半结构化(或称弱结构化)及非结构化的各种类型的海量数据的技术。大数据最主要的来源包括:互联网活动产生的网络数据;各类计算机系统产生的数据;企业业务后台产生并存储于数据库的数据。

互联网活动产生的有用的非结构化和半结构化数据,通常采用网络爬虫和一些网站平台提供的公共应用程序编程接口(API)等数据采集技术,从网站的超链接结构、页面内容、后台数据库和使用日志中搜索、提取、清洗,并转换成结构化的数据,最后存储在统一的本地数据库。常用的网页爬虫系统有 Apache Nutch、Crawler4j、Scrapy 等框架。Apache Nutch 是一个高度可扩展和可伸缩性的分布式爬虫框架。Apache 通过分布式抓取网页数据,并且由 Hadoop 支持,通过提交 MapReduce 任务来抓取网页数据,并可以将网页数据存储在 HDFS 分布式文件系统中。Nutch 可以进行分布式多任务数据的爬取、存储和索引。由于多个机器并行做爬取任务,Nutch 充分利用多个机器的计算资源和存储能力,大大提高系统爬取数据能力。Crawler4j、Scrapy 都是爬虫框架,能够使开发人员很快地完成一个爬虫系统的开发。

计算机系统产生的数据主要是日志和审计数据,通常采用的数据采集技术包括日志搜集和监测系统,如 Facebook 的 Scribe、Apache 的 Flume、Hadoop 的 Chukwa 等。其采集日志数据提供离线和在线的实时分析使用。Scribe 实际上是一个分布式共享队列,可以从各种数据源采集日志数据,然后放入其上面的共享队列中。Scribe 可以接收 thrift client 发送过来的数据,然后将数据放入其上面的消息队列中,再通过消息队列将数据 Push 到分布式存储系统中,并且由分布式存储系统提供可靠的容错性能。如果最后的分布式存储系统崩溃时,Scribe 中的消息队列还可以提供容错能力,它会将日志数据写到本地磁盘中。Scribe 支持持久化的消息队列,提供日志采集系统的容错能力。Apache 的 Flume 是一个分布式、可靠、简单、灵活的基于数据流的架构,用于高效地收集、聚合和移动大量的日志数据。其可靠性机制和许多故障转移与恢复机制,使 Flume 具有强大的容错能力。

企业通常采用直接与企业业务后台服务器结合的数据库采集系统,企业业务后台每时每刻都在产生的大量业务记录,写入数据库中,最后由特定的处理分析系统进行系统分析。一些企业会使用传统的关系型数据库 MySQL 和 Oracle 等来存储数据。除此之外,Redis 和 MongoDB 这样的 NoSQL 数据库也常用于数据的采集。

2)大数据预处理技术

大数据预处理技术主要是对已采集的海量数据在完成辨析、提取、清洗、集成、规约与转换等操作后,导入到一个集中的大型分布式数据库或分布式存储集群中,以供用户挖掘数据的潜在价值。

大数据辨析,是对已经接收数据进行初步整理和取舍,去粗取精、去伪存真,即经初步分析后,辨别出与研究或需求相关的数据。

大数据提取,是将多种复杂格式和类型的数据,进行数据提取,从数据原始格式中提取(extract)出所需的数据,丢弃一些不重要的字段,可以帮助将这些复杂的数据转化为单一的或者便于处理的构型,以实现快速分析处理。

大数据清洗,是对那些不正确、不准确的数据进行过滤、剔除。大数据来源广泛、模态复杂、真假混杂,收集到的数据常常会包含脏数据(质量有问题,包括存在缺失值、错误值、噪声值)、乱数据(数据形态不符合计算要求,如格式不一致、冗余数据)、差数据(遗漏数据、异常数据、不一致数据、无价值数据),导致大数据不可用或弱可用以及完整性缺失。为提升大数据质量,需要通过数据冗余设置、数据一致性检测技术、脏数据识别技术、数据过滤技术、噪声识别与平滑处理技术等,填补遗漏数据、消除冗余数据、去除有噪声数据、识别异常数据、处理不一致数据。

大数据集成是指把来自不同数据源、不同格式的数据通过技术处理,在逻辑上或物理上进行集中,形成统一的数据集或数据库。通常采用的技术包括数据源识别技术、中间件技术、数据仓库技术等。

大数据规约是在不影响数据准确性的前提下,运用压缩和分类分层的策略对数据进行集约式处理。通常采用的技术包括维度规约技术、数值规约技术、数据压缩技术、数据抽样技术等。

大数据转换是将数据从一种表示形式转换成另一种表示形式,最终按照预先定义好的数据仓库模型,将数据加载(load)到 Hadoop HDFS 分布式文件系统,为对数据仓库中的数据进行数据分析和处理打好基础。通常采用的技术包括基于规则或元数据的转换技术、基于模型和学习的转换技术等。

3) 大数据存储与管理技术

大数据存储与管理是采用存储器把采集到的数据存储起来,建立相应的数据库,并进行管理和调用。大数据存储与管理重点解决复杂结构化、半结构化和非结构化数据的管理与处理问题;主要解决大数据的可存储、可表示、可处理、可靠性及有效传输等几个关键问题。

在大数据存储方面,需要开发可靠的分布式文件系统(distributed file system,DFS)、计算融入存储、大数据的去冗余及高效低成本的大数据存储技术,突破异构数据的数据融合技术、数据组织技术,研究大数据建模技术、非结构化或半结构化大数据索引和查询技术及大数据移动、备份、复制等技术。

在大数据管理方面,需要开发新型数据库技术。数据库分为关系型数据库、非关系型数据库。非关系型数据库是为解决大规模数据集合多重数据种类存储难题而开发的,主要指的是 NoSQL 数据库,分为键值数据库、列存储数据库、文档型数据库和图形数据库等。其最大特点就是不需要预先定义数据结构,而是在有了数据后根据需要灵活定义。键值数据库,主要利用哈希表中的特定键值对来实现数据存储,常见的有 Redis、Apache Cassandra 等;列存储数据库,是按行排序以数据列为单位进行存储,有利于对数据库进行压缩,减小数据规模,提高存储和数据查询性能,常见的有 Sybase IQ、InfiniDB 等;文档型数据库,是按封包键值对的方式进行存储,每个文档(如 XML、HTML、JSON 文档等)代表一个数据记录,记录着数据的具体类型和内容,常见的有 MongoDB、CouchDB 等;图形数据库,是利用图形模型实现数据的存储,主要存储事物与事物之间的相关关系,将这些相关关系所呈现的网络关系简单地称为图形数据,常见的有 Google Pregel、Neo4j 等。关系型数据库包含传统关系数据库系统以及 NewSQL 数据库和关系云等。

在大数据安全方面,需要改进数据销毁、透明加解密、分布式访问控制、数据安全审计等技术;突破大数据加密搜索(可搜索加密)技术、完全同态加密技术、隐私保护和推理控制、数据真伪识别和取证、数据持有完整性验证等技术。

4)大数据分析技术

大数据分析是大数据流程中最为关键的技术,也是大数据价值生成的核心部分。大数据分析技术是根据特定的需求和挑战,利用分布式计算集群和分布式数据库,设计、选择、运用具体的统计学相关算法和模型(如聚类分析、判别分析、差异分析等),对获取的海量已知数据信息进行描述性、推断性和探索性分析及解释,从中发现未知的、有价值的、可用于直接驱动某种行为的见解、规律的能力。

描述性分析主要是对所收集的数据进行整体情况分析,得出反映客观现象的各种数量特征的一种分析方法。它属于比较初级的数据分析,是对数据进一步分析的基础,常见的描述性分析方法包括数据集中趋势分析、数据离散程度分析、数据频数分布分析以及一些基本的统计图形等。推断性分析是研究如何根据样本数据来推断总体样本数量特征。它是在对样本数据进行描述统计分析的基础上,对研究总体的数量特征做出推断。常见的推断性分析方法有假设检验、相关分析、回归分析、时间序列分析等方法。探索性分析主要是通过一些分析方法从大量的数据中发现未知且有价值信息的过程,它不受研究假设和分析模型的限制,尽可能地寻找变量之间的关联性。常见的探索性分析方法有聚类分析、因子分析、对应分析等方法。

5)大数据挖掘技术

大数据挖掘是从海量的、不完全的、有噪声的、模糊的、随机的实际应用数据中,通过分割、集群、孤立点分析等算法,提取隐藏在其中的、人们事先不知道的,但又是潜在有用的信息和知识的数据分析过程,是统计分析、情报检索、模式识别、机器学习等数据分析方法的综合运用。

大数据挖掘涉及的技术方法很多。根据挖掘任务可分为分类或预测模型发现,数据总结、聚类、关联规则发现,序列模式发现,依赖关系或依赖模型发现,异常和趋势发现等;根据挖掘对象可分为关系数据库、面向对象数据库、空间数据库、时态数据库、文本数据库、多媒体数据库、异质数据库、遗产数据库等;根据挖掘方法可以粗分为机器学习方法、统计方法、神经网络方法和数据库方法。在机器学习中可以细分为归纳学习方法(决策树、规则归纳等)、基于范例学习、遗传算法等。在统计方法中可以细分为回归分析(多元回归、自回归等)、判别分析(贝叶斯判别、费歇尔判别、非参数判别等)、聚类分析(系统聚类、动态聚类等)、探索性分析(主元分析法、相关分析法等)等。在神经网络方法中可以细分为前向神经网络(BP 算法等)、自组织神经网络(自组织特征映射、竞争学习等)等。

6) 大数据展现与应用技术

大数据展现与应用技术,是在机器学习算法、统计模型的设计与应用的基础上,采用传统形式和大数据可视化方法等,将数据分析结果展示给最终用户,进而达到决策支撑和产品提供目的的技术。

大数据可视化技术,利用计算机图形学和图像处理技术,将多个数据库或数据集群中枯燥的抽象的难以理解的多种类型数据、信息和知识,以容易理解和明确直观的图形或图像的形式展示出来,实现对大数据分析结果的形象解释,并能够实现对数据的人机交互处理。数据可视化,有时可以较好地弥补数据统计和机器学习在数据分析中的一些不足,洞察统计分析无法发现的结构和细节,让数据自己说话;对用户的知识水平要求较低,让用户直观地感受到和容易地理解可视化处理结果。大数据可视化关键技术包括:符号表达技术、数据渲染技术、数据交互技术、数据表达模型技术等。大数据可视化的形式包括直方图、饼图、散点图、折线图、雷达图、气泡图、圆环图、面积图、条形图、关联展示图、数据展示图、概念图、时间序列图、数据流、层次结构图、地图等。常见的可视化处理和管理工具有 Tableau Desktop、QlikView、Datawatch、Platfora 等。

大数据应用技术,在机器学习算法、统计模型的设计与应用的基础上,进一步将干净数据转换成各种"数据产品",提供给用户使用。

5.2　大数据技术在航空发动机情报研究工作中的应用

国内外学者对大数据环境和技术进行了广泛的研究[14-22]。综合国内外的研究成果,大数据环境的工作内容和流程包括数据采集、预处理、存储与管理、分析与挖掘、展现与应用等。中国航发沈阳发动机研究所通过对荷灵等国内外的专家学者针对情报研究工作内容和流程的研究成果[23-34]进行研究发现,情报研究流程一般包括需求搜集与研究、课题选择与确定、情报检索与搜集、情报鉴定与整理、情报翻译与校译/情报分析与集成、情报撰写与评审、情报评价与改进等。也就是说,两者的流程基本一致,可以相互借鉴和融合。大数据环境提供的新理念、新技术和新平台,可以融入情报研究工作的流程,用于提高数据获取、融合、相关性统计分析、挖掘与洞察的科学性和准确性,实现数据的"增值"。因而,大数据环境已经并将继续改变人们对信息或数据资源的处理模式,使情报研究人员从大量低端工作中解放出来,更多地开展高端工作,必然给航空发动机情报研究工作带来前所未有的机遇和挑战。

航空发动机情报研究工作主要以外源情报与内源情报为介质开展相关情报研究工作。对于外源情报,只要解决好安全保密问题,就可以充分利用大数据环境技术对外源情报开展全面的情报研究工作;而对于内源情报,虽然数据资源从体量、结构、类型、速度、价值等方面还远未达到大数据的程度,但是完全可以利用大数据环境的采集、预处理、存储与管理、分析与挖掘、展现与应用技术,对内源与外源相融合的数据开展全面深入的情报研究工作,实现情报研究工作的大采集、大存储、大分析和大利用,与时俱进地满足"多样化、高效化、个性化、专深化"的用户要求,更好地为管理决策、预先研究、型号研制、条件建设提供决策支撑和技术引领,进而凸显情报机构和情报研究人员的重要作用与巨大价值。

5.2.1 借助大数据采集技术,实现情报需求的大搜集

大数据环境的数据网络痕迹统计、系统日志采集等技术,能够更全面地实时跟踪用户的工作重点、兴趣点和喜好等,直接搜集用户显性需要和经过分析后间接搜集用户的隐性需要,确保情报需求的搜集与分析更及时、更准确,进而使需求甚至情报课题的确定更加清楚、科学和系统。

情报需求搜集与情报研究课题确定,一般经过以下步骤。首先要采用传统搜集手段与网络痕迹统计手段等,搜集用户显性需要与隐性需要,构建用户情报需求树结构。其次,要通过 Doors 软件等分析判定需求的类型、主题、情境与特点,确定情报研究的目标架构和具体内容,把情报需要转化成情报需求,纳入用户情报需求树结构。再次,根据情报需求树结构,根据已经开展的基本情报、信息资源、人力资源、辅助工具与研究方法、财力资源等,进行必要性、可行性和科学性分析,进而确定情报研究课题。最后,组建工作团队(最好是 IPT 团队)和制订工作实施计划。当然,实现变"用户显性需求牵引"为"牵引用户隐性需求"开展情报研究工作,是情报需求搜集与研究和情报课题选择与确定的更高境界。

5.2.2 借助大数据采集技术,实现情报多源与高速采集

大数据环境的数据爬虫、网站公开 API、系统日志采集等多种采集技术或基于大数据的数据采集与多源融合平台,能够突破原有情报资源建设本身的范围,情报采集与整理工作不再受体量、结构、载体等的限制,完成多来源、多渠道、多维度、多形式、多结构等庞大而复杂的准全源(all-source)数据和信息的广泛且实时的监控和采集。这可以更好满足"广、快、精、准"的传统情报搜集工作目标,甚至可以达到"多源与高速"。

基于大数据环境的数据采集与多源融合通过外源采集平台和内源采集平台，实现传统情报研究工作系统的情报检索与搜集流程的功能。基于外网的外源采集平台和内源采集平台可以由科研院所自身实施，也可以委托专业服务机构实施，还可以从专业服务机构适时选购或定制。

外源采集平台最好采用小知识本体，通过物联网、移动网、人际关系网和互联网，采集来源于航空发动机研发面临的行业、国家乃至国际宏观环境和来自企业、院校、相关科研院所、用户等微观环境的技术、产品、产业的外源公开数据。

基于内网的大数据采集平台或技术，可以实现对自身价值链的各个环节进行监测，对存在于自身局域网的归档的各种文件、数字化的归档资料、集成的数据库、标准库、PDM 库、OA 系统、情报产品库、各部门知识库、设计体系、规范和标准等显性内源情报进行随时随地采集；还可以对在设计和试验过程中形成的过程文件等隐性内源情报进行挖掘，进而实现内源情报的全面与快速采集。

最后，基于内源和外源两大平台的数据采集与多源融合，实现对内源数据和外源数据的实时且广泛的监测，实现对多来源、多渠道/领域、多维度、多类型、多形式和多结构等庞大而复杂的多源数据的全面、及时、准确地采集和掌控。

5.2.3　借助大数据预处理与存储技术，实现情报高效存储和查询

传统数据存储所采用的关系数据库和信息资源管理方法，难以满足超大体量、繁多结构数据的存储和查询要求。Memcached、Hive、HBase 及 NoSql 等已经实现了大规模数据的分布式存储以及结构化数据和非结构化数据的关联。Hadoop 已经成为管理大数据的基础支撑技术，Hadoop HDFS 是新型分布式文件系统的典型代表，能够提供高可靠、高扩展、高吞吐能力的海量文件数据存储。这些大数据环境下的数据预处理、存储与管理、数据移动/备份/复制和数据安全等技术，能够将采集到的分散无序、相对独立的外源公开情报、外源购买情报和内源自有情报等异构数据源中的数据（如关系数据、平面数据文件等）抽取到临时中间层进行辨析、清洗、转换和集成，最后加载到大型分布式数据库（数据仓库）或者分布式存储集群（数据集市）中，实现大体量、多结构、多源数据的融合、重组和存储，建立效能更好、效率更高的数字情报资源系统，并进行管理和调用，较好地满足对情报资源的组织、存储和管理的要求。

内源采集平台可以采用以上技术，由科研院所自身通过整合内部信息系统，获取自身价值链各个环节的内源数据，并将包括互联网外源情报、货架（购买合作）外源情报、内源情报等在内的多源数据（提炼后的数据和原始数据）进行基于关联关系、空间关系和时间关系的融合，对重复的数据进行滤重，包括结构化的数据清洗以及非结构化数据的语义分析和特征提取等；对重名、别名等问题进行识别、数据拆分提取、查漏补缺和数据降维等操作，构建索引库、情报库、知识库等静态情报

库及动态信息发现库、动态信息处理库、关联关系处理库、竞争环境监测库等动态情报库。

这样,将所有外源情报与内源情报集成到基于内网的大数据平台上,实现多源数据融合,为包括情报研究人员、科研人员和管理决策人员在内的所有用户能够第一时间准确地捕获、分析、利用有价值的情报提供资源保证。

5.2.4　借助大数据分析与挖掘技术,实现情报的相关与因果综合分析

英国著名情报学家布鲁克斯曾指出:"情报学如果不实现定量化,它将是一堆支离破碎的技艺,而不会成为科学。"美国国防部情报分析中心、兰德公司、英国国防分析研究所、英国简氏防务集团公司、德国趋势分析研究所、瑞典斯德哥尔摩国际和平研究所等著名咨询机构,都注重综合利用信息科学、运筹学、统计分析等理论,通过各种技术手段采集、开发与集成各种数据库、模型库、方法和软件工具库,并结合计算机建模与仿真等手段,推动预测分析、对比分析以及战略和战术优化分析等,旨在高质量满足用户对情报研究成果的科学性、快捷性和前瞻性要求。Google 提出的 MapReduce 提供了在计算集群下分布处理大数据的软件框架,利用 MapReduce 编程框架,开发人员可以开发出跨处理器的分布式集群或独立计算机的、能够并行处理海量非结构化数据的程序,实现数据处理的并行计算。Teradata 公司的 AsterData 为数据分析提供了最全面的分析平台、服务和工具,帮助人们探索并得到以前无法获得的洞见。

传统的基于封闭的结构化数据的挖掘算法,通过将其转换为结构化数据后再进行挖掘和分析,其存在以下问题。一是对不断增长的、庞大的、半结构化或者非结构化的数据显然难于处理与分析,即使能够处理和分析,也更多的是对抽样数据进行定性的和一般统计性的处理与分析,并且效率很低、时效性差。二是由于结构化处理过程丢失了非结构化数据隐含的关系,分析的结果具有很大的不确定性和不准确性。三是分析的逻辑更注重因果关系,分析的结果更追求绝对精确,产品质量自然取决于情报研究人员的经验、判断和直觉。而大数据分析处理对象是全部采样数据,采用分析方法更多定量的统计分析,分析的逻辑更注重相关性系,分析的结果更追求趋势。这样,传统情报研究与大数据分析两种模式相结合,可以优势互补,实现情报的相关性分析与因果关系分析的集成,实现定性分析与定量分析的有机结合,使得情报研究不再是"支离破碎的技艺",而是成为"科学"。

首先,大数据环境的数据分析与内容挖掘技术,可以实现情报研究工作的知识发现。采用人工神经网络、决策树、粗糙集技术、遗传算法、规则归纳和联机分析处理等典型技术或方法,通过数据准备、数据选择、数据预处理、数据缩减、数据挖掘、模式解释、目标确定、知识发现算法确定和知识评价等流程,采用描述性、推断性和探索性分析与解释,从存在于各种静态和动态数据库中的海量的、不完全的、有噪

声的、模糊的和随机的数据中,可能发现复杂事件之间微妙的相关关系,提取隐含在其中的、人们事先不知道的、但又是有潜在价值的数据、信息和知识,并以概念、规则、规律、模式和约束等形式呈现,也就是将原来的"死数据"变成"活情报"。

其次,大数据环境的数据分析与内容挖掘技术,可以完成情报研究工作的辅助分析。采用数据挖掘、文本挖掘、观点挖掘、话题演化分析、多元统计分析、时间序列分析、高维数据降维分析和多源数据融合等方法,对采集到的各种类型情报进行描述性、推断性和探索性分析与解释,实现由传统的抽样型情报研究向多源全样本情报研究、由追求精确性向追求时效性、由注重因果分析向注重相关分析的转变。

再次,大数据环境的数据分析与内容挖掘技术,可以实现情报研究工作的相关与因果综合分析。利用人类智慧,对已预处理的情报进行描述性、推断性和探索性分析与解释(如分类、聚类、偏差、关联等分析),发现复杂事件之间微妙的相关关系,实现对过去情况的总结与评价,对现在情况的跟踪与监测,对未来情况的预测与前瞻,进而将相关关系和因果关系进行有机的结合,形成有思想、有规律和有可读性的情报研究成果,提高情报研究成果的质量、水平和档次,扩大情报研究成果的影响面、影响力。

最后,大数据环境的数据分析与内容挖掘技术,可以实现情报研究工作的产品形成。采用计算机辅助翻译系统,在研究人员的主导下完成情报资料的翻译、校译和审校;采用信息化手段,按照研究人员确定的产品实施提纲对上一步形成的结果进行梳理和整理,形成初步研究报告,之后情报研究人员在此基础上进行高智力的创造;采用计算机辅助编辑系统,在研究人员的主导下完成原始情报、动态情报、编译情报、基本情报、预测情报和对策情报的编辑标准化,直到出版。

另外,对成功应用的技术与方法建立模型,并逐步形成各种模型库、方法库和软件工具库,并将这些库集成到情报研究工作平台中,推动预测分析、对比分析、演化分析、战略分析等的拓展应用,进而能够高质量满足用户对情报研究成果的科学性、快捷性和前瞻性的要求。

5.2.5　借助大数据展现与应用技术,实现情报大利用

大数据环境的数据展现(包括可视化)与应用技术,可以反映数据的语义关系,允许用户在很短的时间内完成演绎、推理和决策,加快数据的处理速度,使庞大的数据得到充分有效利用;可以在人与数据间实现交互,根据需求辅助用户搜寻和发现特定数据集,展现数据的内部联系和潜在规律,帮助人们观察到数据中隐含的问题,为发现和理解有关规律提供有力工具;可以实现从抽象数据到可视化结构的映射,使人们在研究报告中看到生动的直观的不同数据维度图像,而不是一大堆枯燥的数据,使情报更加易于理解和运用。这样,将情报产品以生动形象且易于理解的方式、以多载体形式,提供给恰当的用户,实现大效果、大受众,进而实现大利用。

通过计算机辅助反馈与评价系统,情报用户完成对情报产品与服务就针对性、时效性、新颖性、客观性和创新性等方面的即时评价、最终评价和反馈。

　　但是,大数据分析的成功,取决于所关注的数据的范围、数据的质量(对与错、信号与噪声)、数据与背景的关联性和数据模型的解释等,这对航空发动机情报研究人员也是巨大的挑战。

5.3　大数据环境下航空发动机情报研究工作的应对措施

　　既然大数据时代已经到来、大数据环境已经形成,并且大数据环境确实给情报研究工作带来了极好的发展机遇,那么航空发动机研发行业情报机构和人员就要培育大数据哲学思维,去实事求是地发现问题、合理怀疑地分析问题和适时改进地解决问题,不是研究大数据环境如何,也不是研究开发哪些先进的大数据技术,而是研究如何充分借助大数据环境的理念、思维、技术、改进和创新融入情报研究工作,为经营管理和科研生产用户的管理决策、预先研究、型号研制和研保建设等提供强有力的情报支撑和保障[2,6,8,13,19,23,35]。

5.3.1　培育大数据环境下的大团队意识

　　培育大数据环境下情报研究人员和队伍,首先要培育专职情报研究人员"干情报、爱情报、精情报、献身情报"的意识;其次要培育兼职情报研究人员和科研人员的"干科研、想情报、助情报、为自身"的意识;再次要培育专职情报研究人员和兼职情报研究人员、专职情报研究人员和外部 IT 技术人员/行业专家的大协作意识;最后且最重要的是培育高素质、高技能的 II 型情报研究人员和复合型情报专业队伍。所谓的 II 型情报研究人员,是传统"一专多能(T 形)"情报研究人员的发展。两专是指情报理论知识专深、航空发动机专业知识专深。多能是指精熟的外语读写能力、较强的计算机和网络操作和运用能力、较强的语言文字综合归纳能力、远见卓识的预见能力、多谋善断的决策能力、统筹兼顾的运筹能力、勇于探索的创新能力等。复合型情报专业队伍是指由专业能级、年龄结构、技能水平等均得到优化的情报研究工作队伍,如包括擅长情报资源采集与整理人员、情报资源存储与组织人员、情报资源分析与研究人员、大数据技术与环境设计与构建人员、情报研究工作体系构建与实施人员等。

　　为了加速培养情报研究人员和复合型情报专业队伍,要建立良好的选人机制,严格把好情报研究人员的入口关,选学历高、能力强、专业心坚定的人才,选具有多方面专业背景的复合型人才,选情报研究工作所需的各层次人才,逐步改善和优化情报人员和队伍的层次结构;要建立良好的用人机制,加强不同类型、不同层次的专业培训和继续教育,在岗位上锻炼人才,在实践中培养人才;要建立良好的学术交流机制,引导情报研究人员更多地开展学术研究,参加学术交流,提高情报学术水平;要建立良好的育人(培养、考核、评价、激励)机制,加速 II 型情报研究人员(80%的跟随者)的普遍成长,着力培育复合型专家群体(15%的中坚力量)的不断涌现,力争促使复合型领军人物(5%的先行者)的脱颖而出。

5.3.2　培育大数据环境下的大资源意识

航空发动机行业情报机构和人员要突破原有情报资源的采集范围,培育大资源意识,实现多源数据的采集、集成和融合,为数据的传输、共享、分析和利用提供条件。

从数据采集来源上,航空发动机行业情报机构和人员不但要从国内外情报机构和数据公司采集和购买公开的数据和数据库,还要从物联网采集在生产、销售、经营过程中产生的各种数据以及各种生产要素的流转和组合的数据,从移动网络采集业内人士的行为以及他们产生的各种数据,从人际关系网络采集由个人交往和联系产生的通过正式交流渠道获取不到的情报数据,从互联网采集竞争对手和相关供应商等组织的网站信息以及其网络用户的行为数据,更要采集其内部价值链的各个环节的内源数据。

从数据采集类型上,航空发动机行业情报机构和人员既要采集其面临的行业、国家乃至国际宏观环境方面的数据,又要采集其涉及的科研生产和经营管理等微观环境的数据;既要采集竞争对手的直接数据,又要采集用户、经销商、供应商、潜在进入者、咨询机构、质量检验部门和物流部门等间接数据;既要采集传统数据,又要采集电子邮件数据、视频会议数据、文件传输数据、社交网络数据、过程行为数据、传感网络数据、智能终端数据,移动终端数据、语音通话数据等交易数据、交互数据和感知数据;既要采集传统的文本、PDF 和照片等数据,又要采集网络日志、图像、实物、音频、视频和机器等数据;既要采集结构化数据,又要采集半结构化数据、非结构化数据、无模式或者模式不明显数据、不连贯的语法或句义等数据。

5.3.3　培育大数据环境下的大分析意识

航空发动机行业情报机构和人员要突破原有注重逻辑与定性的分析模式,培育大分析意识,实现定性与定量相结合的科学分析。

首先要尝试应用可视化分析、数据挖掘以及语义处理等大数据分析技术,进行计算机辅助分析或基于计算机智能化分析,实现多源全样本分析、关联性分析和预测性分析;其次要对这些技术建立模型,并逐步形成各种模型库、方法库和软件工具库;最后要将这些库集成到情报研究工作平台中,推动预测分析、对比分析和战略分析,进而能够高质量满足用户对情报研究成果的科学性、客观性、快捷性和前瞻性的要求。

5.3.4　培育大数据环境下的大利用意识

大利用就是把通过情报分析研发的情报产品(而不是生硬抽象的数据)以生动形象且易于理解的方式提供给恰当的用户,输送到每个环节,并为知识的交互处理提供保障。

在大数据时代,培育大利用意识,航空发动机行业情报机构和人员首先要想用户之所想、急用户之所急,由过去的"坐、等、靠"转变为"走、挖、要",主动、及时地掌握需求,并提供针对性强的情报服务;采用大数据分析工具和方法与情报逻辑推断相结合的方式,形成集定量与定性的综合性情报研究结果,向用户提供真正发挥作用且效果大的情报产品;通过大数据需求搜集,精准确认用户需求,为领导、管理人员和科研人员等提供相适应的情报服务或情报产品,使情报研究工作受众多且范围广;采用大数据多源采集技术,覆盖多载体、多层级和多类别,为用户提供多形式的数据服务。以有为争取有位,以有效服务争取有力支持,以贡献争得地位。其次要以大数据技术,向领导、向科研人员汇报情报研究工作成果,宣传情报研究工作的意义、价值、作用和地位,宣传情报研究工作人员的成绩、先进事迹和崇高精神,多与有关部门联合举办情报活动,提高全员情报意识,激发全员情报自觉,引起领导和相关部门的重视和关注。这样,各级领导和科研人员在遇到问题时会自觉地查阅与利用情报,在进行决策和管理时会自觉地应用情报,在部署重大工作时会自然地想到情报。

5.4　结　束　语

相比其他信息技术,大数据环境更加契合情报研究工作的需要,已经为航空发动机行业情报研究工作带来大好机遇,相信对未来情报研究工作的影响将更大和更长远。航空发动机行业情报研究机构与人员,要积极主动地培育大数据思维,构建基于大数据环境的情报研究工作系统,实现"大采集、大存储、大分析和大利用"。这样,紧紧围绕用户需求,充分利用各种工具与方法在多源数据与信息中监测新现象、新情况和新变化,发现新规律、新本质和新战略,形成新判断、新预测、新建议和新对策,充分发挥"耳目、尖兵、参谋和智囊"的情报功能,进一步凸显情报研究工作价值,情报研究工作将会更有生命力,情报事业将会更辉煌。

参考文献

[1]　梁春华.大数据环境情报研究平台发展现状与思考[J].情报理论与实践,2017,40(6):63-66,50.

[2]　梁春华.大数据环境下国防基层科研院所情报工作面临的机遇与对策[R].沈阳:中航工业沈阳发动机设计研究所,2015.

［3］　化柏林.从棱镜计划看大数据时代下的情报分析［J］.图书与情报,2014,(5):2-6.

［4］　刘高勇,汪会玲,吴金红.大数据时代的竞争情报发展动向探析［J］.图书情报知识,2013,
(2):105-111.

［5］　黄晓斌,钟辉新.大数据时代企业竞争情报研究的创新与发展［J］.图书与情报,2012,
(6):9-14.

［6］　吴金红,张飞,鞠秀芳.大数据:企业竞争情报的机遇、挑战及对策研究［J］.情报杂志,
2013,32(1):5-9.

［7］　涂新莉,刘波,林伟伟.大数据研究综述［J］.计算机应用研究,2014,31(6):1612-
1616,1623.

［8］　刘云霞.大数据时代企业情报研究的对策与思考［J］.科技情报开发与经济,2014,24(9):
123-125.

［9］　黄宜华.大数据研究的技术层面与主要研究内容［R］.南京:南京大学,2012.

［10］　黄晓斌,钟辉新.基于大数据的企业竞争情报系统模型构建［J］.情报杂志,2013,32(3):
37-43.

［11］　吕登龙,朱诗兵.大数据及其体系架构与关键技术综述［J］.装备学院学报,2017,28(1):
86-96.

［12］　黄河燕,曹朝,冯冲.大数据情报分析发展机遇及其挑战［J］.智能系统学报,2016,11(6):
719-727.

［13］　刘如,吴晨生,李梦辉.大数据时代科技情报工作的机遇与变革［J］.情报理论与实践,
2015,38(6):35-39.

［14］　杨京,王效岳,白如江,等.大数据背景下数据科学分析工具现状及发展趋势［J］.情报理
论与实践,2015,38(3):134-137,144.

［15］　李广建,杨林.大数据视角下的情报研究与情报研究技术［J］.图书与情报,2012,(6):
1-8.

［16］　江信昱,王柏弟.大数据分析的方法及其在情报研究中的适用性初探［J］.图书与情报,
2014,(5):13-19.

［17］　化柏林,李广建.大数据环境下的多源融合型竞争情报研究［J］.情报理论与实践,2015,
38(4):1-5.

［18］　陈豫.科技信息工作中大数据技术应用和发展［R］.北京:中国国防科技信息中心,
2014.

［19］　王洪亮,张琪,朱延涛.大数据环境下中小企业竞争情报系统模型构建［J］.情报理论与实
践,2015,38(7):109-114.

［20］　张兴旺,麦范金,李晨晖.基于大数据的企业竞争情报动态信息处理的内涵及共性技术体
系研究［J］.情报理论与实践,2014,37(3):121-128.

［21］　王勇,许钟涛,王瑛.大数据环境下竞争情报系统的研究与实现［J］.广东工业大学学报,
2014,31(3):27-31.

［22］　曾忠禄.大数据分析:认识、方法和案例［C］//中国国防科学技术信息学会著.情报报学
进展(第12卷),2016—2017年度市评论.北京:国防工业出版社,2018.

［23］　梁春华.基层科研院所情报研究工作的探索［J］.情报理论与实践,2018,41(9):7-11.

［24］　梁春华,李彩玲,刘晓瑜,等.情报研究定义公式的探讨——从安达信咨询公司知识管理
公式推衍［J］.情报理论与实践,2019,42(3):17-19,84.

[25] 徐憬祎. 信息化时代背景下企业档案管理的地位与作用[J]. 大众科技,2011,(3)：150–152.

[26] 史秉能. 情报研究概论[C]//第十一期情报研究方法培训班讲义编辑部. 第十一期情报研究方法培训班讲义. 北京：中国国防科学技术信息学会,2016：1–52.

[27] 张代平. 情报课题研究[C]//第十一期情报研究方法培训班讲义编辑部. 第十一期情报研究方法培训班讲义. 北京：中国国防科学技术信息学会,2016：87–125.

[28] 肖安琪. 情报研究的组织与管理[C]//第十一期情报研究方法培训班讲义编辑部. 第十一期情报研究方法培训班讲义. 北京：中国国防科学技术信息学会,2016：295–300.

[29] 郭吉安,李学静编著. 情报研究与创新[M]. 北京：科学出版社,2006：185–186.

[30] 张昌龄. 科技信息工作手册[M]. 北京：航空工业出版社,2000：108–115.

[31] 查先进. 关于情报研究的哲学思考[J]. 图书情报工作,2000,(1)：10–12.

[32] 贺德方,等编著. 数字时代情报学理论与实践——从信息服务走向知识服务[M]. 北京：科学技术文献出版社,2006：396–402.

[33] 《中国情报学百科全书》编辑委员会. 中国情报学百科全书[M]. 北京：中国大百科全书出版社,2010：214–216.

[34] 包昌火. 情报研究方法论[M]. 北京：科学技术文献出版社,1990：27.

[35] 赵芳. 基于大数据的企业竞争情报分析方法研究[J]. 图书馆学刊,2015,37(2)：33–36.